图1-1 Sapura 3000起重铺管船

图1-7 “海洋石油201”号

图1-8 “蓝鲸”号全旋转起重船（艉视图）

图1-9 “蓝鲸”号全旋转起重船（侧视图）

图1-10 Oleg Strashnov DP3起重船

图1-11 Saipem7000半潜式起重船

图1-12 Thialf半潜式起重船

图1-13 Sleipnir新型半潜式起重船（舰视图）

图1-14 SSleipnir新型半潜式起重船（俯视图）

图1-16　基座式全旋转海洋工程重型起重机(Tub Mounted Rotating Crane)实体图

图2-1　“海洋石油202”号船1 200 t起重机

图2-2　“海洋石油202”号船4 000 t起重机

图2-4　主钩起升机构

图2-5　锁定位置

图2-6　卷筒的二端支承在轴承座上

图2-7 四爪钩头

图2-8 副钩起升机构

图2-9 副钩钩头

图2-10 小钩起升机构

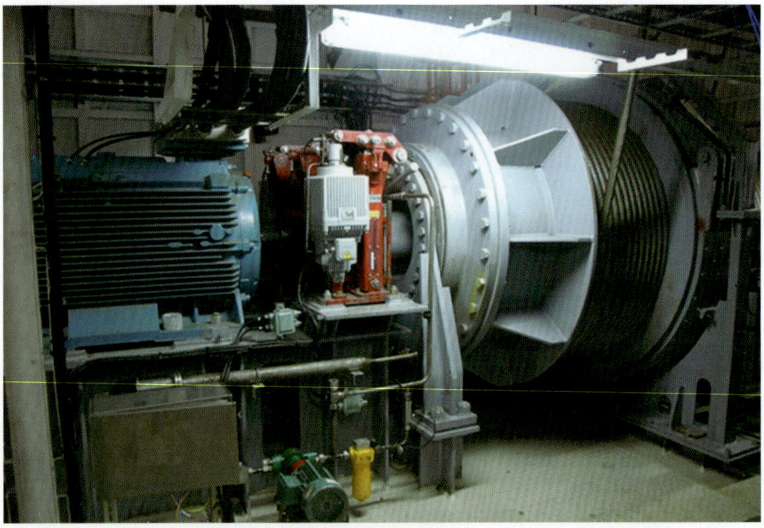

图2-11 索具钩起升机构

图2-12　强制循环加热系统

图2-13　变幅机构

图2-14　回转机构

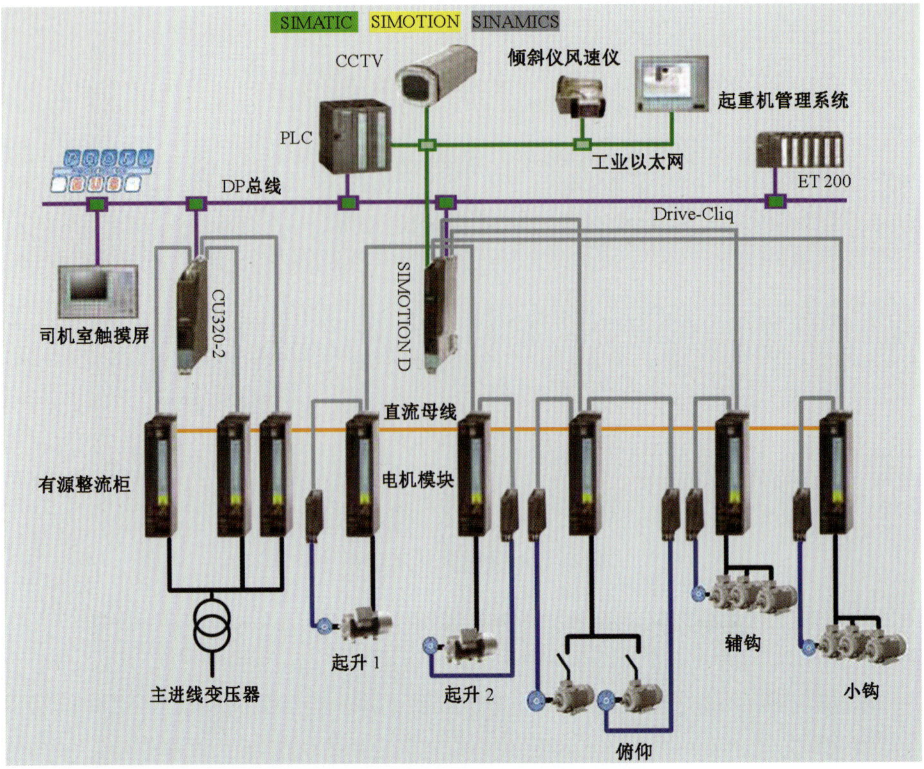

图2-18　SIMENS起重机典型电控系统

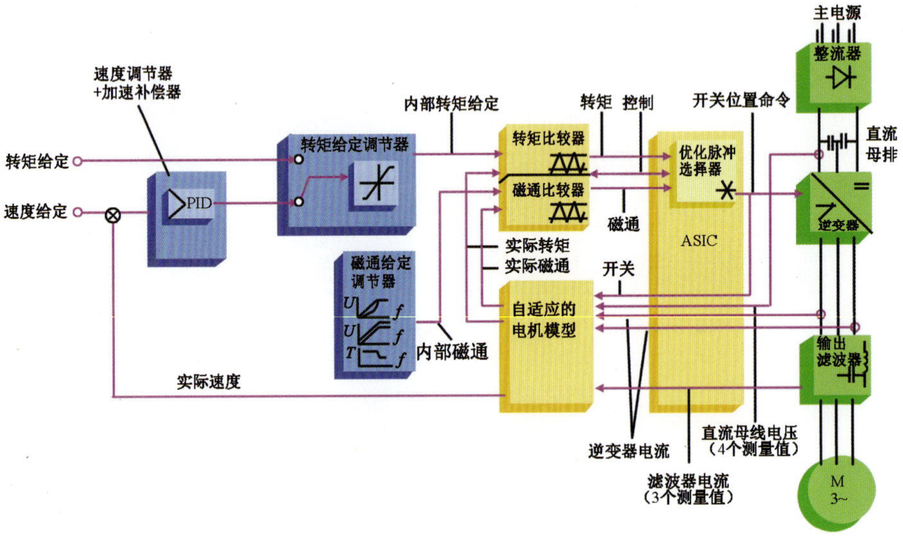

图2-26　DTC包括两个重要部分，速度控制和转矩控制

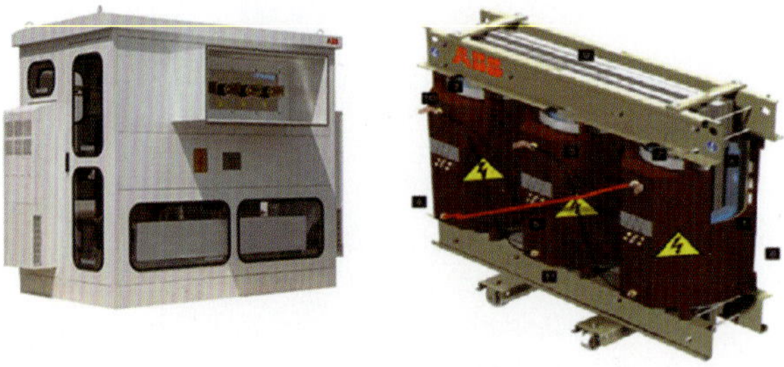

图2-27　真空浇注干式变压器

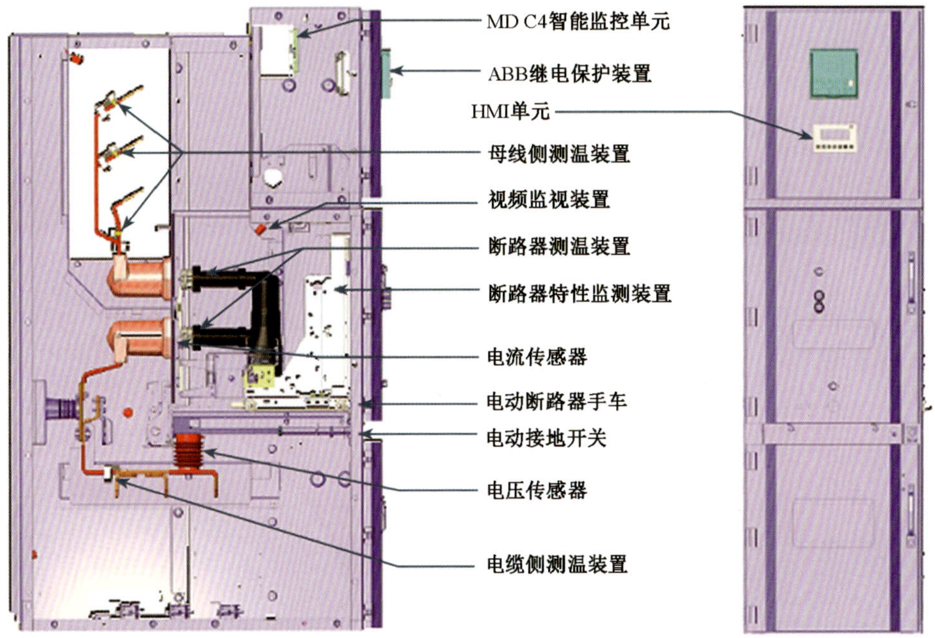

图2-28　海洋工程起重机用高压配电柜

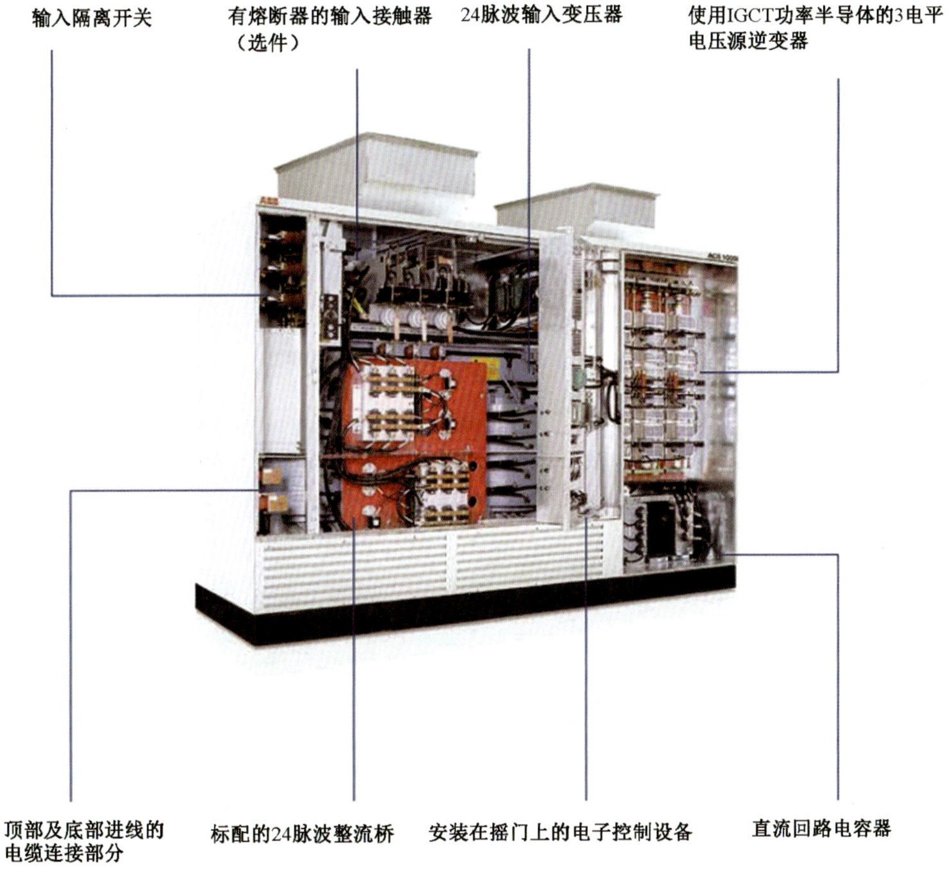

图2-31　ABB ACS1000风冷型变频器

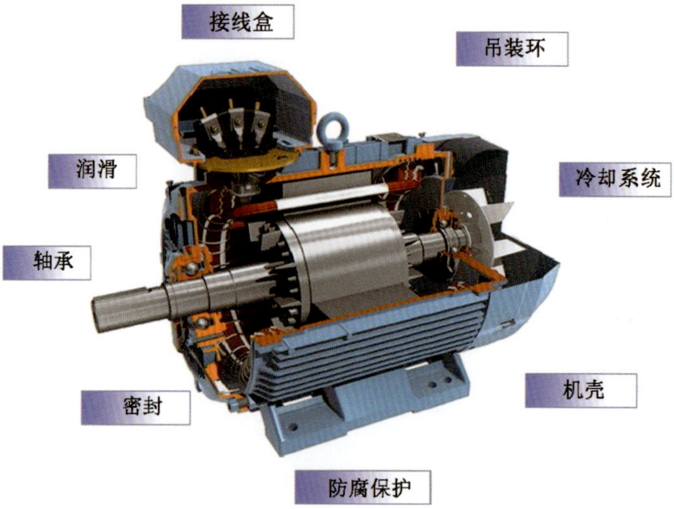

图2-32　海洋工程起重机电机

图4-12　起重铺管船HYUNDAI 423全景

图4-13　托管架和扒杆跌落在驳船HYUNDAI1008甲板上

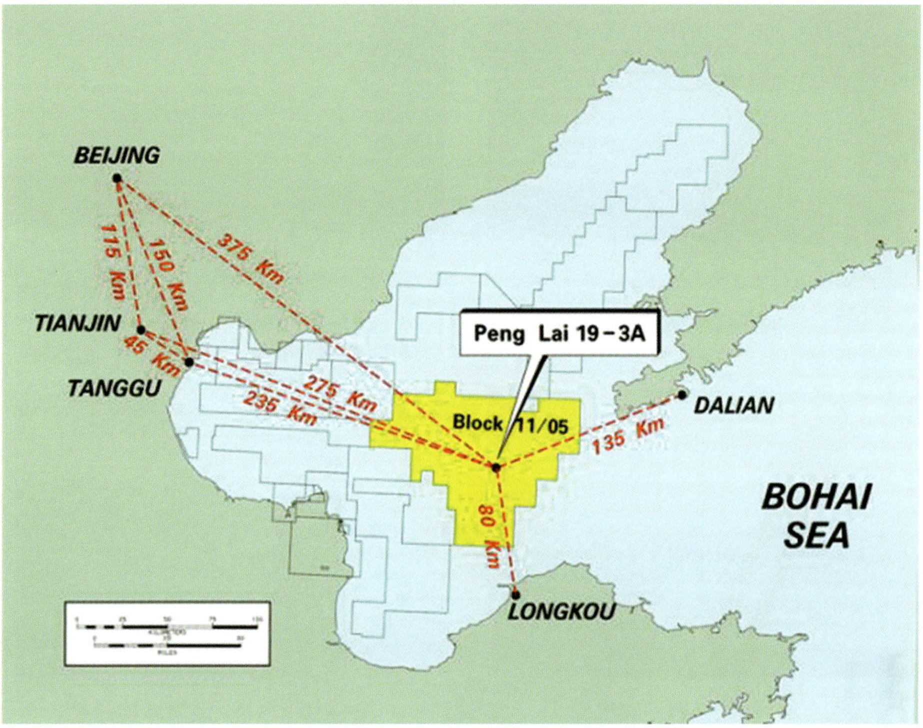

图4-14　11/05合同区块示意图

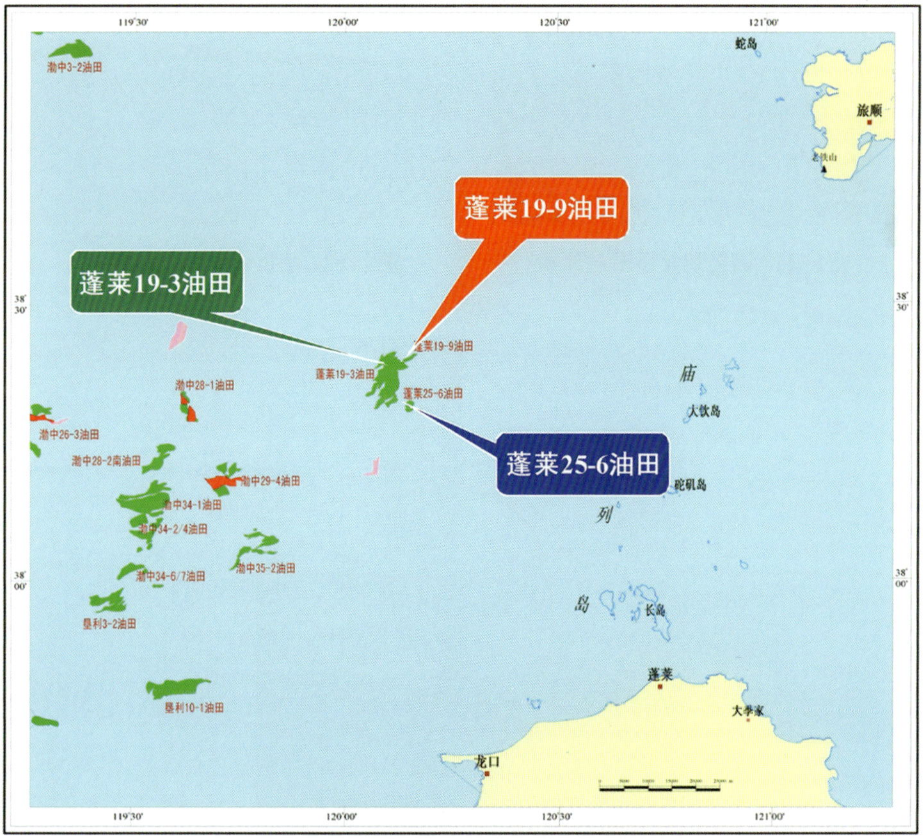

图4-15　蓬莱19-9油田示意图

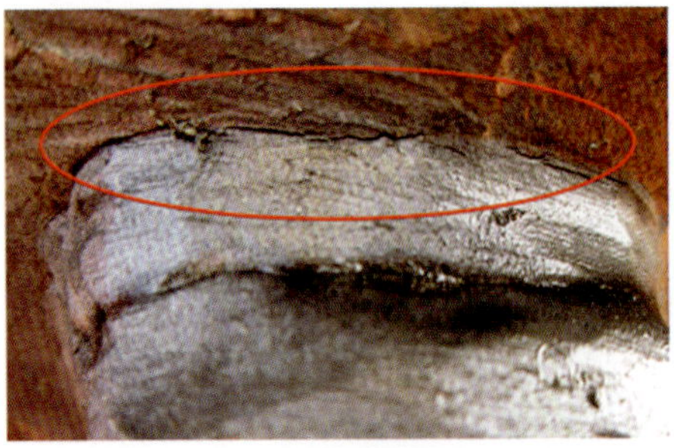

图5-7　液压缸销轴固定板裂纹

原因分析：出厂残留缺陷或者疲劳使用

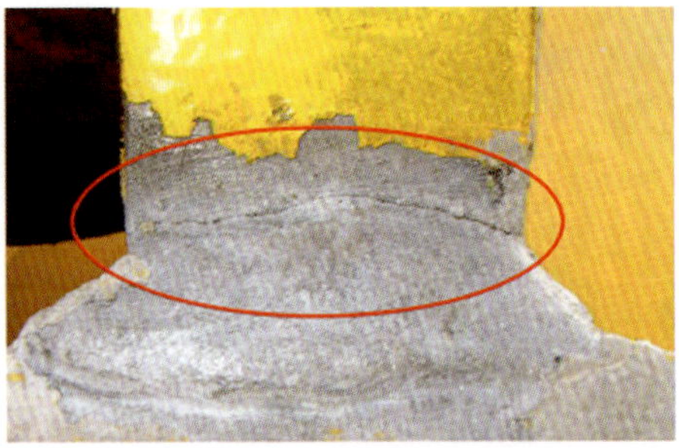

图5-8　吊机A字架底部裂纹

原因分析：焊接不当，产生冷裂纹，扩展造成的

图5-9　吊机琵琶头裂纹图

原因分析：疲劳应力集中

图5-10　吊机A型架焊接夹杂

原因分析：焊接质量不高或出厂检验不严格

图5-11　滚筒钢丝绳断丝磨损

原因分析：疲劳、磨损

图5-12　吊机钢丝绳扭曲弯折

原因分析：使用不当或意外磕伤造成

图5-13　钢丝绳表面形成断丝

原因分析：绞车咬绳

海洋工程重型起重机

李志垒　编著

HEUP 哈爾濱工程大學出版社

内容简介

本书主要对海洋工程重型起重机进行研究，给出的理论公式侧重工程的应用，通过案例，紧密结合工程实践，因此本书通俗易懂。本书对海洋工程重型起重机组成及工作原理，功能配置、技术要求和选型，起重作业，维护、保养和吊重试验，起重机故障模式、影响及危害性分析（FMECA）技术等方面给了较为详尽的论述，这些知识对海洋工程重型起重机的工程管理和使用人员提供很好的借鉴，因此本书具有可操作性。

本书内容的可操作性及语言的通俗易懂，形成了本书的特点——实践性强，因此本书可供从事海洋工程重型起重机的设计人员、管理人员和使用人员阅读，也可作为大专院校有关专业的教师、本科生的教学参考书。

图书在版编目（CIP）数据

海洋工程重型起重机/李志垒编著. —哈尔滨：哈尔滨工程大学出版社，2017. 10
ISBN 978 - 7 - 5661 - 1689 - 5

Ⅰ. ①海… Ⅱ. ①李… Ⅲ. ①海洋工程 - 甲板起重机
Ⅳ. ①TH218

中国版本图书馆 CIP 数据核字（2017）第 245145 号

责任编辑 雷 霞
封面设计 博鑫设计

出版发行 哈尔滨工程大学出版社
社 址 哈尔滨市南岗区东大直街 124 号
邮政编码 150001
发行电话 0451 - 82519328
传 真 0451 - 82519699
经 销 新华书店
印 刷 哈尔滨市石桥印务有限公司
开 本 787 mm × 1 092 mm 1/16
印 张 14. 25
插 页 6
字 数 372 千字
版 次 2017 年 10 月第 1 版
印 次 2017 年 10 月第 1 次印刷
定 价 49. 80 元
http://www. hrbeupress. com
E-mail: heupress@ hrbeu. edu. cn

《海洋工程重型起重机》编著委员会

主　任　闵　兵

委　员　李志垒　闵　兵　王　鼎

　　　　施志强　王　玲　王文起

　　　　程小军　尹金贤　刘洪建

前　言

本书是国内首次出版的关于海洋工程重型起重机的书籍，书的出版对海洋石油重型起重作业及开发有重要的指导作用。

本书共分六章，第1章海洋工程重型起重机概述，介绍了海洋工程起重船的发展、海上专用起重机的种类、海洋工程重型起重机定义、海洋工程重型起重机基本参数、海洋工程重型起重机特点和主要关键技术、海洋工程重型起重机工作级别、海洋工程重型起重机的工作环境及海洋工程重型起重机的检验等内容。第2章海洋工程重型起重机组成及工作原理，介绍了重型起重机的主要机构、重型海洋工程起重机电气传动系统、控制系统、安全系统及主要零部件等内容。第3章重型起重机功能配置、技术要求和选型，介绍了船舶及重型起重机总体要求、重型起重机功能配置、技术要求及选型等内容。第4章起重作业，介绍了操作规划、起重机安全作业及大型起重作业方案案例。第5章起重机维护、保养和吊重试验，介绍了起重机检查、维护、起重机关键结构受力部件/部位的检查/测试、检测检验，海上吊机常见缺陷及起重机吊重试验等内容。第6章起重机故障模式、影响及危害性分析（FMECA）技术，介绍了FMECA的总体概述、FMECA的类型、FMEA及其工作程序、危害性分析（CA）及其工作程序、FMECA报告及起重机FMEA一般应用示例等内容。

本书主要对海洋工程重型起重机进行研究，给出的理论公式侧重工程的应用，通过案例，紧密结合工程实践，因此本书通俗易懂。本书对海洋工程重型起重机组成及工作原理，功能配置、技术要求和选型，起重作业，维护、保养和吊重试验，起重机故障模式、影响及危害性分析（FMECA）技术等方面给了较为详尽的论述，这些知识对海洋工程重型起重机的工程管理和使用人员提供很好的借鉴，因此本书具有可操作性。

该书内容的可操作性及语言的通俗易懂，形成了本书的特点——实践性强，因此本书可供从事海洋工程重型起重机的设计人员、管理人员和使用人员阅读，也可作为大专院校有关专业的教师、本科生的教学参考书。

在本书的编写过程中，李志垒负责国内外相关规范和技术资料的收集，编写了本书的第1章和第2章的电气部分,刘洪建编写了本书的第2章机械部分,程小军、王文起编写了本书的第3章,王鼎和王玲编写了本书的第4章,尹金贤编写了本书的第5章,施志强编写了本书的第6章,全书由闵兵组织审核,李志垒统一定稿。此外,在本书编写过程中,哈尔滨工程大学对本书的外文资料翻译、材料选取和FEMA研究等工作给予了大力支持。

本书的编写和发行,得到了海油工程股份有限公司相关领导的热情鼓励和大力支持,在此表示衷心的感谢!

由于编著者水平有限,以及外文资料的不完整,对海洋工程重型起重机专业知识的认识还不够全面和深刻,因此本书缺点和不足之处在所难免,恳请读者给以批评与指正。我们会在再版时,使其更加完善,促进海洋石油重型起重作业水平的提高。

编著者

2017年8月

目　录

第1章　海洋工程重型起重机概述

1.1　海洋工程起重船的发展

最早出现的海洋工程起重船，通常是采用在船首甲板上加装一吊车而具有了水面上的起重能力。1963 年，Heerema 公司将一艘邮轮进行改造，使其成为世界上第一艘起重船，其起重能力为 150 t。随着世界海洋石油开发、大型海洋工程及救捞作业的发展，海上专用起重机得到了广泛应用，尤其在海上平台吊装和拆除，以及海底管线敷设方面广泛使用。随着技术的发展，起重船的起重吨位也变得越来越大，同时也针对不同的定位、目标和环境发展出形式多样的新型海洋工程起重系统。当起重吨位超过 2 000 t 后，出现了驳型和半潜型的浮式起重船，如 Saipem 公司的 Saipem 3000 和 Castoro OttoL，Acergy 公司的 Sapura 3000（图 1－1）和 Seaway Polars，McDermott 公司的 DB 系列起重船。这些工程船舶都具有几千吨的起重能力，而且具有多种不同的用途。

图 1－1　Sapura 3000 起重铺管船

国内在海洋工程起重船设计、制造方面由原先的起重能力几百吨发展到现在的几千吨，同时船舶数量也日趋增多。其中，中铁大桥局集团有限公司的"小天鹅"号和"天一"号起重船起重能力分别达到了 2 500 t 和 3 000 t，主要用于近海工程、桥梁的架设。上海打捞局和烟台打捞局也分别拥有各自的大型起重船舶"大力"号和"德瀛"号。广州打捞局的"华天龙"号起重船起重能力达到了 4 000 t（图 1－2 至图 1－4）。这些起重船成功地完成了船舶打捞、桥梁吊装、海洋石油平台模块装卸等大型工程的施工任务。海油石油工程股份有限公司(海油工程公司)作为目前我国最大、实力最强,且具备海洋工程设计、制造、安装、调试和维修等能力的大型工程总承包公司,在海洋工程起重船舶方面已拥有了实力很强的船队。海油工程公司的“蓝疆”号和“海洋石油 202”号起重铺管船分别拥有 3 800 t 和 1 200 t 的起重能力(图 1-5、图 1-6)。2012 年投入使用的“海洋石油 201”号深水起重铺管船和“蓝鲸”号起重船更是具备了 4 000 t 和 7 500 t 的单吊最大起重能力。

图 1-2 “华天龙”号起重船

图 1-3 “大力”号起重船

图 1-4 “德瀛”号起重船

图 1-5 “蓝疆”号起重铺管船

图 1-6 “海洋石油 202”号起重铺管船

1.1.1　驳型起重船

我国的起重船主要建于20世纪90年代以后，其船型主要为驳型。一般驳型起重船指的是不具有自航能力的起重船，由专用的8点或12点定位锚泊系统进行定位。“海洋石油201”具有DP3动力定位能力，是依靠动力定位进行海上施工作业定位，并具有全球无限航区航行能力。驳型起重船主要包含固定臂架式起重机和旋转式起重机，如图1－7至图1－10所示。表1－1和表1－2[1]分别给出了国内和国际上的一些驳型起重船的基本资料。

图1－7　“海洋石油201”号

图1－8　“蓝鲸”号全旋转起重船(艉视图)

图 1-9 “蓝鲸”号全旋转起重船(侧视图)

图 1-10 Oleg Strashnov DP3 起重船

表1-1 国内主要大型海洋工程起重船基本资料

名称	所属单位	船型	船长/m	型宽/m	设计吃水/m	起重吨位/t	建造时间/年
小天鹅	中铁大桥局	驳型	86.8	48.0	3.5	2 500	2003
天一	中铁大桥局	驳型	93.0	40.0	3.5	3 000	2006
四航奋进	第四航务工程局	驳型	100.0	41.0		2 600	2004
华天龙	广州打捞局	驳型	167.5	48.0	5.5	4 000	2006
大力	上海打捞局	驳型	100.0	38.0		2 500	1980
德瀛	烟台打捞局	驳型	115.0	54.0		1 700	1996
蓝疆号	海油工程公司	驳型	157.5	48.0	5.8	3 800	2002
海洋石油202	海油工程公司	驳型	168.0	46.0	6.0~9.0	1 200	2009
海洋石油201	海油工程公司	驳型	204.0	39.0	7.0~9.5	4 000	2010
蓝鲸	海油工程公司	驳型	239.0	50.0	8.9	7 500	2008

表1-2 国际主要大型海洋工程起重船基本资料

船名	所属公司	船型	船长/m	型宽/m	作业吃水/m	起重吨位/t
HYUNDAL 2500	Hyudai	驳型	130.0	36.0	10.5	1 600.0
Hereules	Global Industries	驳型	135.7	42.7	4.6	2 000.0
DB27	McDermcet	驳型	128.1	39.0	5.3~5.8	2 400.0
DB30	McDermcet	驳型	128.1	48.2	3.7~5.8	3 080.0
DB50	McDermcet	驳型	151.5	46.0	9.5~11.9	4 400.0
DB60	McDermcet	驳型	186.1	35.1	8.5~10.0	1 820.0

1.1.2 半潜式起重船

随着起重吨位的增大,各大海洋工程公司开始采用半潜式起重系统(Semi Submersible Crane Vessel,SSCV)。这类半潜式起重船类似于半潜式平台,船体主要由3部分组成:浮体、上层甲板和起重机。下层的浮体起到提供稳性支持的作用,因而起重船的起重能力大大增加。目前世界上半潜式起重船的起重能力已经达到了14 200 t,世界上主要有6艘SSCV(Saipem公司的Saipem 7000,Heerema公司的Thialf,Hermod,Balder,DB.101和Mcdermott公司的DBl00(图1-11至图1-14)。其中,Saipem 7000设计用于热带45 ℃和北极-20 ℃条件下,具有双起重吊臂的独特结构;起重能力:主吊机串联起重力14 000 t,单个吊机起重力7 000 t;动力装置:8×5 600 kW;推进和推力器:方位推进装置4×4 500 kW,可伸缩的方位推进装置4×3 000 kW;该船使用动力定位系统,可在水深超过1 980 m的海域安装直径102~810 mm的管道;全船舱室可容纳800人。

表1-3[1]给出了半潜式起重船(SSCV)的一些基本信息。Heerema公司从2016年开始建造一艘新型超大半潜式起重铺管船Sleipnir,该船的设计总长为220 m,型宽为88 m,起重能力为2×10 000 t。

图 1－11　Saipem 7000 半潜式起重船

表 1－3　半潜式起重船(SSCV)基本信息

名称	所属公司	建成年份/年	最大起重能力/t	主尺寸/(m×m×m)
Thialf/DB－102	Heerema	1985	14 200	201.6×88.4×49.5
Saipem7000/Micoperi7000	Saipem	1988	14 000	198×87×43.5
Hemod	Heerema	1979	8 100	154×56×42
DB－101	McDermott	1978	3 360	146.3×51.9×36.6
DB－100	McDermott	1979	1 820	
Balder	Heerema	1978	6 945	154×86×42

图 1－12　Thialf 半潜式起重船

图 1－13　Sleipnir 新型半潜式起重船(艉视图)

图 1－14　SSleipnir 新型半潜式起重船(俯视图)

1.2　海上专用起重机的种类

经过几十年的发展,海上专用起重机的种类繁多,功能完善,按美国船级社(ABS)分类标准,具体如下:

1.2.1　港口船用起重机(Shipboard Cranes)

安装于船舶甲板上,船舶靠港或在遮蔽海域用于货物、集装箱和其他物料的搬运。

1.2.2 近海开发用起重机(Offshore Cranes)

安装于浮式结构上,用于海洋石油钻井、开采作业,以及供应品和物料的搬运。

1.2.3 海洋工程重型起重机(Heavy Lift Cranes)

安装于驳船、半潜及其他类型的船舶上,用于海洋工程建造及救捞作业。

本文主要介绍海洋工程重型起重机,即基座式全旋转海洋工程重型起重机(Tub Mounted Rotating Crane),如图1－15所示。

基座式全旋转海洋工程重型起重机实体如图1－16所示。

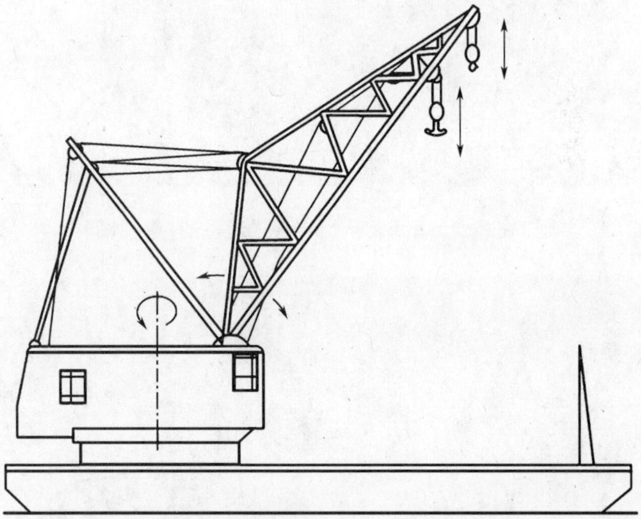

图1－15 基座式全旋转海洋工程重型起重机(Tub Mounted Rotating Crane)示意图

图1－16 基座式全旋转海洋工程重型起重机(Tub Mounted Rotating Crane)实体图

不同类型基座式全旋转海洋工程重型起重机示意图如图 1 - 17 所示。

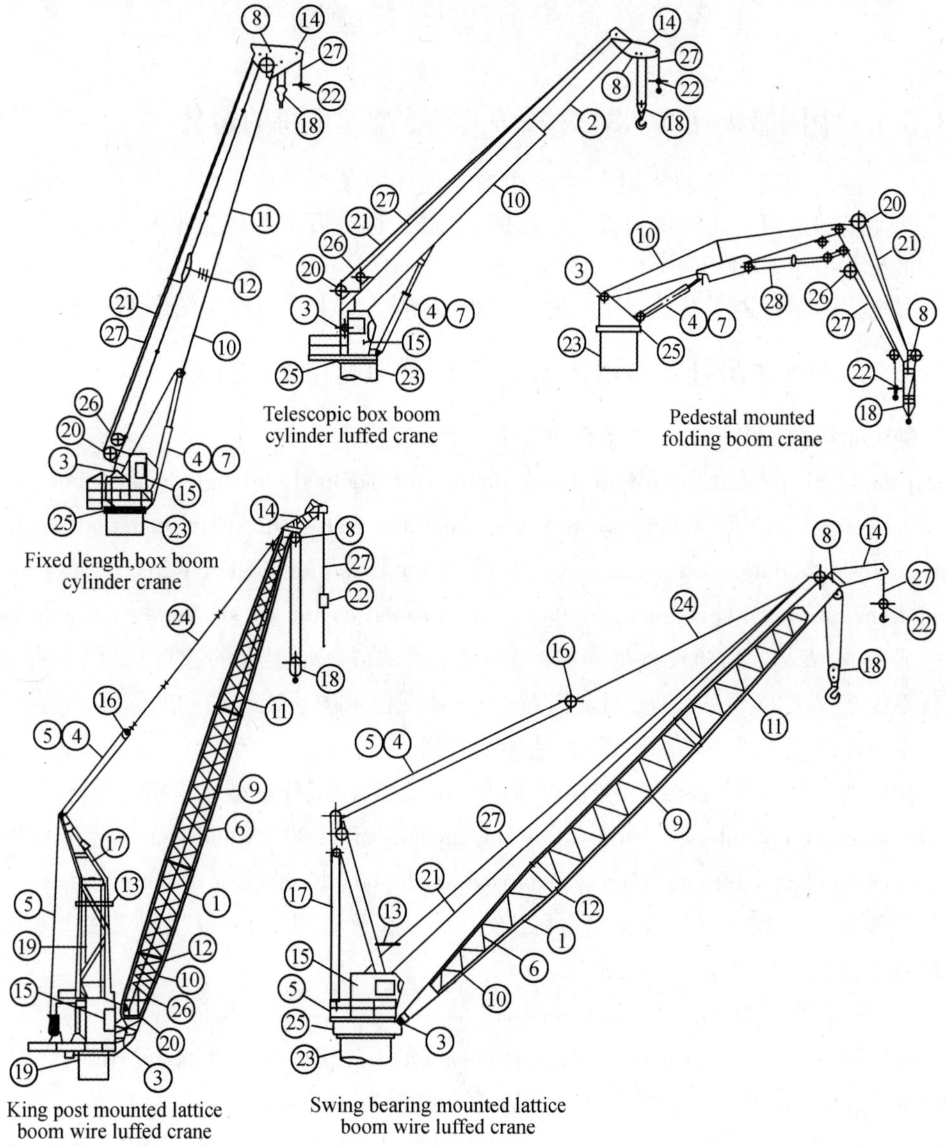

Key

1 boom chord
2 boom extension
3 boom heel pin
4 boom hoist mechanism
5 boom hoist wire rope or boomline
6 boom lacing
7 boom luffing cylinder
8 boom point sheave assembly or boom head
9 boom section,insert
10 boom section,lower, base or butt
11 boom section,upper, point or tip
12 boomsplice
13 boom stop
14 boom tip extension
15 cab
16 bridle
17 gantry,mast,or A-frame
18 hook block
19 kingpost or center post
20 main hoist drum
21 main hoist rope or loadline
22 overhaul ball
23 pedestal or base
24 pendant line
25 swing-circle assembly
26 whip line or auxiliary hoist drum
27 whip line or auxiliary hoist rope
28 folding boom articulating cylinder

图 1 - 17　不同类型基座式全旋转海洋工程重型起重机示意图(英文原版)

1.3 海洋工程重型起重机定义

1.3.1 中国船级社(CCS)对海洋工程重型起重机的定义[2]

适用在港口或遮蔽水域环境条件或相当上述环境条件时的近海区域,安装在驳船、半潜船或其他船舶上用于结构物和救助操作的起重机,称为海洋工程重型起重机。主钩的安全工作负荷不小于1 600 kN[2]。

本书描述的起重机主要是指用于海上工程、打捞及海上油田作业的重型起重机。

1.3.2 国外船级社和API对海洋工程重型起重机的描述

1. 美国船级社(ABS)对海洋工程重型起重机的描述[3]

In general, Heavy Lift Cranes are lifting appliances mounted on barges, semi-submersibles or other vessels, used for lifting and moving loads of not less than 1570 kN in operations such as for construction, shipbuilding, or salvage operations within a harbor or sheltered area or at open sea in very mild environmental conditions; or other environmental conditions specified by the designer.

一般来说,大型起重机设备是安装在驳船,半潜式或其他船上的起重机,用于提升和移动载荷不少于1 570 kN 的作业,通常指在港口、遮蔽区域内或比较温和的海洋环境条件,或其他设定海洋环境条件下的油田建设、造船或打捞作业。

2. 挪威船级社(DNV)和德国劳氏船级社(GL)对海洋工程重型起重机的描述[4]

All cranes except subsea cranes with lifting capacity of 2 500 kN and more are considered as heavy lift crane. Heavy lift cranes are categorised as shipboard cranes or offshore cranes.

起重能力达到2 500 kN 所有起重机,除了水下起重机,归类为重型起重机。重型起重机归类为船用起重机或海上起重机。

3. 英国劳氏船级社 Lloyd's Register 描述[5]

Heavy lift cranes mounted on vessels, pontoons and offshore installations. Heavy lift cranes are defined by the following: Safe Working Load(SWL) ≥ 160 t;

重型起重机是指安装在船舶、浮筒和海上设施上,安全工作负荷(SWL)≥160 t 的起重机。

4. 美国石油协会(API)对海洋工程重型起重机的描述[6]

Heavy - lift applications; cranes for heavy - lift applications are mounted on barges, self - elevating vessels or other vessels, and are used in construction and salvage operations within a harbor or sheltered area or in limited(mild) environmental conditions.

重型起重机是安装在驳船、自升式船或其他船上的起重机,适用于在港口、遮蔽区域或限定(温和)海洋环境进行油田建设和海上打捞作业。

1.4　海洋工程重型起重机基本参数

1.4.1　工作载荷

工作载荷是指提升的静态有效载荷的质量,加上升降装置的质量,及受到惯性之和。工作载荷常用单位为 kN(或 t)。

1.4.2　安全工作负荷

起重设备的安全工作负荷:是指经正确安装的起重设备在设计作业工况下证明能吊运的最大静载荷。

可卸零部件的安全工作负荷:是指可卸零部件经设计和试验证明能承受的最大载荷。此最大载荷应不小于起重设备在安全工作负荷下,可卸零部件会受到的最大负荷。

1.4.3　幅度(回转半径)

旋转臂架式起重机的幅度是指旋转中心线与取物装置铅垂线之间的距离。幅度常用单位为 m。

1.4.4　起升高度

海洋工程重型起重机的起升高度通常定义为主甲板面(船舶或海洋平台)至吊高上极限位置的高度(用吊钩时算到吊钩钩环中心);当取物装置可以放到主甲板以下时,其下放距离称为下放深度。起升高度和下放深度之和称为总起升高度。起升高度的常用单位为 m。

1.4.5　起升、回转、变幅速度

1. 额定起升速度

额定起升速度是指起升机构电动机在额定转速下取物装置的上升速度,常用单位为m/min。

2. 额定回转速度

额定回转速度是指旋转机构电动机在额定转速下起重机绕其旋转中心线的旋转速度,常用单位为 r/min。

3. 额定变幅速度

额定变幅速度是指臂架式起重机的取物装置从最大幅度到最小幅度的平均线速度,常用单位为 m/min。也可用从最大幅度到最小幅度的时间(s)表示。

1.4.6 Oleg Strashnov 和 Sleipnir 起重机的主要参数和 Saipem 7000 船吊重曲线

Oleg Strashnov 和 Sleipnir 起重机的主要参数如表 1－4 和表 1－5 所示。

表 1－4 Oleg Strashnov 起重机的主要参数

主钩	
最大全回转起重吨位	5 000 t @ 32 m
水面上最高起升高度	102 m
1 号辅钩	
最大全回转起重吨位	800 t @ 72 m
水面上最高起升高度	134 m
2 号辅钩最大全回转起重吨位	200 t
水面上最高起升高度	10 m

表 1－5 Sleipnir 起重机的主要参数

起重臂长	144 m(从固定臂到吊钩)
起重臂净高	在存放位置 28 m
主起升能力——全回转	10 000 t @27～48 m 7 000 t@62 m 4 000 t@82 m
主起升高度	－20～129 m(在 32 m 吃水水线以上)
主起升跨距	102 m
辅起升能力——全回转	2 500 t@33～60 m
辅起升高度	－50～165 m(在 32 m 吃水水线以上)
辅起升最大跨距	135 m
小钩起升能力——全回转	200 t@37－153 m
小钩起升高度	－100～181 m(在 32 m 吃水水线以上)
小钩起升最大跨距	153 m
入水深度	每台起重机升沉补偿能力，在低于海平面 1 000 m 为 1 000 t，在低于海平面 1 500 m 为 760 t，在低于海平面 3 000 m 为 240 t

1.5　海洋工程重型起重机特点和主要关键技术

1.5.1　海洋工程重型起重机特点

(1)安装在大型工程船舶或半潜平台等浮式设施上,重心高,对船舶的稳性影响大。起重机在船舶或半潜平台的概念设计阶段就要考虑,并且要考虑船舶或半潜平台的RAO(动态运动响应)。

(2)起重作业受海洋环境和气象窗口影响大,旋转时对压载系统的调载能力要求高。海洋工程重型机的起重量大(目前单钩设计起重量达7 000 t),钩头起升高度高(船舶或半潜平台主甲板以上超过100 m)。

(3)通常采用高压供电的全变频电气驱动方式。

(4)一般主钩和辅钩可进行下水作业,其轴承采用不锈钢,可防海水的腐蚀。

1.5.2　海洋工程重型起重机的主要关键技术[1]

随着起重船的不断发展,船配大型起重机技术也在不断更新。对于起重船用大型起重机,其最终受力部分为船体,施工条件变化多样(海上施工条件受风浪流影响),极限起重量大,这就决定了起重船用大型起重设备对结构、驱动等都具有特殊要求[7-8]。

1. 吊臂桁架结构受力分析及结构

目前,高强度钢的桁架式臂架,以其质量小、受风面积小、力传递合理等优点,已渐渐取代板梁、箱形梁臂架。而吊臂整体结构也在由“门”形结构向“人”形结构发展。桁架结构受力分析及结构设计就是在保证起重设备起吊能力的情况下,增加设备的安全性和合理性,同时为吊臂的制造提供技术文件。

2. 起重设备与船体的连接结构(包括起重设备底座)

起重设备在起吊重物时,其最终受力将传递到船体上。目前,基座式起重机的回转支承结构已全部采用滚轮式(多排),并从主甲板延伸到船底,形成坚固的船体框架加圆筒框架结构,将起重设备受力传递到整个船体。起重设备与船体的连接不仅决定了起重设备的起重能力,而且对船体的稳性具有重要影响。对起重设备与船体连接进行研究,不仅可提供起重设备与船体的合理连接结构和相应的技术文件,而且能为船体的结构设计提供帮助。

3. 驱动控制技术研究及驱动控制系统

大型起重设备的驱动系统经历了变流机组驱动到液压驱动,再到现在采用变频调速交流电动机驱动的过程。这中间体现了技术的进步,同时也说明起重安全作业的必要性。液压驱动系统和电力驱动系统各自具有其优缺点:液压系统执行机构结构小,质量小,但由于泄漏等原因,效率低,且维修困难;电力系统效率高,维修方便,但执行机构体积大,质量大,增大了吊臂的负荷。

4. 起重机操作安全性

大型起重机的操作安全性是最主要的,因此起重机各机构(主副起升、变幅、回转)的驱动系统,不是要求速度,而是要求调速平稳和范围大。更进一步,现在操作、安全、保护系统日趋完善,数字化、可视化、集控化,使重大件货物的海上吊装安全可靠。主要的安全保护措施有:力矩显示,起重量超限报警、停止,起升高度显示、限位,吊钩极限位置限速,臂架角度显示和限位,变幅行程终点减速,多机变幅同步及绞车运行显示等。采用单板机控制实施起重机的控制、连锁。

5. 起重设备吊物对船体稳性影响

对于大型起重铺管船,起重设备在吊物施工过程中,会在短时间内给船体增加上万吨的排水量;按规范,吊物的重心要算在吊钩以上的上滑轮心轴上,该点距水面数十米,甚至上百米,使全船的重心一下子提高很多,对船舶稳性极其不利。起重重物的重力与吊幅的乘积产生巨大的倾覆力矩,对浮态产生很大影响(而且是在数分钟内发生),直接影响到整条船的安全性。通过对起重设备吊物时对船体的稳性影响进行研究,不仅可以对起重设备结构合理性进行论证,而且可以为船体的整体尺寸设计和选择提供帮助。

6. 起重设备吊物受风浪影响的动力响应

由于起重船作业处于海洋环境中,在风浪的作用下会导致吊重产生危险的大幅摆动,这不仅会降低吊装的就位精度,增加作业的危险性,还会在结构上产生附加动载荷,严重时会导致设备的损坏和人员的伤亡。因此对起重船吊物系统动力响应进行分析,进行吊重摆振的预测与控制,对保证起重船海上作业安全具有重要的意义,并且能为海上施工方案的制订提供帮助。

7. 信息集成技术

研究信息集成技术,将发动机控制、液压控制、安全监测状态监控和极限载荷建成为一体,通过总线方式进行信息传递和控制,实现控制上真正意义的自动化和智能化。这样可以显著提高控制系统的可靠性、作业安全性、操作舒适性和工作效率。

8. 起重机升沉补偿系统

起重船在海上进行作业时,船体会产生横摇、纵摇、舷摇、横漂、纵漂、垂漂(即升沉)六个自由度的摇荡运动。为了保证起重作业的稳定性,必须对起重船的六个自由度运动进行控制。起重船的横荡、纵荡可以由起重船的动力定位系统来控制,以保证起重船不偏离预定的起重区域,起重船也可采用专门的用于补偿横摇、纵摇、舷摇的装置。而对于重力方向上的升沉运动,就起重船本身来说,其升沉运动很难补偿,但可以在起重机上加装升沉补偿装置,以保持起重作业过程中的稳定性。升沉补偿系统主要有主动补偿和被动补偿两种,为了更好地保障起重作业的平稳性,一般升沉补偿系统中都含有这两种补偿方式。针对升沉补偿装置和相关动力、控制设备进行研究,将有助于提升起重船的作业安全性,提高作业效率。

9. 起重机 FMECA

目前,起重机 FMECA 已在国外海洋起重机上进行了应用[9],对于避免起重机的单点故障起到了很好的效果。国内这方面的工作很薄弱,起重机的安全事故不断发生,急需在工程中开展这方面的工作,以便减少或避免起重机使用中的故障,确保起重机的安全作业。

1.6　海洋工程重型起重机工作级别[10]

1.6.1　分级总方案

在设计起重机械及其零部件时,必须考虑它们在使用期内所要执行的工作制,为此,进行以下组别划分。

(1)起重机械的整体组别划分;

(2)单个机构的整体组别划分;

(3)结构件和机械零件的组别划分。

这一分级方法基于两个指标,即:

(1)考虑分级对象的总使用时间;

(2)该对象受到的吊钩荷重谱、载荷谱或应力谱。

1.6.2　起重机械的整体分级

1. 分级方法

根据 10 种利用等级和 4 种荷重谱起重机械作为整体可分成 8 组,分别标以符号 A1,A2,…,A8。

2. 利用等级

起重机械的持续使用时间,意指起重机械所完成的起重循环数。一个起重循环是指从一个荷重被起吊开始至起重机械准备起吊下一个荷重时止这一完整的操作程序。

总使用时间是被视为指导值的计算使用时间,从起重机械交付使用时开始至最终报废时止。

根据总使用时间,有 10 种利用等级,标以代号 U0,U1,…,U9,详见表 1－6。

表 1－6　利用等级

代号	总使用时间(起重循环数 n_{max})
U0	$n_{max} \leqslant 16\ 000$
U1	$16\ 000 < n_{max} \leqslant 32\ 000$
U2	$32\ 000 < n_{max} \leqslant 63\ 000$
U3	$63\ 000 < n_{max} \leqslant 125\ 000$
U4	$125\ 000 < n_{max} \leqslant 250\ 000$
U5	$250\ 000 < n_{max} \leqslant 500\ 000$
U6	$500\ 000 < n_{max} \leqslant 1\ 000\ 000$
U7	$1\ 000\ 000 < n_{max} \leqslant 2\ 000\ 000$
U8	$2\ 000\ 000 < n_{max} \leqslant 4\ 000\ 000$
U9	$4\ 000\ 000 < n_{max}$

3. 荷重谱

荷重谱表征起重机总使用时间(表 1-6)内起吊各种荷重的总数。这是一个(累计)分布函数 $y=f(x)$,表示起吊荷重同安全工作荷重之比达到或超过某一给定值 $y(0\leqslant y\leqslant 1)$ 的时间占总使用时间的比值 $x(0\leqslant x\leqslant 1)$。荷重谱举例如图 1-18 所示。

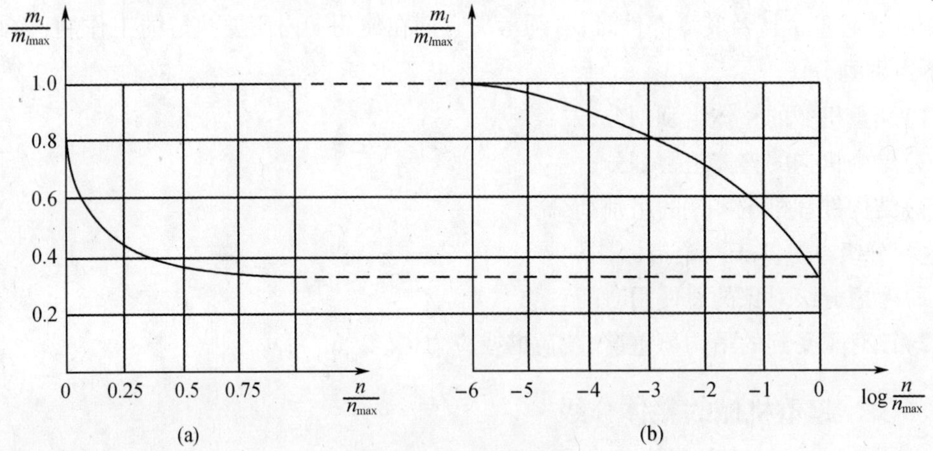

图 1-18 荷重谱

图 1-18 中,m_l 为荷重;$m_{l\max}$ 为安全工作荷重;n 为起吊荷重大于或等于 m_f 的起重循环数;$n_{\max}$ 为决定总使用时间的起重循环数。

每个谱对应着一个谱系数 K_P,其定义为

$$K_P = \int_0^1 y^d \mathrm{d}x$$

式中,为了便于组别的划分,约定取指数 d 等于 3。

在许多使用场合下,函数 $f(x)$ 可以用一个 r 级的阶梯函数(图 1-19)近似替代。

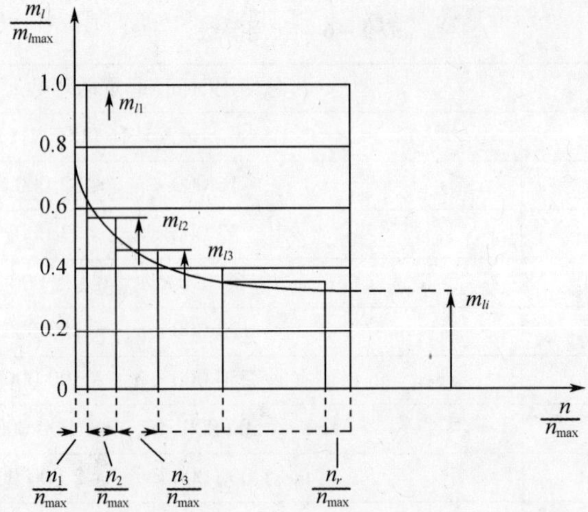

图 1-19 阶梯函数

各级的起重循环数分别为 $n_1, n_2, \cdots, n_r$。在第 i 级的 n_i 个循环内的荷重可以认为基本上是一个常数,且等于 m_{li}。如果 n_{max} 代表总使用时间,m_{lmax} 是荷重 m_{li} 的最大值,则有关系式:

$$n_1 + n_2 + \cdots + n_r = \sum_{i=1}^{r} n_i = n_{max}$$

或 K_P 的近似式:

$$K_P = \left(\frac{m_{l1}}{m_{lmax}}\right)^3 \frac{n_1}{n_{max}} + \left(\frac{m_{l2}}{m_{lmax}}\right)^3 \frac{n_2}{n_{max}} + \cdots + \left(\frac{m_{lr}}{m_{lmax}}\right)^3 \frac{n_r}{n_{max}} = \sum_{i=1}^{r} \left(\frac{m_{li}}{m_{lmax}}\right)^3 \frac{n_l}{n_{max}}$$

一台起重机械,根据其荷重谱,可将其列入表 1 - 7。所规定的四个谱等级 Q1,Q2,Q3,Q4 之一。

表 1 - 7　谱等级

代号	谱系数 K_P
Q1	$K_P \leqslant 0.125$
Q2	$0.125 < K_P \leqslant 0.250$
Q3	$0.250 < K_P \leqslant 0.500$
Q4	$0.500 < K_P \leqslant 1.000$

4. 起重机械的组别划分

起重机械的整体组别划分由表 1 - 8 确定。

表 1 - 8　起重机械组别

荷重谱等级	利用等级									
	U0	U1	U2	U3	U4	U5	U6	U7	U8	U9
Q1	A1	A1	A1	A2	A3	A4	A5	A6	A7	A8
Q2	A1	A1	A2	A3	A4	A5	A6	A7	A8	A8
Q3	A1	A2	A3	A4	A5	A6	A7	A8	A8	A8
Q4	A2	A3	A4	A5	A6	A7	A8	A8	A8	A8

本书的海洋工程重型起重机械划分 A2 ~ A3 组别。

1.6.3　各单个机构的整体分级

1. 分级方法

各单个机构作为一个整体可根据 10 个利用等级和 4 个载荷谱等级划分成 8 组,分别用代号 M1,M2,…,M8 表示。

2. 利用等级

一个机构的使用时间是指该机构的实际运转时间。总使用时间是一种被视作指导值的计算使用时间,适用到该机构更换时为止,用小时表示。

根据总使用时间,有 10 个利用等级 T0,T1,T2,…,T9,在表 1 – 9 中做出了具体规定。

表 1 – 9　利用等级

代号	总使用时间 T/h
T0	$T \leqslant 200$
T1	$200 < T \leqslant 400$
T2	$400 < T \leqslant 800$
T3	$800 < T \leqslant 1\,600$
T4	$1\,600 < T \leqslant 3\,200$
T5	$3\,200 < T \leqslant 6\,300$
T6	$6\,300 < T \leqslant 12\,500$
T7	$12\,500 < T \leqslant 25\,000$
T8	$25\,000 < T \leqslant 50\,000$
T9	$50\,000 < T$

3. 载荷谱

载荷谱表征总使用时间内作用到一个机构上的载荷的大小。这是一个(累计)分布函数 $y=f(x)$,表示机构所受载荷与最大载荷之比达到或超过 $y(0 \leqslant y \leqslant 1)$ 的时间占总使用时间的比值 $x(0 \leqslant x \leqslant 1)$,见图 1 – 19。

每一个谱对应着一个谱系数 K_{m},其定义为

$$K_{\mathrm{m}} = \int_0^1 y^d \mathrm{d}x$$

式中,为了便于组别划分,d 取为 3。

在许多使用场合下,函数 $f(x)$ 可以用一个 r 级的阶梯函数近似替代(图 1 – 19),各级相应的持续时间为 $t_1, t_2, \cdots, t_r$,在持续时间 t_i 内载荷 S 可认为基本上是一个常数且等于 S_i。如果 T 代表总使用时间,$S_{\max}$ 为载荷 $S_1, S_2, \cdots, S_r$ 中最大的一个,则有关系式:

$$t_1 + t_2 \cdots + t_r = \sum_{i=1}^{r} t_i = T$$

及 K_{m} 的近似式:

$$K_{\mathrm{m}} = \left(\frac{S_1}{S_{\max}}\right)^3 \frac{t_1}{T} + \left(\frac{S_2}{S_{\max}}\right)^3 \frac{t_2}{T} + \cdots + \left(\frac{S_r}{S_{\max}}\right)^3 \frac{t_r}{T} = \sum_{i=1}^{r} \left(\frac{S_i}{S_{\max}}\right)^3 \frac{t_i}{T}$$

机构根据其载荷谱,可列入由表 1 – 10 所给定的四个谱等级 L1,L2,L3,L4 之一。

表 1 – 10　谱等级

代号	谱系数 K_{m}
L1	$K_{\mathrm{m}} \leqslant 0.125$
L2	$0.125 < K_{\mathrm{m}} \leqslant 0.250$

表 1－10(续)

代号	谱系数 K_m
L3	$0.250 < K_m \leq 0.500$
L4	$0.500 < K_m \leq 1.000$

4. 各单个机构的整体组别划分

根据其利用等级和载荷谱等级,各单独机构作为一个整体可列入由表 1－11 规定的 8 个组别 M1,M2,…,M8 之一。

表 1－11　机构组别

载荷谱等级	利用等级									
	T0	T1	T2	T3	T4	T5	T6	T7	T8	T9
L1	M1	M1	M1	M2	M3	M4	M5	M6	M7	M8
L2	M1	M1	M2	M3	M4	M5	M6	M7	M8	M8
L3	M1	M2	M3	M4	M5	M6	M7	M8	M8	M8
L4	M2	M3	M4	M5	M6	M7	M8	M8	M8	M8

海洋工程重型起重机械机构组别的起升、回转及变幅划为 M3 ~ M4。

1.6.4　零部件的分级

1. 分级方法

无论是结构件还是机械零件,都可根据 11 个利用等级和 4 个应力谱等级划分成 8 个组别,分别标以代号 E1,E2,…,E8。

2. 利用等级

一个零部件的使用时间是指该零部件承受的应力循环数。一个应力循环是一个完整的连续应力过程,从所考虑的应力穿越图 1－20 中所示的应力 σ_m 时起,至该应力首次在同方向再次穿越 σ_m 时止。因此,图 1－20 示出的是一个相当于 5 个应力循环使用时间的应力变程。

总使用时间是一种被视为指导值的计算使用时间,适用到零部件更换时止。

结构件的应力循环数同起重机械的起重循环数之间存在着固定的比例关系,某些构件在一个起重循环内可能经受几个应力循环,这取决于它们在结构中的位置,因此,这一比值对各构件可以互不相同。但一旦这一比值已知,构件的总使用时间就可以从决定起重机利用等级的起重机总使用时间中导出。

至于机械零件,其总使用时间应从该零件所归属的机构的总使用时间中导出,推导时要考虑影响其应力循环数的转速和其他情况。

根据总使用时间,有 11 个利用等级,分别标以符号 B0,B1,…,B10,给定在表 1－12 中。

表 1-12 利用等级

代号	总使用时间(应力循环 n)
B0	$n \leqslant 16\ 000$
B1	$16\ 000 < n \leqslant 32\ 000$
B2	$32\ 000 < n \leqslant 63\ 000$
B3	$63\ 000 < n \leqslant 125\ 000$
B4	$125\ 000 < n \leqslant 250\ 000$
B5	$250\ 000 < n \leqslant 500\ 000$
B6	$500\ 000 < n \leqslant 1\ 000\ 000$
B7	$1\ 000\ 000 < n \leqslant 2\ 000\ 000$
B8	$2\ 000\ 000 < n \leqslant 4\ 000\ 000$
B9	$4\ 000\ 000 < n \leqslant 8\ 000\ 000$
B10	$n > 8\ 000\ 000$

3. 应力谱

应力谱表征总使用时间内作用到零部件上的载荷的大小。这是一个(累计)分布函数 $y=f(x)$,表示该零部件所受应力与最大应力之比达到或超过 $y(0\leqslant y\leqslant 1)$ 的时间占总使用时间的比值 $x(0\leqslant x\leqslant 1)$。

每一应力谱对应着一个谱系数 K_{SP},其定义为

$$K_{SP} = \int_0^1 y^C \mathrm{d}x$$

式中,C 是一指数,同有关材料的性能,零部件的形状和尺寸、表面粗糙度,以及腐蚀程度有关。在许多使用场合下,函数 $f(x)$ 可以用一个 r 级的阶梯函数近似替代,各级的应力循环数分别为 $n_1, n_1, \cdots, n_r$,在 n_i 循环期间应力 σ 可认为是常数且等于 σ_i。如果 n 代表总使用时间,σ_{max} 为应力 $\sigma_1, \sigma_2, \cdots, \sigma_r$ 中的最大者,则有关系式:

$$n_1 + n_2 + \cdots + n_r = \sum_{i=1}^{r} n_i = n$$

及 K_{SP} 的近似式:

$$K_{SP} = \left(\frac{\sigma_1}{\sigma_{max}}\right)^C \cdot \frac{n_1}{n} + \left(\frac{\sigma_2}{\sigma_{max}}\right)^C \cdot \frac{n_2}{n} + \cdots + \left(\frac{\sigma_r}{\sigma_{max}}\right)^C \cdot \frac{n_r}{n} = \sum_{i=1}^{r} \left(\frac{\sigma_i}{\sigma_{max}}\right)^C \cdot \frac{n_i}{n}$$

零部件根据其应力谱可列入由表 1-13 所确定的 4 个谱等级 P1,P2,P3,P4 之一。

表 1-13 谱等级

代号	谱系数 K_{SP}
P1	$K_{SP} \leqslant 0.125$
P2	$0.125 < K_{SP} \leqslant 0.250$
P3	$0.250 < K_{SP} \leqslant 0.500$
P4	$0.500\ 0 < K_{SP} \leqslant 1.000$

对这样的零部件进行分级时要特别注意，大多数情况下它们的 $K_{SP}=1$，因而属于P4级。

对结构件来说，确定谱系数时所用的应力应是峰值应力 σ_{sup} 和平均应力 σ_m 之差值 $\sigma_{sup}-\sigma_m$，这一概念在图1-20中得到充分说明，图中示出了5应力循环时间内应力变程。

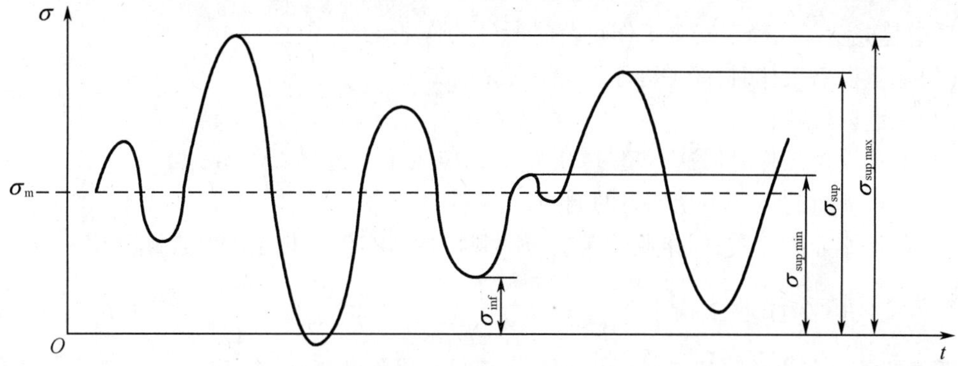

图1-20　作为时间函数的应力在5个应力循环时间内的变程

图1-20中，σ_{sup} 为峰值应力；$\sigma_{sup\ max}$ 为最大峰值应力；$\sigma_{sup\ min}$ 为最小峰值应力；σ_{iuf} 为谷值应力；σ_m 为总使用时间内所有峰值应力和谷值应力的算术平均值。

对于机械零件可取 $\sigma_m=0$，则计算谱系数时所采用的应力应为出现在零件有关载面时的总应力。

4. 零部件的组别划分

根据其利用等级和应力谱等级，零部件可列入由表1-14给出的8个组别E1，E2，…，E8之一。

表1-14　零部件组别

应力谱等级	利用等级										
	B0	B1	B2	B3	B4	B5	B6	B7	B8	B9	B10
P1	E1	E1	E1	E1	E2	E3	E4	E5	E6	E7	E8
P2	E1	E1	E1	E2	E3	E4	E5	E6	E7	E8	E8
P3	E1	E1	E2	E3	E4	E5	E6	E7	E8	E8	E8
P4	E1	E2	E2	E4	E5	E6	E7	E8	E8	E8	E8

1.7 海洋工程重型起重机的工作环境[2]

1.7.1 标准作业工况

系指起重设备在确定安全工作负荷时所处的作业工况,包括:

(1)起重设备工作时,船舶处于横倾5°,纵倾2°;

(2)在港内作业;

(3)起重设备工作时风速不超过20 m/s,相应风压不超过250 Pa;

(4)起重荷重的运动不受外力的制约;

(5)起重作业的性质,即作业的频次与动载特性与本篇[2]规定的因素载荷相一致。

1.7.2 特殊作业工况

系指起重设备设计时所考虑的作业工况超过标准作业工况,包括:

(1)船舶横倾与/或纵倾大于标准作业工况规定;

(2)作业于无遮蔽的海域;

(3)起重设备工作时的风速超过20 m/s,相应风压超过250 Pa;

(4)起重时,起重荷重不是处于静止状态;

(5)起重荷重的运动受到外力的制约;

(6)起重作业的性质,即作业的频次和动载特性与本篇[2]规定的因素载荷不相一致。

1.7.3 船舶运动响应[2]

1. 船舶倾斜

(1)船舶横倾5°与纵倾2°为假定吊杆装置工作时的船舶基本状态;

(2)轻型摆动吊杆与双杆系统可忽略上述(1)所述船舶倾斜状态的影响;

(3)重型吊杆和吊杆式起重机应计及上述(1)所述船舶倾斜状态的影响,如实际工作产生的船舶倾斜大于横倾5°或纵倾2°时,则应计及实际倾斜角度产生的影响。

2. 船舶倾斜载荷

船舶起重机设计时应考虑在表1-15规定的倾斜情况下,能在港区或对海浪有良好遮蔽的海域内安全而有效地作业。如设计的起重机拟适用于在大于上述船倾角情况下作业时,此种状态应予考虑。如需考虑小于规定的横倾和纵倾,应提交计算书,证明在实地操作时不会超过减小了的角度。

表1-15 最小横倾和纵倾角度

船舶类型	横倾/(°)	纵倾/(°)
常规船舶(规范尺度比要求的船舶)	5	2
船长小于4倍船宽的驳船,以及双体船	3	2
半潜船	3	3
半潜式平台	2	2
自升式平台	1	1

3. 船舶运动载荷

(1)起重机在放置状态下,起重机、起重机的放置设施和该处的结构在设计中应考虑能承受下列两种情况的组合力:

①垂直于甲板的加速度为 $\pm 1.0g$;

前后方向平行于甲板的加速度为 $\pm 0.5g$;

静横倾 30°;

风速 55 m/s,作用于前后方向。

②垂直于甲板的加速度为 $\pm 1.0g$;

横向平行于甲板的加速度为 $\pm 0.5g$;

静横倾 30°;

风速 55 m/s,作用于横向。

(2)亦可按船舶运动加速度产生的力、构件的静载力和 55 m/s 风速作用在最不利方向的载荷进行考虑。对常规船舶,船舶各种运动形式的参数(幅值和运动周期)可按表 1－16 计算,由船舶运动形式所产生的分力可按表 1－17 计算。

表 1－16　船舶运动的参数表

运动形式	最大单幅值	周期/s
横摇	$\varphi = 30°$	$T_r = \frac{0.7B}{\sqrt{GM}}$
纵摇	$\psi = 12e^{\frac{-L_{pp}}{300}}$	$T_P = 0.5\sqrt{L_{pp}}$
垂荡	$\frac{L_{pp}}{80}$	$T_h = 0.5\sqrt{L_{pp}}$

上述静载力与惯性力应按下述方式进行组合:

①横摇运动:静横摇 + 动横摇 + 动垂荡(横摇角 φ 时)。

②纵摇运动:静纵摇 + 动纵摇 + 动垂荡(纵摇角 ψ 时)。

③组合运动:静合成力 +0.8(动横摇 + 动纵摇)。

可通过使用软件,按可能遭遇的最严重海况进行船舶耐波性分析和准静力分析方法求得船舶运动载荷。船舶动态的六个自由度如图 1－21 所示。

表 1－16 中:L_{pp}为垂线间长,单位为 m;GM 为装载船舶的初稳性高度,单位为 m;B 为型宽,单位为 m;ψ 取不大于 8°;e 为自然对数。

表 1－17 中,y 为自船中心线至起重机中心线平行于甲板的横向距离,单位为 m;x 为自纵摇运动中心即纵向漂心至起重机中心线平行于甲板的纵向距离,单位为 m;Z_r 为自横摇运动中心即船舶的垂向重心至起重机重心的垂直距离,单位为 m;Z_p 为自纵摇运动中心至起重机重心的垂直距离,单位为 m;W 为起重机或其部件的重力,单位为 N。

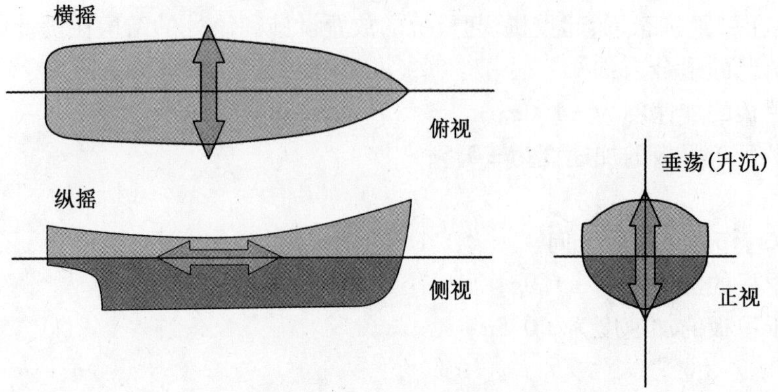

图 1-21　船舶动态的六个自由度

表 1-17　船舶运动的分力

运动		分力/N		
		垂直于甲板	平行于甲板	
			横向	纵向
静载荷	横摇	$W\cos\varphi$	$W\sin\varphi$	
	纵摇	$W\cos\psi$		$W\sin\psi$
	合成	$W\cos(0.8\varphi)W\cos(0.8\psi)$	$W\sin(0.8\varphi)$	$W\sin(0.8\psi)$
动载荷	横摇	$\pm 0.07\dfrac{\varphi y}{T_r^2}W$	$\pm 0.07\dfrac{\varphi Z_r}{T_r^2}W$	
	纵摇	$\pm 0.07\dfrac{\psi x}{T_p^2}W$		$\pm 0.07\dfrac{\psi Z_p}{T_p^2}W$
	垂荡	$\pm 0.05\dfrac{L_{pp}}{T_h^2}W\cos\varphi$ $\pm 0.05\dfrac{L_{pp}}{T_h^2}W\cos\psi$	$\pm 0.05\dfrac{L_{pp}}{T_h^2}W\sin\varphi$	$\pm 0.05\dfrac{L_{pp}}{T_h^2}W\sin\psi$

注:静载荷指由于船舶横摇角和纵摇角引起的重力分力,动载荷指由于船舶运动(横摇、纵摇、垂荡)引起的惯性力。

1.8　海洋工程重型起重机的检验[2]

1.8.1　一般要求

(1)起重设备在投入使用前应按照入级船级社规范进行初次检验。起重设备投入使用后应按照入级船级社规范进行定期试验和检验。

(2)起重设备可卸零部件在首次使用前,以及在使用中更换或修理影响其强度的部件,应进行验证试验和全面检查。

(3)当起重设备发生重大事故或发现重大缺陷,更换或修理影响其强度的部件时,应及时报告入级船级社,以便能及时对起重设备进行检验。

(4)本章所述的试验、验证试验、检验和检查,应按入级船级社规范或认可的等效规定进行。

(5)可卸零部件和钢索在每次使用前,应由船上职能人员进行检查,但在最近 3 个月内通过检查者可例外。对发现有断丝的钢索,每月至少应检查一次。

(6)起重设备的检验种类,即:

①初次检验;

②年度检验;

③换证检验(即每隔 4 年进行全面检验);

④损坏及修理检验;

⑤展期检验。

(7)上述各种检验应按文献[2]1.5 的规定进行。

(8)其他要求:

①若起重设备搁置或修理时间为 12 个月以上时,在重新投入使用之前应进行一次检查。试验和检验的范围根据搁置和修理期间应进行的检验种类而定,如:换证检验和负荷试验到期,则应按规定完成试验和检验,并签发证书,新的换证检验周期应从此次试验和检验完成的日期开始。

②对某些主管当局接受有资格和独立的人员进行检验,如高级船员,建议在不延误船期和不使船方不便的情况下,由 CCS 验船师进行检验和签发证书。

③船东申请的其他检验要求,CCS 将给予特别考虑,但申请方应提供检验要求的细节。

④任何零件如永久固定在船体结构上并设计来支承起重设备的大桅或起重机基座,都必须作为入级船体的一部分并满足相应的入级条件,即使这些设备本身并未在 CCS 入级或办理证书。

1.8.2　初次检验

(1)初次检验应包括以下内容:

①申请单位应按文献[2]1.3 的规定,提供图纸资料一式三份供批准和备查(已经 CCS 批准的产品除外)。

②核查业经批准的起重设备设计图纸、技术文件。

③检查起重设备的布置、构件、尺寸、装置、材料、焊接和制造工艺应符合认可的图纸和资料。

④逐个检查起重设备的零件,并检查证件,核对标记。

⑤起重设备安装过程中应进行全面检查,安装完毕后,应按第 7 章的要求进行试验,确认整个设备有效、安全地工作,任何停车、控制和类似装置的功能应正确。试验后,装置及其支承结构均应经检验确认无变形或扭曲。起重机的产品出厂试验不能代替船上安装后的试验。

(2)初次检验合格后应签发文献[2]1.6 规定的相应证书,尚应在“起重和起货设备检验簿”上做签署。

(3)现有船上起重设备的初次检验可按如下要求进行:

①应向船级社提交设备的布置图、构件尺寸图、计算书和说明书,以及相关的资料供核查。

②检查全部可卸零部件并核对证明文件,如果证书遗失,则零件应做验证试验,并重新打标记。

③按照换证检验的要求对其设备和支承结构进行全面检查,并按文献[2]第7章的要求进行负荷试验。

④检验合格后,签发文献[2]1.6规定的相应证书,尚应在"起重和起货设备检验簿"上做签署。

(4)对具有IACS成员船级的船舶起重设备申请转入新的船级时,起重设备的检验和发证原则如下:

①如适逢原船换证检验,则应按本章换证检验的规定进行试验和检验,合格后签发试验和检验证书,并同时在新发的"起重和起货设备检验簿"上做换证检验签署。

②如适逢原船年度检验,则应按本章年度检验的规定进行试验和检验,合格后换发"起重和起货设备检验簿"并做年度签署,原船的各类试验和检验证书应附在新发的"起重和起货设备检验簿"上。

③对于原船持有的有关港口国当局要求的起重设备"检验簿",如符合船旗国当局的规定,应船东申请,经检验合格,也可在原"检验簿"上做签署。

(5)对非IACS成员船级的船舶起重设备申请加入新的船级时,其检验办理一般应按上述第3条检验要求办理。

(6)申请入级的起重设备,经初次检验符合上述要求,不同的船级社有不同的授予符号。例如CCS可以授予相应的船级附加标志Lifting Appliance。为保持船级,船东应按文献[2]1.5的规定申请CCS验船师进行定期检验并签发证书。

1.8.3 年度检验

(1)在初次检验或换证检验后,应进行全面检查的年度检验(年度检验的时间间隔不超过12个月)。其检查项目和内容详见表1-18。

表1-18 起重机的检查项目和内容

序号	项目	起重机、升降机和跳板
1	布置	按照起货设备布置图和制造手册检查钢索布置和各类滑车的装配
2	固定的滑轮、滑车、轴销和罩壳	(1)检查轮盘有无裂纹,必要时应拆去有碍检查的部件; (2)检查索槽的磨损情况; (3)检查全部滑油装置处于工作状态; (4)检查轴销的固定情况; (5)检查轮盘在轴销上的转动情况; (6)检查轴销和轮盘衬套的磨损,必要时拆开检查; (7)检查罩壳和隔离板内的状况

表 1 –18(续 1)

序号	项目	起重机、升降机和跳板
3	起重臂根部轴销、跳板的铰链	检查润滑和确认无磨损伤害
4	转盘	(1)检查润滑和螺栓的紧密性,确保无磨损伤害和过度移动; (2)注意内圈和外圈过度宽松和轨道过度的磨损; (3)当起重机或转盘制造者有特别要求时,应按要求进行
5	钢索	(1)沿钢索的全长做检查; (2)检查断丝、扭曲和腐蚀,若断丝、扭曲和腐蚀的钢丝超过文献[2]表 2.5.2 限制应更换; (3)检查末端固定和插接,应注意在连接过渡处的断丝,任何插接处的附件在检查时应移去; (4)钢索重新装配前应全面润滑
6	结构	(1)检查全部螺栓紧固情况,被更换的螺栓形式和材质以及固定应同以前一样; (2)检查螺栓基座腐蚀情况; (3)检查焊缝情况; (4)检查结构的腐蚀,必要时除去油污做锤击检查; (5)检查起重臂、塔架、基座和门式起重架、跳板、升降机导轨等的局部缺陷或变形
7	卸扣、环、吊钩等	(1)检查有无裂纹、变形、磨损或其他缺陷;检查时应将油污、油漆和锈皮等清除; (2)若卸扣变形应校正、热处理,并重新试验; (3)若卸扣销子换新,该卸扣应重新试验
8	链	(1)清除油漆、油污等,检查变形、磨损或其他缺陷; (2)换新的链应与原链材料和强度相当,并做热处理和重新试验
9	钢索、滚筒	(1)确认在全部操作位置上,钢索在滚筒上至少留有 2 圈; (2)检查全部钢索的固定是有效的; (3)检查滚筒有无裂纹和损害钢索的缺陷; (4)检查排缆装置工作的有效性(如有时)
10	液压缸、绞车等及其附件	(1)检查液压管路状况; (2)检查活塞、枢轴销和轴承等的过量磨损和变形; (3)检查座架及其肘板的变形的损坏情况
11	主枢轴、回转轴承等	(1)检查主枢轴和轴承的工作状况,应无过分的自由窜动,确认枢轴销没有超量磨损或变形; (2)确认润滑装置工作正常

表 1－18(续 2)

序号	项目	起重机、升降机和跳板
12	试验	(1)修理或换新的零件若没有试验证明,则吊杆装置应做试验; (2)若装置进行了影响强度的修理,则应做负荷试验; (3)检查时应操作机械装置,验证其工作安全、有效,并校核升降、旋转、变幅和行走运动,以及在超限时升降、旋转、变幅和行走时限位开关的工作状态

(2)检查起重机械、绞车等装置的使用、保养和修理记录,以确认其装置处于正常的维修保养状态。

(3)年度检验合格后应在“起重和起货设备检验簿”上做签署。

1.8.4 换证检验

(1)在初次检验或换证检验后,每隔 4 周年,换证检验应按文献[2]的 1.9.3 的相关要求进行。起重机应按文献[2]第 7 章的要求做负荷试验,确认在试验负荷下操作状况是满意的,超负荷和负荷指示器及限位开关工作有效。重型起重机要进行 110% 额定负荷吊重试验。

(2)换证检验合格后应签发起重设备检验与试验证书,并应在“起重和起货设备检验簿”上做相应的签署。

1.8.5 损坏和修理检验

(1)起重设备的损坏和修理,应及时通知入级船级社进行检验,其检验范围应为验船师能查明损坏程度和原因。

(2)起重设备检验时,发现显著磨损或锈蚀超过下述规定时,应立即予以更换或修理:

①起重设备的金属结构件与固定零部件的最大损耗在原尺寸 10% 以上或有裂纹、显著残余变形者;

②可卸零部件的耳环、链环、环栓、拉板与吊钩等的最大损耗在原尺寸 10% 以上,销轴的最大损耗在原直径的 6% 以上,或有裂纹、显著残余变形者,以及滑轮轮缘有裂纹或折断者;

③钢索有过度磨损、严重腐蚀或钢索在 10 倍直径长度范围内有 5% 的钢丝折断者;

④起重设备的制动器衬垫有显著磨损,在摩擦面上露出固定衬垫的铆钉者;

⑤传动齿轮牙齿损坏或轮缘、轮副与轮壳上有裂纹者。

(3)修理中更换的零件应附有试验证明,更换的构件材料应与原构件材料相当。

(4)修理完成后应按规定进行负荷试验,合格后签发起重设备试验和检验证书,并在“起重与起货设备簿”上做签署。对尚未完成修理的设备应签注,该设备直到完成满意的修理和试验前不能使用。

(5)损坏和修理检验完成后,可签发检验情况报告,其内容应清楚地阐明如下方面:

①出席损坏检验人员;

②说明损坏原因(附船方海事报告);

③发现的损坏程度和特征；

④进行过修理的范围和性质以及是否修复；

⑤试验负荷。

1.8.6　展期检验

(1)应船东申请,换证检验可推迟进行,但两次换证检验的间隔期不超过 5 年。这类展期检验应是船旗国当局同意并授权入级船级社进行。

(2)展期检验范围应不少于文献[2]1.9.3 规定的年度检验范围,以确认其适合于预定用途并处于正常工作状态。

(3)展期检验合格后应在“起重和起货设备检验簿”上做相应的签署。

第2章　海洋工程重型起重机组成及工作原理

2.1　综　述

海洋工程重型起重机主要功能:海上吊装作业、导管架安装、打桩,以及驳船与平台间的模块吊运、船甲板内的吊装作业、水下吊装和起重机人员吊载等。起重机由钢结构(臂架、人字架、桁框架、回转底盘、圆筒体等)、主要机构(主钩起升机构、副钩起升机构、小钩起升机构、索具钩机构、变幅机构、回转机构)、辅助机构(钩头控制机构、货物控制机构、回转支撑滚轮装置、反滚轮装置)、缠绕系统(变幅、主钩、副钩、小钩、索具钩,钩头控制钢丝绳缠绕系统)、电气系统、控制系统、安全系统、液压系,以及主要零部件(吊钩、钢丝绳等)等组成。这些机构与钢结构、各子系统和主要零部件,有机地组合成可以进行360°全回转的海洋工程重型起重机,完成要求的海上作业。本章以"海洋石油202"号船1 200 t起重机[11](图2-1)、"海洋石油201"号船4 000 t起重机[9,12](图2-2)及文献[13]给出的起重机(图2-3)为例,进行海洋工程重型起重机主要机构、控制系统、安全系统组成和工作原理的描述。

图2-1　"海洋石油202"号船1 200 t起重机

图2-2　"海洋石油201"号船4 000 t起重机

文献[13]给出了起重机的主要设备部件及控制设备的位置和名称,如图 2-3 所示。

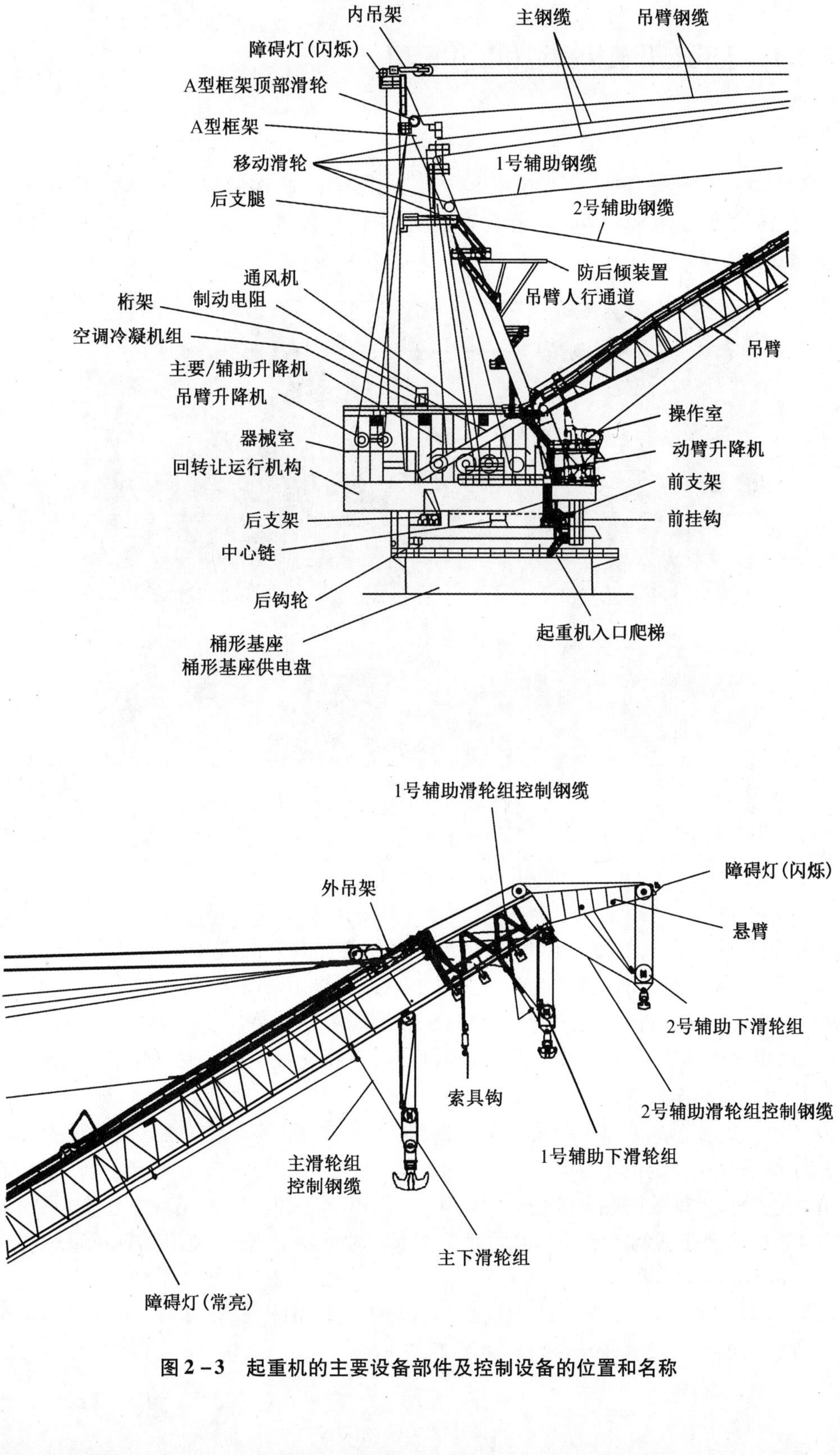

图 2-3　起重机的主要设备部件及控制设备的位置和名称

2.2　重型起重机的主要机构[11]

2.2.1　主钩起升机构构造和工作原理

2.2.1.1　主钩起升机构构造

主钩起升机构是一套独立机构(图2－4),其由电机、高速级联轴节、高速级制动器、减速箱、开式齿轮传动、卷筒(Lebus)、卷筒轴承座、主钩钩头、带式制动器、卷筒棘轮棘爪装置和测速超速开关等组成。

图2－4　主钩起升机构

2.2.2.2　工作原理

主钩起升机构由两台交流电机,通过齿形联轴器将扭矩传递到减速箱输出轴,减速箱为双输入轴、双输出轴形式,数量为1台。每个减速箱输出轴各安装一个开式小齿轮,分别驱动两只独立钢丝绳卷筒。每个卷筒上缠绕一两根钢丝绳,卷筒为Lebus可多层缠绕式卷筒,卷筒采用钢板卷制而成,当吊钩位于最低点时,卷筒上最少保持6圈以上钢丝绳。钢丝绳的端部用钢丝绳压板固定在卷筒侧面。

在卷筒上安装了棘轮棘爪装置,当需要长时间保持货物在吊重状态,或在机构维修时,应将棘轮棘爪放在锁定位置,如图2－5所示。

在减速箱输入轴的两端分别装有两组4个ZPMC盘式制动器,在每个卷筒上装有一个ZPMC制造的应急带式制动器。卷筒的两端支承在轴承座上,轴承座上的轴承是调心轴承,如图2－6所示。

主钩钩头为四爪钩头,数量为1只,每一对钩头的起重能力为1 200 t,由左右各一组,每组钢丝绳以倍率为12的钢丝绳承载,如图2－7所示。

图2-5　锁定位置

图2-6　卷筒的两端支承在轴承座上

主钩钢丝绳从卷筒出发，绕过人字架上的导向滑轮，进了臂架头部的换向滑轮，再进入主钩的滑轮组系统，在动滑轮组和定滑轮组之间经过多重缠绕后，绕回到臂架中部的钢丝绳平衡滑轮架上，平衡滑轮能保证左右两侧的钢丝绳张力一致，还能保证当一侧钢丝绳断裂时，另一侧的钢丝绳还能保持住载荷。

当主钩工作幅度为33 m时，最大起升高度为甲板上75 m，最大起升深度为甲板下27.5 m。

图 2-7　四爪钩头

在主钩提升或放下运动过程中,安装在卷筒轴端的安装编码器和凸轮限位器检测吊钩位置,并自动控制在吊钩的上、下终点前减速,上、下终点停止,上、下极限停车。另外还安装了一套重锤式限位开关,防止编码器失效后吊钩与臂架相碰。

超速开关安装在卷筒轴端,当卷筒的转速超过正常速度的 115% 时,机构自动停止运行。

主起升机构设有起重量数字显示器,起重量显示误差小于 4%。正常作业时,载荷达到 90% 额定载荷时声光警示,载荷达到 105% 额定载荷时声光报警,并且自动进入只降不升状态。重量传感器设置在臂架的平衡滑轮轴上。

主钩在进出锚定支座时,臂架必须在最大仰角位置。

在驾驶室里装有一个起升高度指示器,帮助司机确定吊钩上、下的高度位置。

主钩钢丝绳缠绕系统中,钢丝绳的倍率可以改变。钢丝绳倍率与作业深度、最大额定起重量有关。

2.2.2　副钩起升机构构造和工作原理

2.2.2.1　副钩起升机构构造

副钩起升机构为一套独立的机构(图 2-8),其由电机、高速级联轴节、高速级制动器、减速箱、开式齿轮传动、卷筒(Lebus)、卷筒轴承座、滚动轴承、副钩钩头、带式制动器、限位器及钢丝绳等组成。

图 2-8　副钩起升机构

2.2.2.2　工作原理

副钩起升机构由两部交流电机,通过齿形联轴器将扭矩传递到减速箱输出轴,减速箱为双输入轴、双输出轴形式,数量为 1 台。每个减速箱输出轴上各安装一个开式小齿轮,分别驱动两个独立的钢丝绳卷筒。每个卷筒上缠绕一根钢丝绳,卷筒为 Lebus 可多层缠绕式卷筒。

钢丝绳卷筒采用钢板卷制而成,当吊钩位于最低点时,卷筒上最少保持 6 圈以上钢丝绳。钢丝绳的端部用钢丝绳压板固定在卷筒侧面。卷筒的两端支承在轴承座上,轴承座上的轴承是调心轴承。

在减速箱输入轴的两端分别装有两组 4 个 ZPMC 盘式制动器,在每个卷筒上装有一个 ZPMC 制造的应急带式制动器。

当副钩工作幅度为 26.5 m 时,最大起升高度为甲板上 85 m,最大起升深度为甲板下 27.5 m。

在副钩提升或放下运动过程中,安装在卷筒轴端的安装编码器和凸轮限位器检测吊钩位置,并自动控制在吊钩的上、下终点前减速,上、下终点停止,上、下极限停车。另外还安装了一套重锤式限位开关,防止编码器失效后吊钩与臂架相碰。

超速开关安装在卷筒轴端,当卷筒的转速超过正常速度的 115% 时,机构自动停止运行。

副钩钩头为双爪钩头(图 2-9),数量为 1 只,钩头的起重能力为 350 t,由左右和一组(每组钢丝绳倍率为 4)钢丝绳承载。副钩钢丝绳从卷筒出发,绕过人字架上的导向滑轮,进入臂架头部的换向滑轮,再进入副钩滑轮组系统,在动滑轮组和定滑轮组之间经过多重缠绕后,绕回到臂架中部的钢丝绳平衡滑轮上,平衡滑轮不仅能保证左右两侧的钢丝绳张力一致,还能保证当一侧钢丝绳断裂时,另一侧的钢丝绳还能保持住载荷。

图 2-9　副钩钩头

副钩起升机构设有起重量数字显示器,起重量显示误差小于4%。正常作业时,载荷达到90%额定载荷时声光警示,载荷达到105%额定载荷时声光报警,并且自动进入只降不升状态。重量传感器设置在臂架的平衡滑轮轴上。

在驾驶室里装有一个起升高度指示器,帮助司机确定吊钩上、下的高度位置。

2.2.3　小钩起升机构构造和工作原理

2.2.3.1　小钩起升机构构造

小钩起升机构为一套独立的机构(图2-10),其构造由电机、高速级联轴节、高速级制动器、减速箱、开式齿轮传动、卷筒(Lebus)、卷筒轴承座、滚动轴承、小钩钩头、带式制动器、限位器及钢丝绳等组成。

2.2.3.2　工作原理

两台交流电机,通过齿形联轴节将扭矩传递到减速箱输出轴,减速箱为双输入轴、单输出轴形式,数量为1台。减速箱低速联安装卷筒联轴节,驱动钢丝绳卷筒转动。卷筒为单层绳槽卷筒。

图 2-10　小钩起升机构

小钩钩头为单爪钩头，数量为 1 只，钩头的起重能力为 50 t，由一根单倍率钢丝绳承载。钢丝绳的一个端点固定在卷筒上，绕过人字架上的导向滑轮，进入臂架中部的换向滑轮，再进入小钩的臂架头部滑轮后换向到吊钩。

钢丝绳卷筒采用钢板卷制而成，当吊钩位于最低点时，卷筒上最少保持 3 圈以上钢丝绳。钢丝绳的端部用钢丝绳压板固定在卷筒上。卷筒的一端支承在减速箱出轴的卷筒轴承节上，另一端支承在轴承座上，轴承座上的轴承是调心轴承。

在减速箱输入轴的一端安装有一组两个 ZPMC 盘式制动器，在卷筒上还装有一个 ZPMC 制造的应急带式制动器。

当小钩工作幅度为 29.5 m 时，最大起升高度为甲板上 95 m，最小起升高度为甲板平面。

在小钩提升或放下运动过程中，安装在卷筒轴端的安装编码器和凸轮限位器检测吊钩位置，并自动控制吊钩的上、下终点前减速，上、下终点停止，上、下极限停车。另外还安装了一套重锤式限位开关，防止编码器失效后，吊钩与臂架相碰。

超速开关安装在卷筒轴端，当卷筒的转速超过正常速度的 115% 时，机构自动停止运行。

小钩起升机构设有起重量数字显示器，起重量显示误差小于 4%。正常作业时，载荷达 90% 额定载荷时声光报警，载荷达 105% 额定载荷时声光报警，并且自动进入只降不升状态。重力传感器安装在臂架头部的转向滑轮轴上。

在驾驶室里装有一个起升高度指示器，帮助司机确定吊钩上、下的高度位置。

2.2.4　索具钩起升机构构造和工作原理

2.2.4.1　索具钩起升机构构造

索具钩起升机构为一套独立的机构（图 2-11），其由电机、齿形联轴节、高速级制动器、减速箱、卷筒、滚动轴承、单爪钩头、限位开关、带式制动器、钢丝绳及强制循环加热系统等组成。

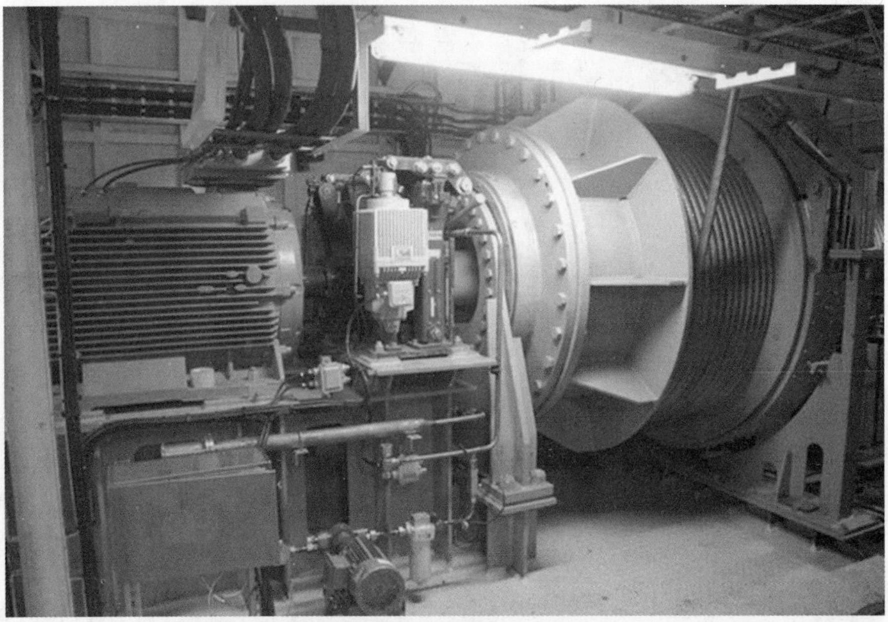

图 2-11　索具钩起升机构

2.2.4.2　工作原理

索具钩机构为一套独立的机构,由1部交流电机,通过齿形联轴节将扭矩传递到行星减速箱输出轴,行星减速箱安装在卷筒内部。减速箱的行星架与支座螺栓连接,支座支承在机房底盘上,齿圈与卷筒螺栓连接,行星轮为电机输入轴。卷筒为Lebus可多层缠绕卷筒。

钩头为单爪钩头,数量1只,钩头的起重能力为30 t,由一根单倍率钢丝绳承载。索具钩钢丝绳从卷筒出发,经过人字架上定滑轮转向,绕过臂架中部的换向滑轮后,再进入索具钩的臂架头部滑轮后换向到吊钩。

钢丝绳卷筒采用钢板卷制而成,当吊钩位于最低点时,卷筒上最少保持6圈以上钢丝绳。钢丝绳的端部用钢丝绳压板固定在卷筒侧面。卷筒的一端支承在减速箱齿圈上,另一端支承在轴承座上,轴承座上的轴承是调心轴承。

在减速箱输入轴的一端安装有一组两个ZPMC盘式制动器,在卷筒上还装有一个ZPMC制造的应急带式制动器。

当小钩工作幅度为25 m时,最大起升高度为甲板上85 m,最小起升深度为甲板下27.5 m。但在工作幅度25~35 m时,小钩与主钩、副钩的距离较近,因此在这个工况工作时,司机必须小心,建议的最大吊钩高度为70 m。

在索具钩提升或放下运动过程中,安装在卷筒轴端的安装编码器和凸轮限位器检测吊钩位置,并自动控制吊钩的上、下终点前减速,上、下终点停止,上、下极限停车。另外还安装了一套重锤式限位开关,防止编码器失效后吊钩与臂架相碰。

超速开关安装在卷筒轴端,当卷筒的转速超过正常速度的115%时,机构自动停止运行。

索具钩起升机构设有起重量数字显示器,起重量显示误差小于4%。正常作业时,载荷达90%额定载荷时声光报警,载荷达105%额定载荷时声光报警,并且自动进入只降不升状态。重力传感器安装在臂架头部的转向滑轮轴上。

在驾驶室里装有一个起升高度指示器,帮助司机确定吊钩上、下的高度位置。

为了保证在低温下减速箱能正常工作,所有行星减速箱都安装了强制循环加热系统(图 2-12)。

图 2-12　强制循环加热系统

2.2.5　变幅机构构造和工作原理

2.2.5.1　变幅机构构造

变幅机构为一套独立的机构(图 2-13),其由电机、齿形联轴节、高速级制动器、减速箱、带式制动器、开式齿轮、卷筒、限位开关、超速开关、变幅角度指示器及钢丝绳等组成。

2.2.5.2　工作原理

变幅机构为一套独立的机构,由两台交流电机,通过齿形联轴节将扭矩传递到减速箱的输出轴,减速箱为双输入轴、双输出轴形式,数量为 1 台。每个减速箱输出轴上各安装一个开式小齿轮,分别驱动两个独立的钢丝绳卷筒。每个卷筒上缠绕一根钢丝绳,卷筒为 Lebus 可多层缠绕式卷筒。变幅钢丝绳从卷筒出发,绕过人字架上的换向滑轮,进入臂架滑轮组系统,在动滑轮组和定滑轮组之间经过多重缠绕后(单侧钢丝绳倍率为 16),绕回到人字架上的换向滑轮,进入位于桁框架上方的平衡滑轮架上。平衡滑轮能保证左右两侧的钢丝绳张力一致,还能保证当一侧钢丝绳断裂时,另一侧的钢丝绳还能保持住臂架。

钢丝绳卷筒采用钢板卷制而成,当吊钩位于最低点时,卷筒上最少保持 6 圈以上钢丝绳。钢丝绳的端部用钢丝绳压板固定在卷筒侧面。卷筒的两端支承在轴承座上,轴承座上的轴承是调心轴承。

图 2 - 13　变幅机构

在减速箱输入轴的两端分别装有两组 4 个 ZPMC 盘式制动器，在每个卷筒上装有一个 ZPMC 制造的应急带式制动器。

臂架可以在 0°到 78.9°范围内转动。当臂架在上升或下降运动过程中，安装在卷筒轴端的安装编码器和凸轮限位器检测臂架位置，并自动控制在臂架的上、下终点前减速，上、下终点停止，上、下极限停车。另外还安装了一套臂架终点限位开关，防止编码器失效后，臂架与人字架相碰。

超速开关安装在卷筒轴端，当卷筒的转速超过正常速度的 115% 时，机构自动停止运行。

在臂架侧面装有一个臂架角度指示器，帮助司机确定臂架角度。

2.2.6　回转机构构造和工作原理

2.2.6.1　回转机构构造

回转机构为一套独立的机构（图 2 - 14），其由电机、弹性联轴节、高速级制动器、减速箱、开式针销、回转锚定装置、限位开关、反滚轮装置、锲块装置等组成。

2.2.6.2　工作原理

回转机构由 6 套独立的机构组成，共同驱动起重机回转。每套机构由一部立式交流电动机，通过弹性联轴节将扭矩传递到立式行星减速箱输出轴，针轮直接安装在减速箱的输出轴上，驱动起重机转动。针销直接安装在圆筒体上，安装直径为 14.596 m，针销数量共 150 个，针销直径 120 mm。6 套驱动机构为分别驱动，当一套出现故障时，其他 5 套也能够驱动起重机回转。

图 2－14　回转机构

在中心集电器的下方，安装了一个回转编码器，能够准确确定起重机与船舶中心线的角度。

在回转底盘下安装了一套气动回转锚定装置，当起重机不工作时，可以固定起重机，避免起重机由于风或船舶倾斜而回转。在回转锚定销进入锚定孔后，限位开关作用，此时起重机不能回转。

在起重机工作时，当载荷的倾覆力矩较大时，为避免起重机前倾，在起重机尾部安装了一组共两套反滚轮装置。反滚轮装置左右各 1 套，每套反滚轮装置安装了 4 反滚轮，每 2 个车轮为一组，反滚轮车轮轴为偏心轴。为了保证 4 个反滚轮的轮压一致，在每一组的 2 个反滚轮轴上安装了偏心轴，并用连杆连接。偏心轴由滚动轴承支承，当 2 个反滚轮上的轮压不相同时，偏心轴的力矩不同，连杆上的左右两端的力不同，从而驱动偏心轴转动，直到两端的力相同。由于偏心的距离是相同的，因此达到两个车轮上的轮压相同。

当起重机拖航时，为了避免船舶航行时的摇晃引起起重机晃动，在起重机前部安装了一组共两套锲块装置，锲块装置安装在起重机前部的防摇支架上。锲块装置左右各一套，由手动液压泵驱动。当船舶拖航时，将锲块手动压入防摇支架和反滚轮轨道之间，保证当船舶摇晃时，起重机与船舶之间无相对运动。锲块装置上安装有限位开关，当锲块工作时，限位开关作用，此时起重机不能回转。

空载时最高速度为0.30 r/min,带载时最高速度为0.10 r/min。

实际操作时,回转速度需要考虑船体的调载能力(主钩全回转时的额定载荷为800 t),必须保证任何时候臂架平面与钢丝绳的偏角不得大于5°。

2.3 海洋工程重型起重机电气传动系统

2.3.1 电气传动

电气传动系统(PDS)由电动机和成套传动模块(CDM)组成。CDM由基本传动模块(BDM)和其可能有的附属部分,如馈电部分或某些辅助设备(如冷却通风设备)组成,BDM具有变流、控制和自保护功能。电气传动系统(PDS)的专用变压器是成套传动模块(CDM)的一部分。PDS系统组成部分:电力设备(可能的谐波滤波器、输入变压器、变流器部分、交流电动机)和控制、保护及辅助设备。交流系统传动功能如图2-15所示,电压1 kV以上的交流调速电气传动系统的功能见图2-16。

图2-15和图2-16示出了主要功能部件。图中还示出可供许多电气传动系统选用的设备,其目的是根据各种可能的交流电气传动系统进行配置。变流器部分没有图示或者保持采用特定类型开关器件的特定拓扑结构,这是因为当前所使用的组合方式是各种各样的。变流器部分可以包括输入和输出谐波滤波器(单独列出的谐波滤波器除外)。如果可靠性足够高,辅助电源也可以在内部从PDS系统引出。

2.3.2 典型海洋工程起重机电控系统配置

起重机控制程序包括固件程序和应用程序(图2-17)。固件程序执行主要控制功能,包括速度控制、传动逻辑(启动/停止)、I/O、反馈、通信和保护功能。应用程序扩展了固件程序的功能。应用程序和固件程序都使用参数进行配置和编程。图2-18给出了一个典型的西门子的电控系统:由SINAMICS S120交流变频驱动、SIMOCRANE起重机专用系统和SIMATIC S7 400 PLC组成。图2-19给出了ABB起重机传动及其控制接口的总览图,图2-20是ABB起重机典型电控系统,图2-21给出了PDS驱动起重机起升绞车示意图。在配置海洋工程重型起重机电控系统时,通常要考虑到其对全船电站尤其是谐波对它的影响,通常通过一些措施来降低谐波(表2-1)。

ABB公司的CMS Crane Maintenance Station起重机维护工作站系统为用户和维护人员提供了详尽的、实时的状态信息和事件信息。CMS提供的诊断工具包括:监测实时系统的状态、故障、报警、允许事件信息,信号维护监测工具,维护事件的各种查询、检索功能,回顾历史数据日志信号曲线,统计各项营运数据。程序安装在起重机的CMS电脑中,放置于现场电气房。

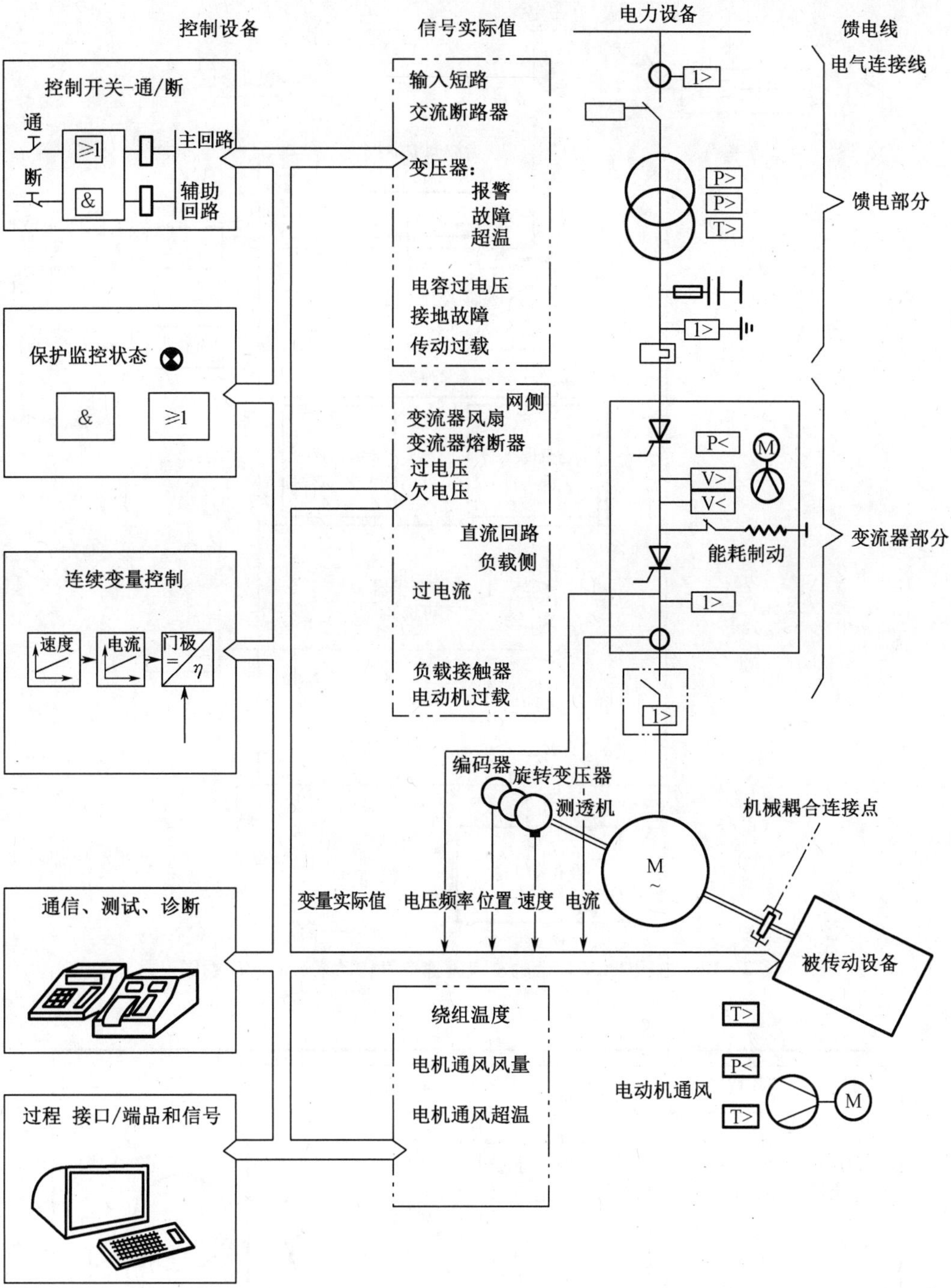

图 2－15　交流系统传动功能方框图

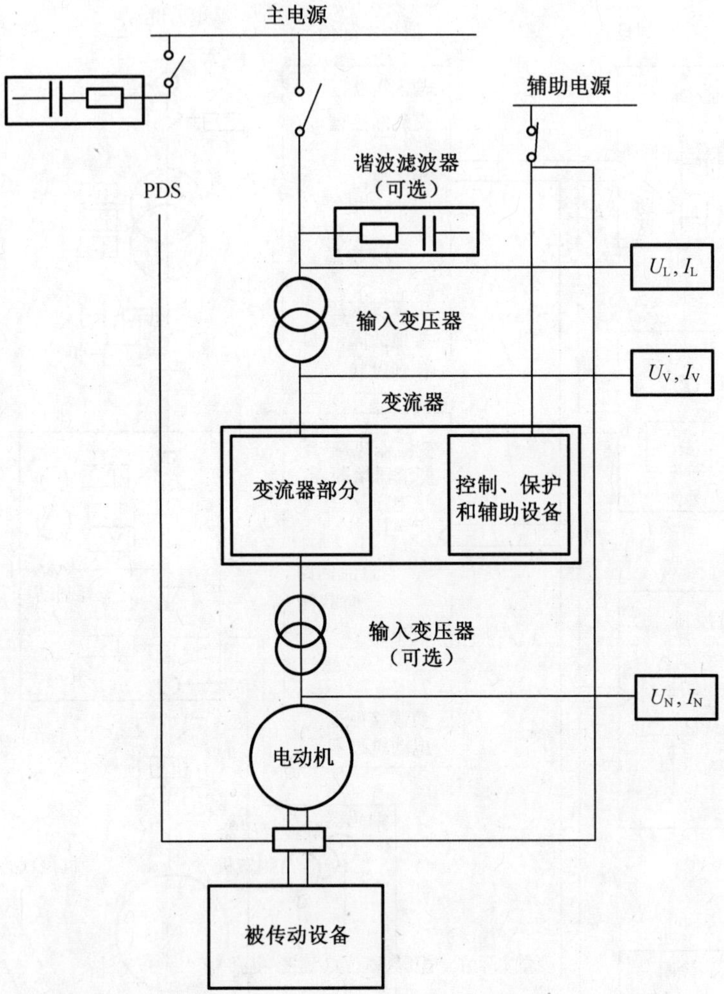

图 2－16　电压 1 kV 以上的交流调速电气传动系统的功能框图

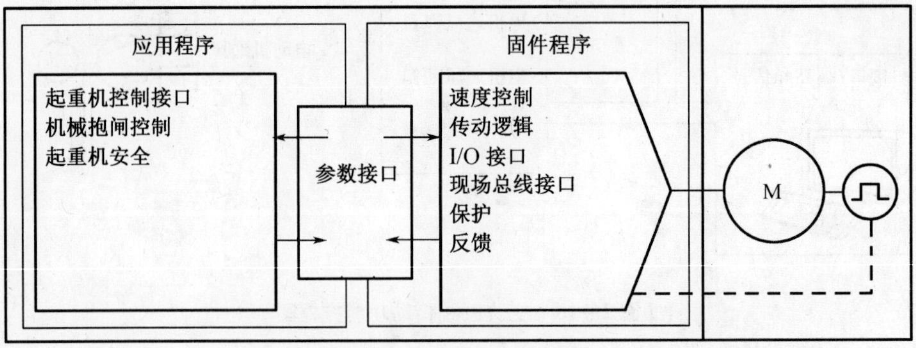

图 2－17　起重机控制程序

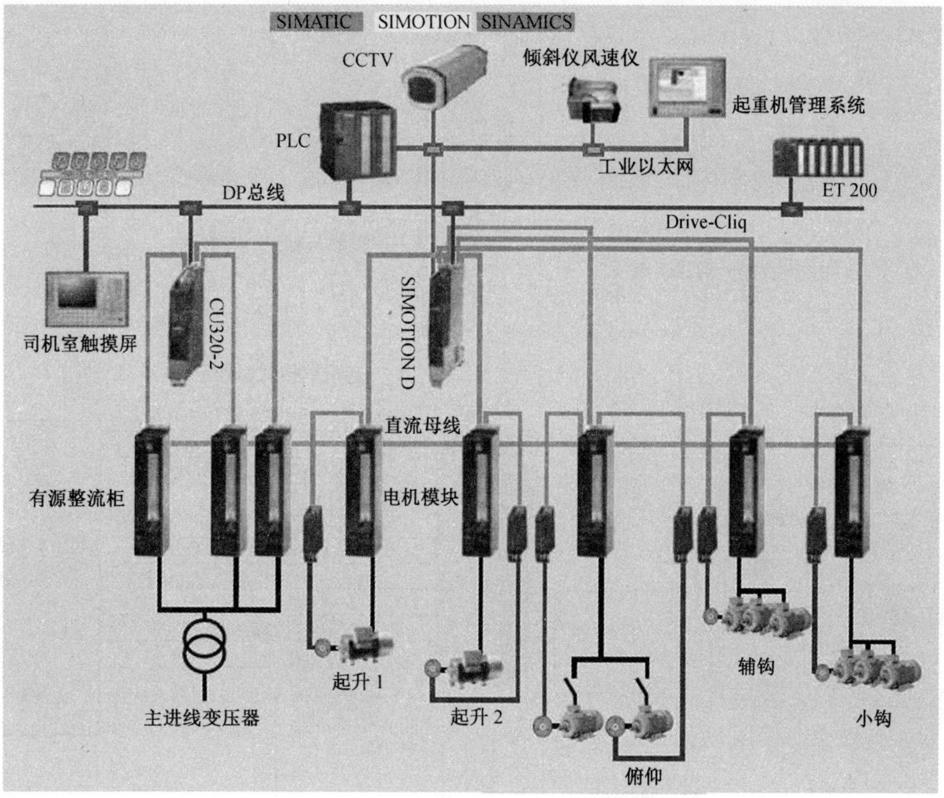

图 2－18　SIMENS 起重机典型电控系统

表 2－1　谐波现象的基本原理

电源类型	畸变值相对均方根的百分比			电流波形
	电流 THD/%	电压 THD/% $R_{SC}=20$	电压 THD/% $R_{SC}=100$	
6 脉冲整流器	30	10	2	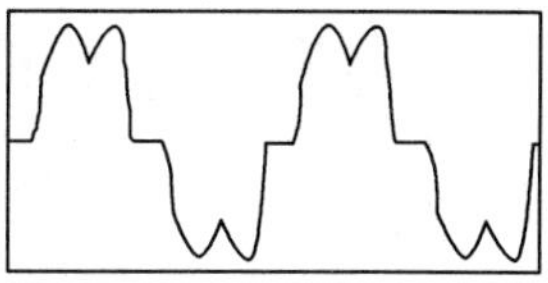
12 脉冲整流器	10	6	1.2	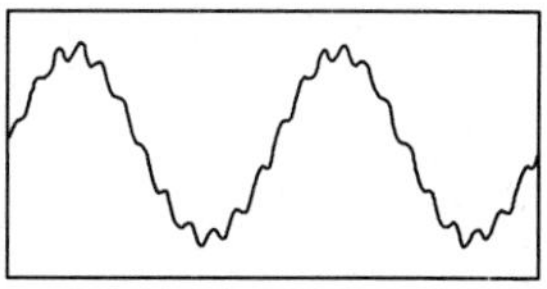
IGBT 供电单元	4	8	1.8	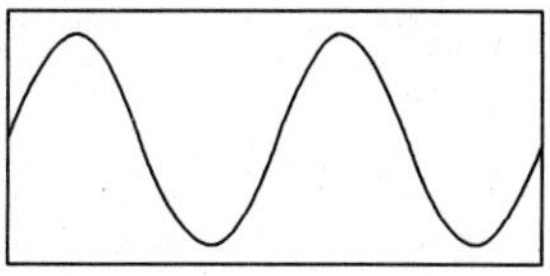

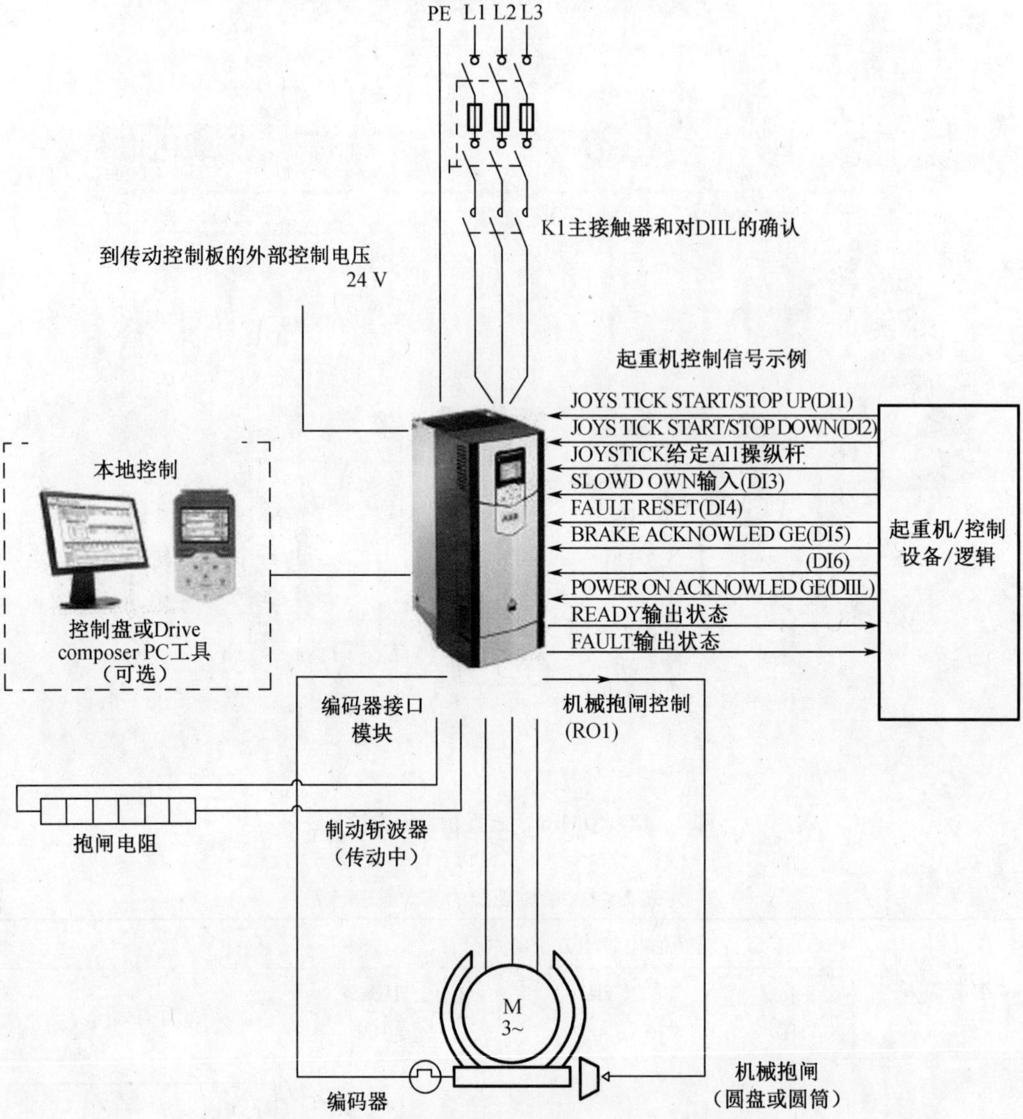

图 2－19　ABB 起重机传动及其控制接口的总览图

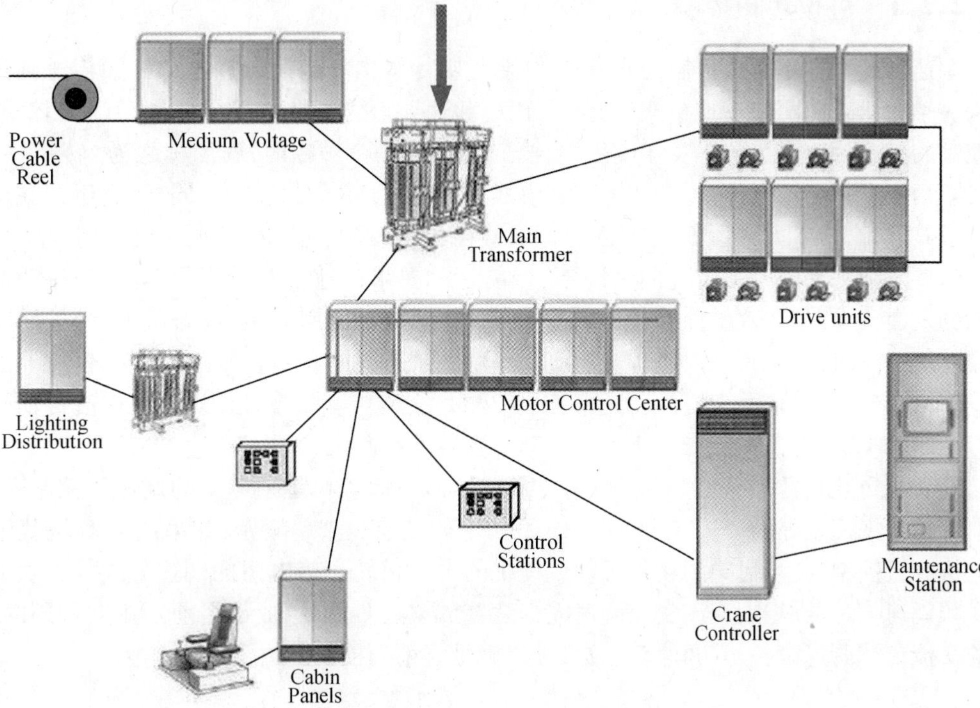

图 2－20　ABB 起重机典型电控系统

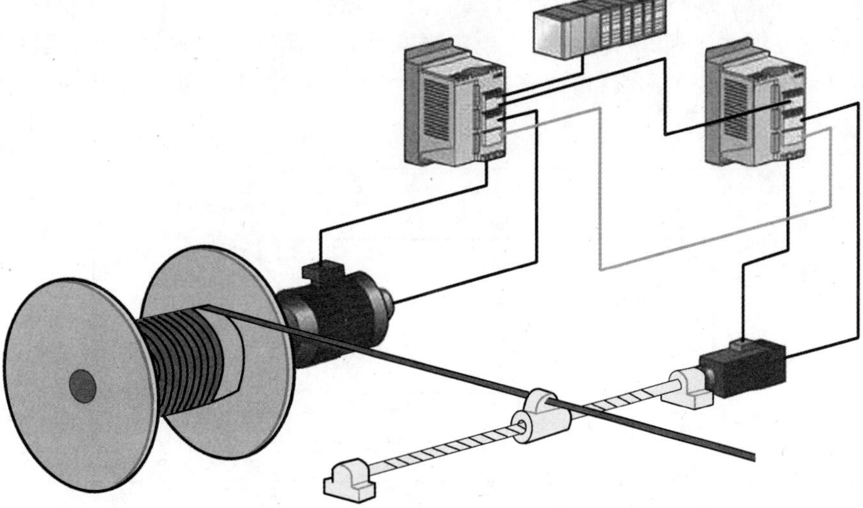

图 2－21　PDS 驱动起重机起升绞车示意图

2.3.3 直接转矩控制

调速器的基本功能是控制能量从电源流向执行机构。能量通过电动机轴传送到执行机构。轴的状态由两个物理量来描述,即转矩和速度。为了控制能量的流动,我们最终需要控制的是这两个变量。在实际应用中,当二者中的一个被控时,我们称之为"转矩控制"或"速度控制"。当 VSD 运行在转矩控制模式下时,速度由负载决定。同样,当运行在速度控制模式下时,转矩大小由负载决定。起初,直流电机被用作调速传动,因为直流电机可以在不需要复杂精密的电子装置的情况下,轻易达到要求的速度和转矩。然而,交流调速器技术的发展,一直是在效仿性能优越的直流电机,从而在使用耐用、价格低廉、维护简单的交流电机的同时,能够得到快速转矩响应及速度的准确性。调速传动经历了四个重要发展阶段,即:直流电机传动、交流传动频率控制 PWM、交流传动矢量控制 PWM、交流传动直接转矩控制(DTC)。

随着起重机的不断发展,传统控制技术难以满足起重机越来越高的调速和控制要求。在电子技术飞速发展的今天,起重机与电子技术的结合越来越紧密,如采用 PLC 取代继电器进行逻辑控制,交流变频调速装置取代传统的电动机转子串电阻的调速方式等。随着交流变频调速技术的成熟,交流变频调速成套装置成本逐步降低,成了目前工业上常用的、重要的交流传动调速设备,其调速范围宽,可以满足有精确控制定位要求的作业。

2.3.3.1 直流电机传动

在直流电机中,磁场由流经定子上励磁绕组的电流产生。该磁场与电枢绕组产生的磁场总是呈直角。这种情况称为磁场定向,是产生最大转矩的条件。无论转子处在什么位置,电刷都会保证这种磁场稳定在这种状态。一旦磁场定向完成,直流电机的转矩就能很容易通过改变电枢电流和保持磁化电流恒定来实现。直流传动的优势在于,速度和转矩这两个对用户来说最主要的因素,可以直接通过电枢电流来控制:转矩控制为内环,速度控制为外环(图 2-22)。

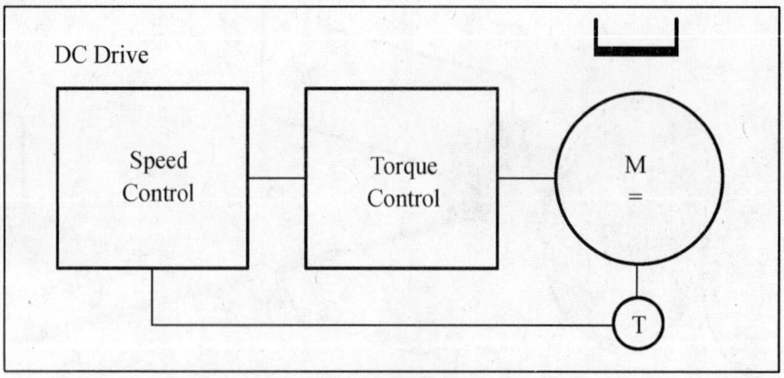

图 2-22 直流电机控制环

早期,直流传动用于调速传动,是因为它可以很轻易地实现良好的转矩和高精度的速度响应。直流调速技术最大的缺点是直流电机的可靠性差;电刷和换向器容易磨损;直流电机价格高;需要编码器提供速度和位置反馈。虽然直流传动可以在零速到基速甚至基速以上很好地控制转矩,但是直流电机的机械结果过于复杂,需要的维护成本较高。

2.3.3.2　交流传动

1. 使用 PWM 的频率控制

与直流传动不同,交流传动频率控制技术使用的是电机的外部参数,即电压和频率,作为控制电机的变量(图2-23)。电压和频率给定发送至调制器,为定子磁通提供近似的交流正弦波。这种技术被称为脉宽调制(PWM)技术,是利用二极管整流桥为直流母线提供直流电压使之保持恒定。逆变器通过脉宽调制脉冲序列改变电压和频率,由此来控制电机。这种方式不使用反馈设备测量电机转速和电机轴位置并将其反馈到控制环,这种没有反馈设备的控制方式称为"开环控制"。

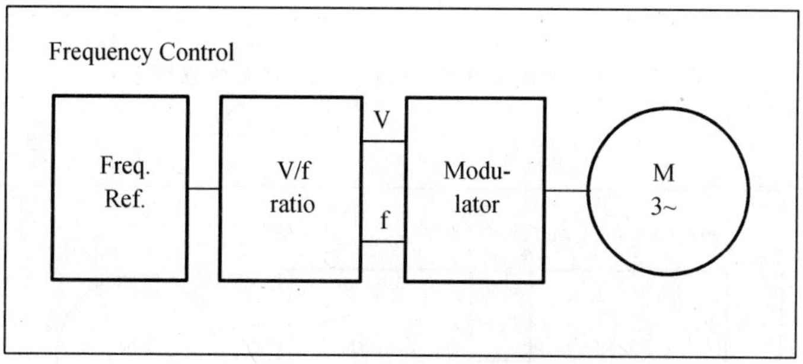

图2-23　使用 PWM 频率控制的交流传动控制环

这种技术,有时也称标量控制,没有使用电机的磁场定向,而是使用了频率和电压作为控制的主要变量提供给电机的定子绕组。忽略转子的状态意味着没有速度或位置信号的反馈。因此转矩的精度是完全不可控的。此外,该技术使用的调制器从根本上减慢了输入的电压和频率信号与电机的实际要求之间的通信。

2. 使用 PWM 的磁通矢量控制

为了模拟直流电机的磁场工作情况,即磁场定向过程,磁通矢量传动需要知道交流异步电机内部转子磁通的空间角位置。对于 PWM 的矢量控制传动,通过电气方式获得磁场定向而不是直流电机式的通过机械换向器/电刷设备获得。

首先,转子的速度以及相对于定子磁场的角位置等信息通过脉冲编码器被反馈回来。使用编码器的传动称为闭环传动(图2-24)。另外,电机的电气特性被数学模型化,使用微处理器来处理数据。磁通矢量控制的电子控制器为电压、电流和频率等控制变量建立电气量,并通过调制器将它们给定到交流异步电机。因此转矩被间接控制。

磁通矢量控制可以达到零速满转矩,性能十分接近于直流传动。为了达到快速的转矩响应和较高的速度精度,反馈装置是必需的。这使得成本上升并且增加了传统交流异步电机的复杂性。同样,调制器的使用降低了输入的电压和频率信号与电机的实际要求之间的通信速度。虽然电机的机械结构简单,但是传动装置的电气结构比较复杂。

3. 直接转矩控制

DTC 技术,是在没有反馈的情况下使用先进的电机原理,不使用调制器直接计算电机转矩从而完成磁场定向(图2-25)。控制变量为电机磁通和电机转矩。DTC 控制不需要调制器也不需要转速计或编码器等设备来反馈电机转速或电机轴的位置。DTC 使用最快的数字信号处理硬件,并用更先进的数学模型来描述电机如何工作。这就使得传动的转矩响应比其他任何直流传动快10倍。DTC传动的动态速度精度比开环交流传动高8倍,与使用交流或反馈的直流传动精度相当。

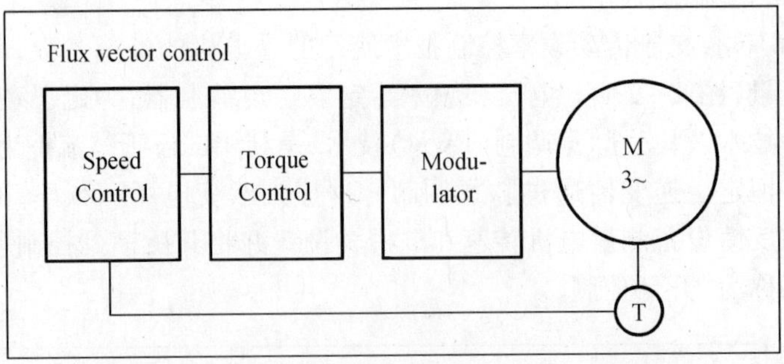

图2-24　使用PWM矢量控制的交流传动控制环

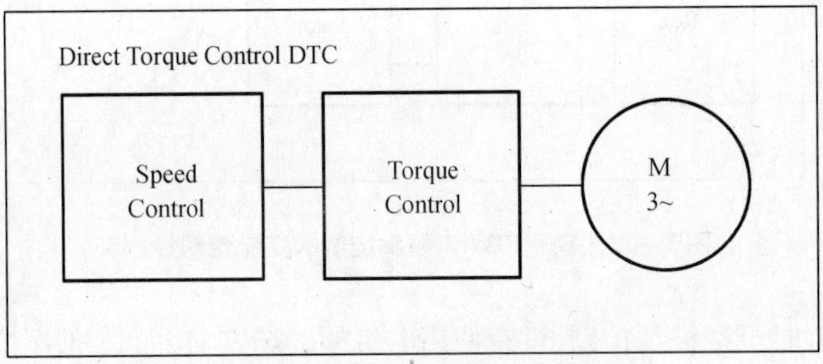

图2-25　使用DTC的交流传动的闭环控制

DTC控制和直流传动控制都采用电机参数直接控制转矩和速度,如图2-26所示。DTC不需要使用测速计或编码器反馈设备,不需要外部励磁。PWM交流传动的控制变量为频率和电压,而这需要经过众多环节才能被电机应用。因此PWM传动的控制是在电子控制器中而不是电机中。DTC将电机转矩和定子磁通作为主要控制变量,从电机本身直接获得。

转矩控制和速度控制环的工作步骤如下:

第一步:电压电流检测。在正常运行时,电机两相的电流和直流母线电压以及逆变器的开关状态可以简单地被测量。

第二步:自适应电机模型。从电机检测到的信息流入自适应电机模型。精准的电机模型可以计算出精确的电机数据,在DTC传动运行之前,电机模型在电机辨识的过程中收集数据,这个过程被称为自动辨识,电机的定子电阻、电感系数和磁饱和系数与电机的惯量有关。电机模型参数的辨识可以在电机轴不旋转的情况下进行。这使得电机在锁死状态下也可以使用DTC技术。在辨识过程中电机轴转动若干秒,会获得更完美的电机模型参数。如果对静态速度精度的要求和大多数工业应用场合相同,为大于0.5%,就不需要使用测速计或编码器来反馈电机轴的速度或位置。电机模型输出的控制信号直接描述了电机的转矩和磁通状态,轴的速度也是由电机模型计算出的。通常海洋工程起重机的控制还是使用编码器反馈电机的速度和方向。

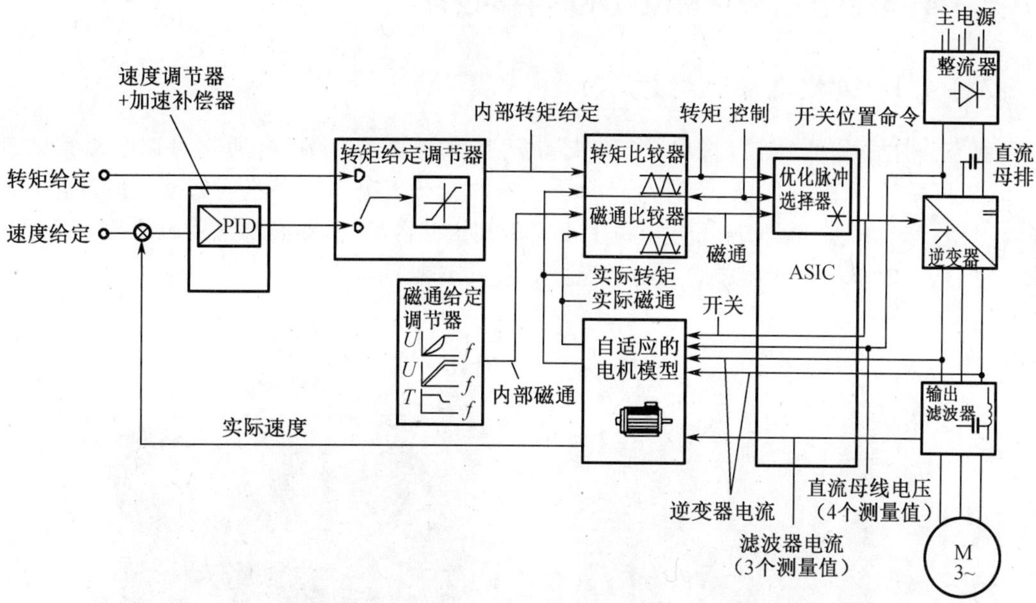

图 2－26　DTC 包括两个重要部分：速度控制和转矩控制

第三步：转矩比较器和磁通比较器。控制功率器件开关的信号由转矩、磁通比较器产生。实际转矩和实际磁通进入比较器，每 25 μs 与给定值进行一次比较。转矩和磁通状态信号采用两水平置换控制方式计算得出。这些信号被输送到最优脉冲选择器。

第四步：最优脉冲选择器。最优脉冲选择器的内部使用的是最先进的 40 MHz 数字信号处理器（DSP）与专用集成电路硬件一起来确定逆变器的开关逻辑。此外，所有控制信号通过高速光纤来传输。这种结构极大地提高了处理速度，每 25 μs 逆变器的半导体开关装置收到一个脉冲来控制功率器件的通断或保持，以保证电机转矩的精确。每个控制周期都确定正确的开关组合。没有预定的开关模式。DTC 被控制在“恰当的时间”开关，和传统的 PWM 传动有 30% 不必要的开关转换不同的是，DTC 的每一次开关都是必要的。这种高速的开关是 DTC 成功的基础。主要的电机控制参数每秒更新 40 000 次。这使得电机轴可以快速响应，所以要求电机模型可以随时更新这些数据。正是这种处理速度，带来了包括在无编码器时 ±0.5% 的静态速度控制精度以及低于 2 ms 的转矩响应的高性能。

第五步：转矩给定控制器。在转矩给定控制器的内部，速度控制输出被转矩限幅和直流母线电压所限制。它还包括当使用一个外部转矩信号时速度控制的情况。从这个功能块输出的内部转矩给定进入到转矩比较器。

第六步：速度控制器。速度控制块由 PID 调节器和加速度补偿器两部分组成。外部速度给定信号与在电机模型中产生的实际速度进行比较。偏差信号进入 PID 调节器和加速度补偿器，控制块的输出为二者输出值之和。

第七步：磁通给定控制器。定子磁通的绝对值从磁通给定控制器发送到磁通比较功能块。控制和修改该绝对值为实现逆变器的很多功能提供了便捷的手段，比如磁通加速和磁通制动。

2.3.4 海洋工程起重机电气驱动主要设备

2.3.4.1 真空浇注干式变压器

真空浇注干式变压器(图 2-27)支持海上苛刻的运行条件,通常可以在湿度大于 95%,温度 -25 ℃以下环境下工作,能承受恶劣的振动工况。抗短路能力强,过载能力强,绝缘等级:F 或 H。一般情况下起重机上没有冷却水,所以变压器通常采用风冷型而不采用水冷型,这就要求布置变压器的房间有充分的通风换热。

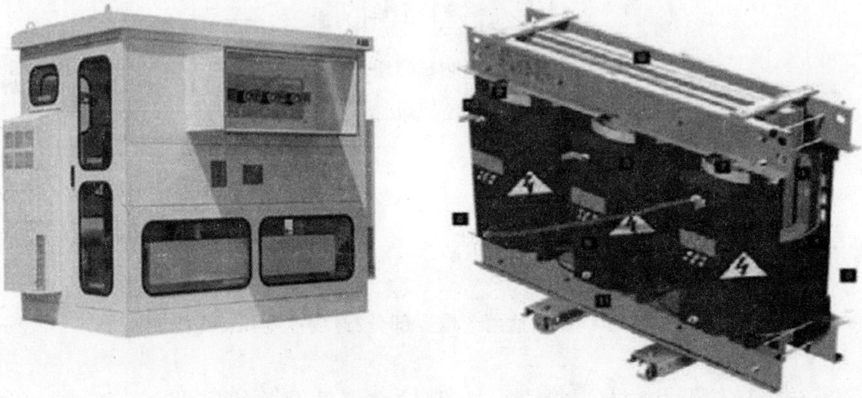

图 2-27 真空浇注干式变压器

铁芯采用斜接缝步进叠的技术,可保证最佳性能和最低噪声级。硅钢片在剪切时能按顺序自动叠放。这样可保证整叠硅钢片的尺寸精确度和单片交错。高压绕组采用的是由铜(铝)带和双层绝缘连续绕制的段式结构。绕组是在真空下用环氧树脂浇注而成。绕组经过瞬态梯度分布分析,其电气强度符合系统设计的要求。低压绕组由铜(铝)箔和预浸环氧树脂的绝缘纸一起绕制而成。完成绕制过程后,会将线圈放入烘箱中固化,从而形成能承受短路力的紧凑型绕组。

真空浇注干式变压器在海洋工程起重机上用于电压变换和移相,移相变压器是为了降低电力系统的谐波。

2.3.4.2 高压配电柜

高压配电柜主要电气部件有真空高压开关、开关熔断器、断开开关(无负荷)和接地开关及相关保护、仪表和连锁装置,如图 2-28 所示。

2.3.4.3 变频器

海洋工程重型起重机使用的变频器通常是一组变频驱动柜,包括输入整流部分、逆变部分和动态制动部分。由于在起重机上面冷却水供应困难,通常都选用强制风冷模式。基本原理如图 2-29 所示,变频驱动柜外观如图 2-30 所示,变频器的结构如图 2-31 所示。

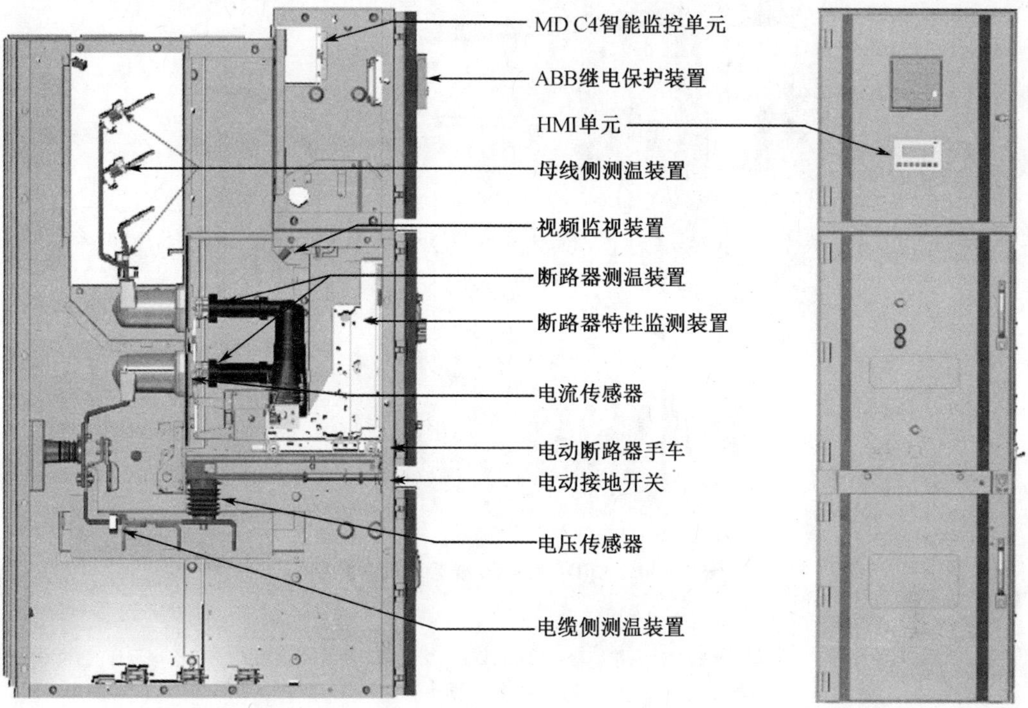

图 2-28　海洋工程起重机用高压配电柜

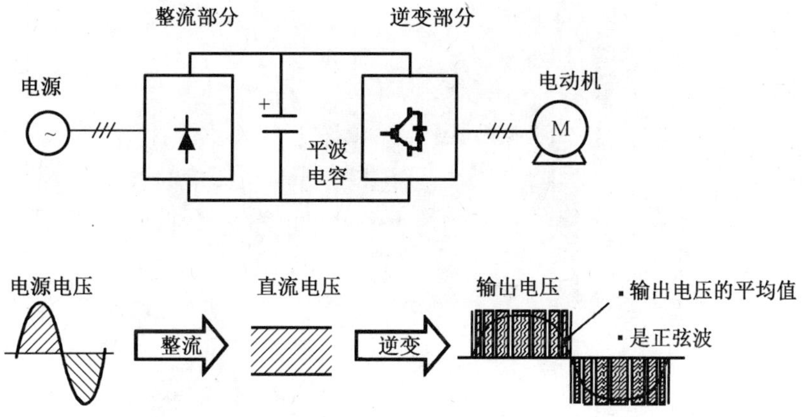

图 2-29　变频器基本原理

2.3.4.4　电机

海洋工程起重机选用的驱动电动机为高性能三相交流变频电机，具有特殊的转矩转速特性。带强制冷却风机，一般电机上还装有温度传感器、速度编码器、风压开关等。绝缘等级为 F(允许最高温度为 155 ℃，额定环境温度 40 ℃时最大允许温度上升 105 ℃)或 H(允许最高温度 180 ℃，额定环境温度 40 ℃时最大允许温度上升 125 ℃)。起升和变幅电机的刹车装在输出轴上，回转电机的刹车装在顶部非驱动端。海洋工程起重机电机示意如图 2-32所示。

图 2-30　ABB ACS880 变频驱动柜外观

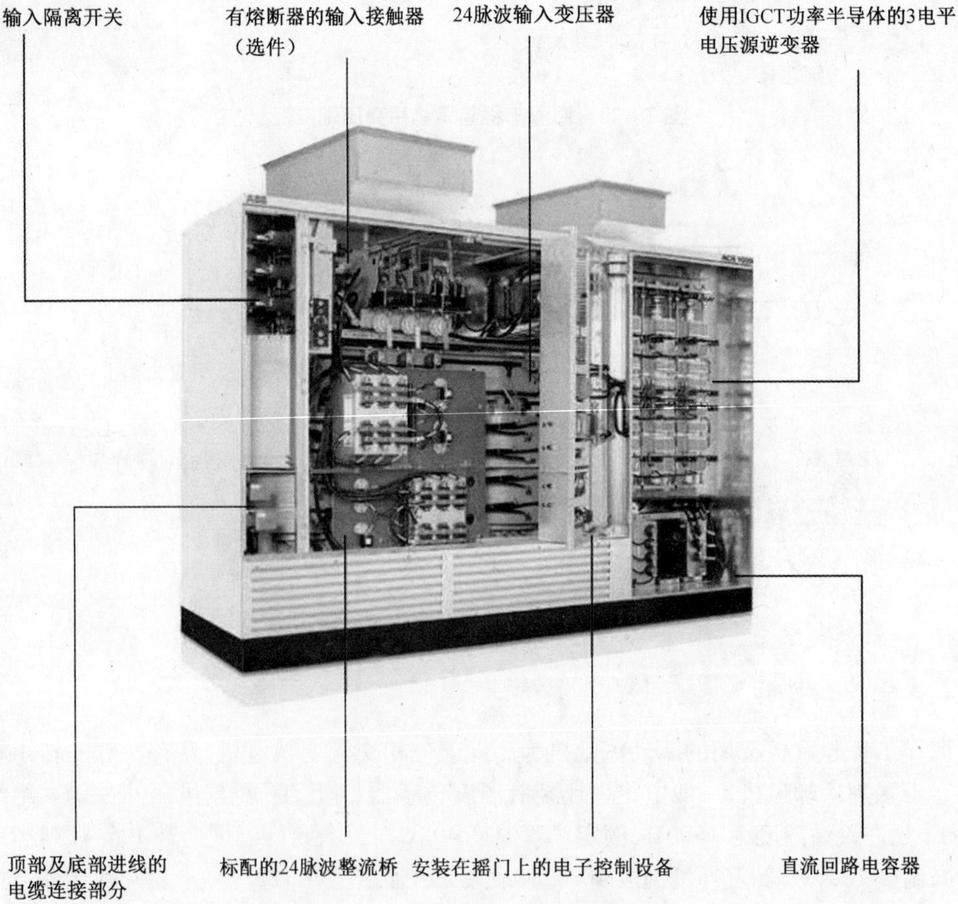

图 2-31　ABB ACS1000 风冷型变频器

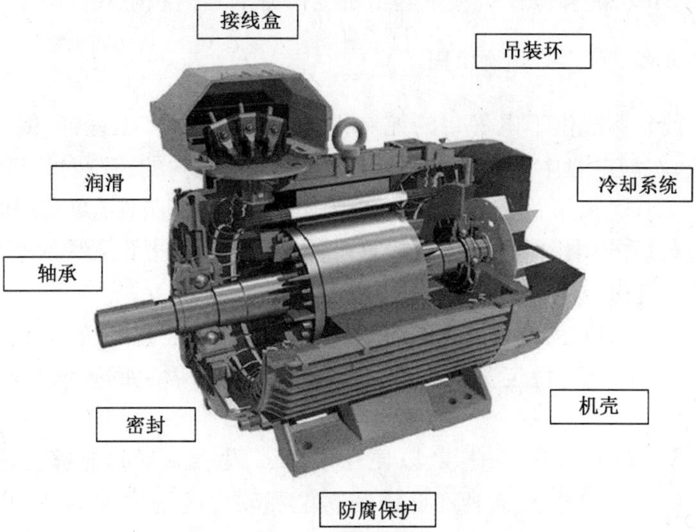

图 2－32　海洋工程起重机电机

2.4　控制系统[11,13]（CCS）

2.4.1　控制系统（CCS）的组成

CCS 由驱动控制器（DC）、人机界面（HMI）、可编程逻辑控制（PLC）及空气调节系统（HVAC）四个模块组成。

2.4.2　控制系统的工作原理

CCS 应该作为操作员和执行机构之间的中介，操作员通过 CCS 对执行机构，如驱动系统（绞车电机，制动器），仪表等进行自动控制。所有驱动器是由 CCS 逻辑通过局域网控制的。电机测量和回路控制将由驱动控制器执行。CCS 对 HVAC 系统通过 PLC 控制电气室中的温度。

2.4.2.1　驱动控制（DC）

传动系统将控制起重机的运动和牵引车，DC 系统由 22 个 PLC 控制器控制每个整流器/斩波器和逆变器。该系统接收速度反馈信号以实现对电机速度的精确控制，并且当必须减小驱动速度而且功率从电动机返回到驱动系统时，将接合制动斩波器。

对于回转驱动器，DC 提供了快速连接系统使得回转驱动器可以以主从配置运行。对于具有双电机的绞车，PLC 驱动器将彼此通信以便实现两个电机之间的均分负载。

2.4.2.2　人机界面（HMI）

CCS HMI 工作站位于驾驶室左右手控制台上。HMI 包括 2 个根据适当的人体工程学要求的具有触摸屏控制的操作员工作站，操作起重机的操纵杆/按钮以及用于牵引绞车控制的专用设置。HMI 将通知操作员关于起重机上设备的当前状态和故障。

2.4.2.3 可编程逻辑控制(PLC)

起重机 PLC 控制系统位于电气室的控制柜中,控制柜中有工程师/编程个人电脑和 2 个 HMI 触摸面板;在配电盘中有远程 I/O 接口;位于驾驶室内的控制台,有用于驾驶室内控制的脚踏板和远程 I/O 接口;通过电缆将控制柜、可编程控制器(PLC)和载荷控制系统(LCS)连接;通过传感器用于监视和控制起重机操作;有连接外部系统的端口(如船舶和载荷监控系统),用于信息传输。

该系统应包括独立的控制、监视和维护组件,以及紧急停止系统的独立组件。单独的控制系统将能够在零速度与特定负载条件下确定的最大速度之间连续地控制运动系统的速度。

作为备份的冷储备 PLC 已经安装,以便在主 PLC 发生故障时能够快速修复。冷储备 PLC 与安装的 PLC 完全兼容,包含所有必需的功能和软件的精确副本,但没有(插入的)电缆连接。

对于运行监控,控制系统应配备位置和状态指示器,以及相关的复位和限位开关。

2.4.2.4 空气调节系统(HVAC)

主吊机的 HVAC 系统包括两套压缩机组和两个布风机组,布置于绞车房的顶部,每套压缩机组都包含两个压缩机,冷剂选用 R407C 环保型冷剂。每套机组的冷却送风能力都能满足起重机工作环境风量的需求。两台机组互为备用冗余。HVAC 系统包括冷却、通风、加热等功能,其中,一、二层电气房可以实现冷风和热风的供应,以便满足变频器等设备对环境温度的要求。一、二层绞车房布置有通风机,满足通风需求。HVAC 系统采用 PLC 集中控制,控制站设置在二层电器间,通过触摸屏的操作可以选择实现各种不同工况的运转及相关报警信息查询、复位等。

2.5 安全系统

2.5.1 安全系统的组成

安全系统由安全继电器、刹车系统(制动器)、工业电视系统、负载传感器、负载监控系统、火灾探测,以及广播/电话/收音机等组成。

2.5.2 安全系统的工作原理

安全系统由上述组成的子系统、设备,利用其功能特性,制止作业中由于超出规范的操作,而引起安全事故发生。同时能提供有效的通信方式,使操作者进行安全操作,并感知事故发生,便于及时采取安全措施。

2.5.2.1 安全继电器

电气室中的控制柜包含安全继电器。在这些继电器上连接了紧急停止按钮。这些按钮在起重机上的分布如下:

(1)驾驶室提供一个总的按钮和一个牵引按钮；

(2)电气室中控制柜上的按钮；

(3)两个起重机入口楼梯处的按钮；

(4)绞车房里的两个断开的的按钮；

(5)在牵引绞车和起升绞车附近安装了单独紧急按钮。

紧急停止按钮由安全继电器监控并且故障将显示在 HMI 上,安全继电器执行故障安全停止。

起重机的驾驶室上配有紧急电源隔离开关,这些开关使输入的高压断路器跳闸。

紧急停机系统是硬接线的,并且包含:紧急停车按钮、超速开关及可探测每个绞车上的最后 5 个绕组的凸轮开关(保护收放绳长度在允许范围)。紧急情况下,这些按钮及开关可避免意外情况下故障发生。

2.5.2.2　刹车系统(制动器)

起重机绞车和驱动器配备了多种刹车系统。主刹车系统将通过起重机控制减小驱动电机的转速并消除所产生的能量,一旦有应急情况(驱动或马达故障),能够提供足够安全工作负荷的刹车力,达到安全刹车目的。

为了安全起见,确保绞车和回转驱动器停止,以下结构件或设备已安装刹车系统:

(1)在吊杆、主要和辅助提升绞车上,气动开启/弹簧关闭的带式刹车系统;

(2)吊臂驱动轴上和 70 t 动臂升降机的电液控制盘式刹车系统;

(3)主要和辅助升降机上的气动操作的威奇塔式刹车系统;

(4)两侧动臂升降机绞车滚筒的法兰上的卡钳刹车系统;

(5)50 t 动臂升降机,牵引车和回转驱动装置上的驱动电机的弹簧关闭,及电动打开的刹车系统。

2.5.2.3　工业电视系统

起重机配备了一个工业电视系统,在电气室里有一个矩阵切换面板并且在起重机驾驶室里有一个控制器和一个监视器。摄像机为驾驶员提供监控设备,以验证缠绕到绞车上是否存在问题以及从吊钩的正上方获取图像,以查看吊钩是否在正确的位置来提升载荷。另外两个监视器专门用于当物体被拉入防摆动位置时监视防摆装置。吊钩上方的监视器具有变焦装置。

2.5.2.4　负载监控系统

起重机配有负载监控系统。负载监控系统是一个基于 PLC 的独立系统,其中 PLC 安装在电子室中而监控器安装在控制室中。负载监控是通过两个测量桥(2 通道)的测力传感器来实现的。这两个通道信号都是独立处理的,并且如果两个通道之间的不匹配程度太大就会发出警报。负载监控系统应保护单个吊装系统以及整个系统。

负载监控系统可以调整到起重机合适的卷绕方案,并且它将通过游标滑轮、吊臂和船舶角度来测量提升机的绳索速度。

2.5.2.5 负载传感器

起重机的每个吊钩都有负载监控传感器，每个传感器具有两个测量应变计，这两个应变计都将连接到负载监控系统。主提升机有两个负载传感器，一个在固定端，一个在快速绳侧以获得对负载测量的更大的精度。

2.5.2.6 火灾探测

起重机已配备了火灾探测系统。火灾探测系统由烟雾探测器和手动报警按钮，并且通过滑环连接到船舶的火灾探测系统。如果起重机发生火灾，船舶将发出信号返回起重机。

2.5.2.7 广播/电话/收音机

起重机上将安装广播扬声器，在起重机驾驶舱里，驾驶员用一个广播控制系统向船舶和主甲板发送一般的呼叫。除此之外，起重机驾驶员还具有若干通信系统，以便在起重机发生故障时警告人们。

2.6 主要零部件[14]

2.6.1 吊钩

2.6.1.1 吊钩形式及特点

吊钩组是起重机上应用最普遍的取物装置，它由吊钩、吊钩螺母、推力轴承、吊钩横梁、滑轮、滑轮轴以及拉板等零件组成。

目前常用的吊钩有单钩、双钩和四钩。

模锻单钩制造简单，在中小起重机（80 t 以下）上广泛采用。双钩和四钩制造较单钩复杂，但受力对称，钩体材料能充分利用，主要在大型起重机（起重量 80 t 以上）上采用。成批生产以采用模锻为宜，也有四钩制造采用铸造的（如 HYSY 201 船）。

2.6.1.2 吊钩齿部件的材料

起重机吊钩除承受物品重力外还要承受起升机构启动与制动时所引起的冲击载荷作用，故吊钩材料应有较高的机械强度与冲击韧性。

起重机吊钩常用材料如下：

锻造吊钩：采用 20 号钢、20SiMn、36Mn2Si 及 20CrMnMo（蓝鲸）。

铸造吊钩：采用低合金钢 17CrMo9 - 10（201 船）。

2.6.2 钢丝绳及绳具

2.6.2.1 钢丝绳特性及种类

1. 钢丝绳特性

钢丝绳是起重机上应用最广泛的挠性构件，其优点是：卷挠性好；承载能力大，对于冲击载荷的承受能力也强；卷绕过程平稳，即使在卷绕速度高的情况下也无噪音；由于绳股钢丝断裂是逐渐发生的，一般不会突然发生整根钢丝绳断裂，故工作时比较可靠。

2. 钢丝接触状态及钢丝绳种类

钢丝绳股内相邻层钢丝的接触状态有3种（图2－33）：

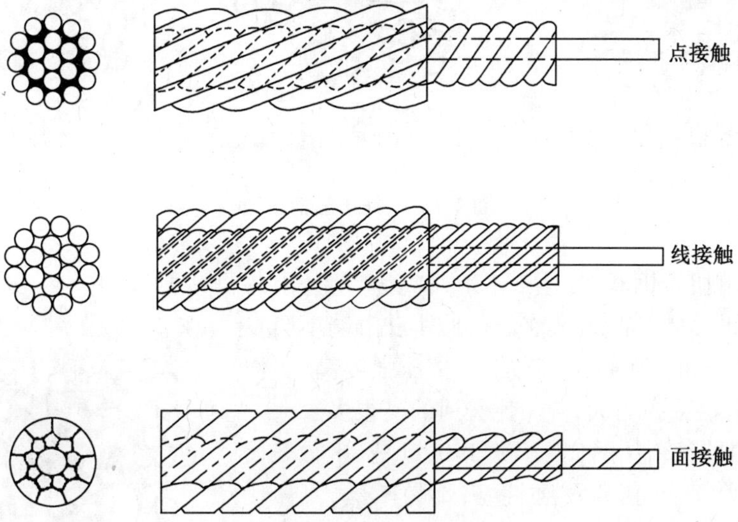

图2－33　钢丝接触状态

（1）点接触——股内各层之间钢丝互相交叉，呈点接触；

（2）线接触——股内各层之间钢丝在全长上平行捻制，呈线接触；

（3）面接触——股内钢丝形状特殊，呈面接触。

起重机上采用的钢丝绳主要有下面几种：

（1）点接触钢丝绳（图2－34），因单股挠性差又不能经受横向压力，故仅做拉索用。多股性能比单股好，故应用稍广泛。

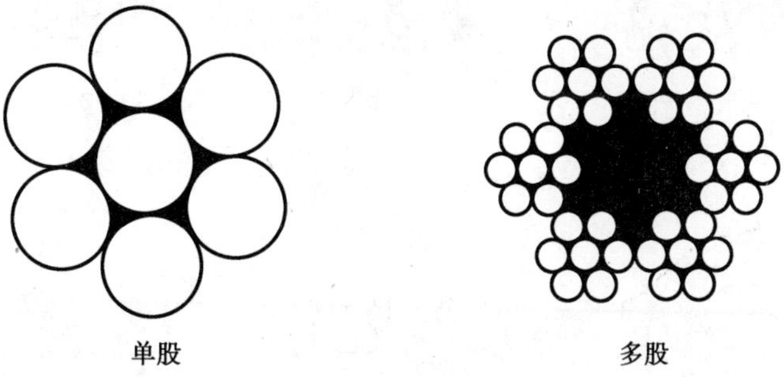

图2－34　点接触钢丝绳

（2）线接触钢丝绳（图2－35），包括外粗式（X型）、粗细式（W型）及填充式（T型），其优点是：消除了点接触钢丝绳所具有的二次弯曲应力，能降低工作时总的弯曲应力，抗疲劳性能好；结构紧密，金属断面利用系数高，使用寿命比普通的点接触钢丝绳要高1～2倍。

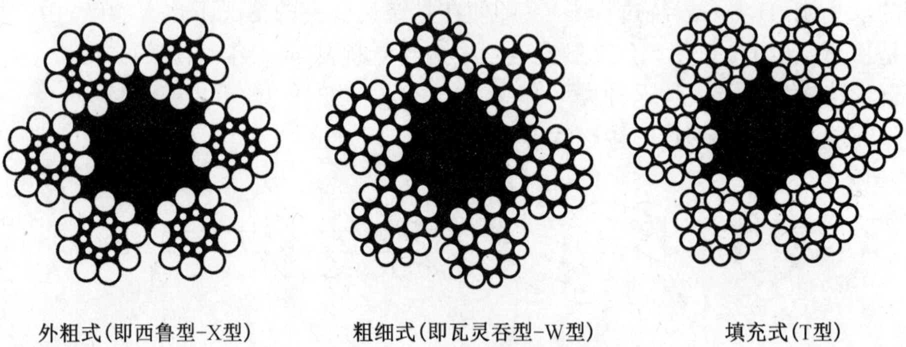

图 2-35　线接触钢丝绳

(3)多股不扭转钢丝绳(图 2-36),其优点是:因各相邻层股的捻向相反,故钢丝绳受力时其自由端不会发生旋转;在卷筒上的接触表面较大,抗挤压强度高,工作时不易变形;总破断拉力大,寿命比普通的高很多。

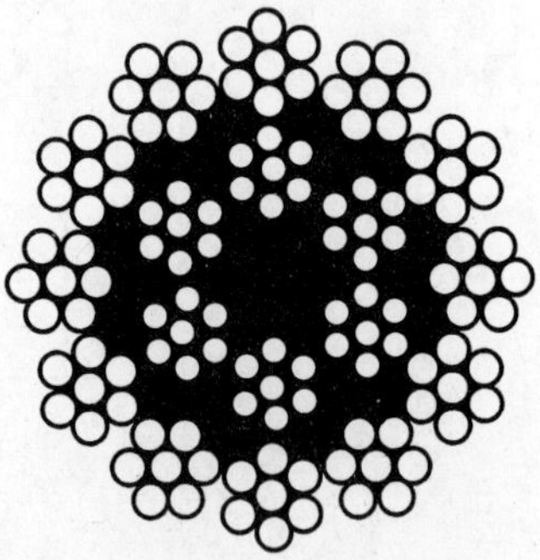

图 2-36　多股不扭转钢丝绳

(4)异性股钢丝绳(图 2-37),其优点是:接触表面大(比普通的大 3~4 倍),耐磨性好,不易断丝,寿命比普通的约高 3 倍;钢丝绳结构密度大(在相同绳径和强度条件下,总破断拉力大于圆股钢丝绳)。

(5)密封式面接触钢丝绳(图 2-38),其优点是:表面光滑,抗蚀性和耐磨性均好,能承受较大的横向力。

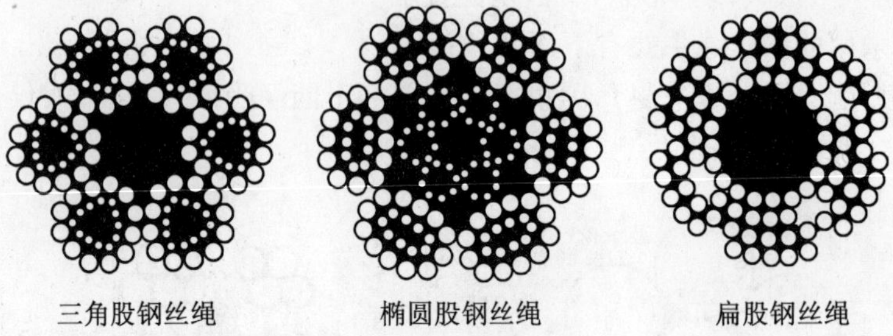

图 2-37　异性股钢丝绳

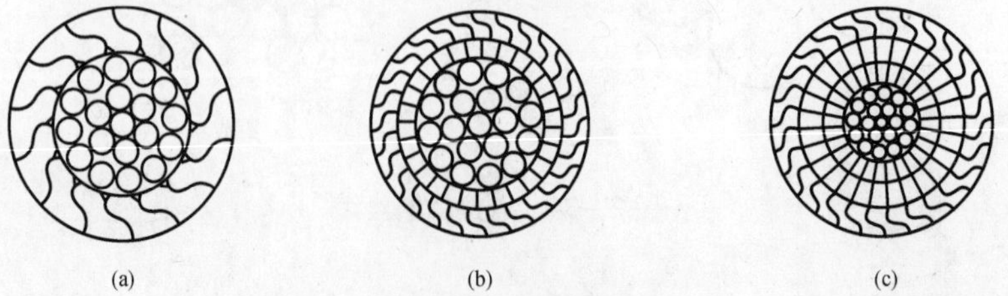

图 2-38　密封式面接触钢丝绳

(a)一层 Z 形钢丝的密封式钢丝绳(GB 352—64);(b)一层梯形和一层 Z 形钢丝的密封式钢丝绳(GB 353—64);(c)两层梯形和一层 Z 形钢丝的密封式钢丝绳(GB 354—64)

2.6.2.2 钢丝绳破坏形式及提高钢丝绳的措施

1. 破坏形式

新钢丝绳在正常情况下使用不会发生突然破断,除非安全保护装置失灵(因这时钢丝绳承受的载荷可能会超过其极限破断力)。

起重机用钢丝绳的破坏过程及特征是:钢丝绳通过卷绕系统时要反复弯曲和伸直并与滑轮或卷筒槽摩擦,工作条件愈恶劣,工作愈频繁,此现象便愈严重。经一定时间,钢丝绳表面的钢丝发生弯曲疲劳与磨损,表面层的钢丝逐渐折断;折断钢丝的数量越多,其他未断钢丝的拉力越大,疲劳与磨损便愈甚,使断丝速度加快。当断丝数发展到一定程度,就保证不了钢丝绳必要的安全性,这时钢丝绳就应报废不能再继续使用了。

2. 提高钢丝绳寿命的措施

(1)根据起重机具体作业条件选用合适的钢丝绳

选定钢丝绳时要考虑下列因素:

①绳芯材料

多数钢丝绳有一个绳芯,少数钢丝绳(如三角股、某些外粗式钢丝绳等)除绳芯外还有股芯,后者的挠性更好。

钢丝绳绳芯有以下几种:有机芯(麻芯、棉芯)、石棉纤维芯及金属芯。

a. 有机芯钢丝绳。挠性和弹性较好,但承受横向压力差,故不宜用在多层卷绕的场合;耐高温性差,故不宜用在高温环境下工作的起重机上。

b. 石棉纤维芯钢丝绳。耐热性好,宜用在高温环境下工作的起重机上。

c. 金属芯钢丝绳。强度大,能承受较高的横向压力,可用在多层卷绕及高温环境;但挠性和弹性较差。

②钢丝绳绕捻方向

a. 单绕钢丝绳。刚性大且表面不光滑,在起重机上仅作为固定绳使用。

b. 双绕钢丝绳。主要有顺绕和交绕两种,顺绕(右绕或左绕)钢丝绳寿命较长。在光卷筒上不宜用顺绕钢丝绳,因它会自行松散,使卷绕到卷筒上去的各圈钢丝绳有搭叠在一起的现象,故顺绕钢丝绳一般只用于有刚性导轨或钢丝绳绳端不会自由旋转的场合。

顺绕钢丝绳的绕捻方向与其在卷筒上的卷绕方向的关系(图2-39)应是:钢丝绳在卷筒上左向卷绕时,采用右绕钢丝绳;钢丝绳在卷筒上右向卷绕时,采用左绕钢丝绳;起重机上采用得比较多的是交绕钢丝绳。

在起升高度大而承载分支数少的场合(如港口门座起重机)应考虑采用多股不扭转钢丝绳。

③钢丝绳结构形式

工作频繁的起重机(如装卸桥、抓斗门座起重机)应优先考虑选用线接触钢丝绳及异性股钢丝绳。

④钢丝极限强度

选用钢丝强度高者可缩小尺寸,但太高时,钢丝绳僵性太大,对工作反而不利。起重机

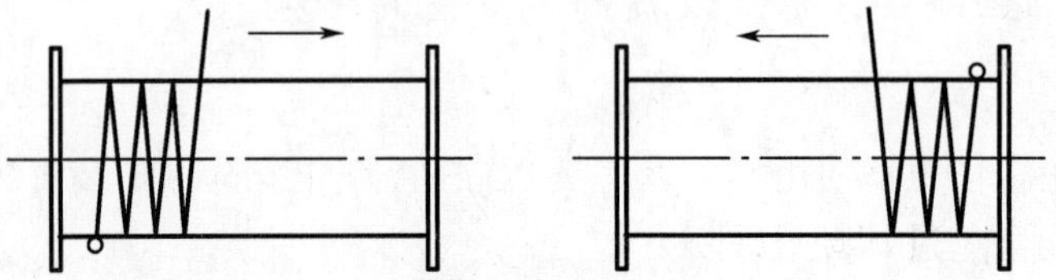

采用右绕钢丝绳

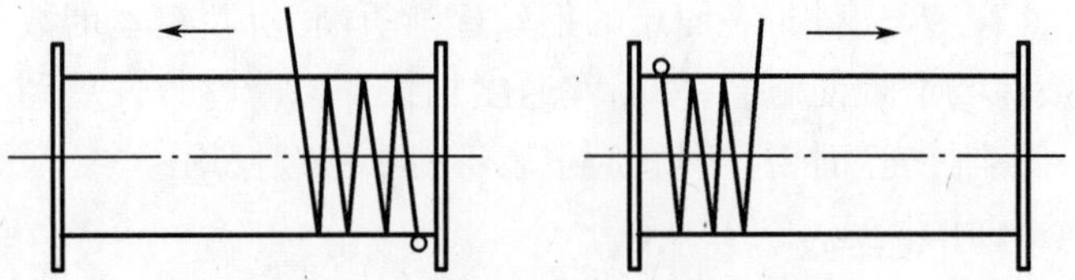

采用左绕钢丝绳

图 2-39 钢丝绳绕向与卷向的关系

上以选用 155 ~ 185 $kg/mm^2$① 抗拉强度的钢丝绳为宜。

⑤钢丝绳表面状况

对于室内工作的起重机，可选用一般光面钢丝绳；对于在室外或在潮湿空气及有酸性侵蚀的环境中工作的起重机，应选用镀锌钢丝绳（此时应将钢丝绳强度降低 10%）。

（2）避免采用反复变曲的卷绕系统

钢丝绳绕过滑轮的次数愈多，寿命愈短；反向弯曲对寿命的影响比同向弯曲更为严重（约低一半），设计时应避免采用反复弯曲的钢丝绳卷绕系统。

（3）选择合适的 e 值

滑轮或卷筒直径与钢丝绳直径之比值 e 愈大，钢丝弯曲应力愈小，有利于提高钢丝绳使用寿命，因此应尽量根据实践提供的经验数据选用合适的 e 值。注：e 为滑轮或卷筒直径与钢丝绳直径之比。

（4）选择合适的槽底半径和钢丝绳直经

滑轮或卷筒绳槽尺寸对钢丝绳寿命也有影响，一般取 $R=(0.54 \sim 0.6)d$（R——槽底半径；d——钢丝绳直径）；采用光卷筒（即 $R\to\infty$）时，钢丝绳寿命将会降低 20% ~ 30%。

（5）包角不宜过大

钢丝绳绕过滑轮或卷筒的包角不宜太大，通常使包角小于 180°。

（6）槽底采用软衬垫

绳槽槽底采用软衬垫（如尼龙或其他软金属）对提高钢丝绳寿命是有利的。

2.6.2.3 钢丝绳的选用

所选钢丝绳的破断拉力应满足下面条件：

$$\frac{S_{绳}}{S_{max}} \geqslant n_{绳}$$

① 1 kg/mm^2 = 9.8 MPa

式中　$S_{绳}$——钢丝绳破断拉力,N;

S_{max}——钢丝绳工作时承受的最大静拉力,N;

$n_{绳}$——根据机构重要性、工作类型及载荷情况而定的钢丝绳安全系数。

在圆股钢丝绳(GB 1102—74)标准中,只有钢丝破断拉力之和($\sum S_{丝}$),而无整根钢丝绳的破断拉力($S_{绳}$),故选定钢丝绳直径前需按照表 2 - 3 中的换算系数将钢丝破断拉力总和换算成钢丝的破断拉力。

(1)对于纤维芯的钢丝绳

$$S_{绳} = a_1 \sum S_{丝}$$

(2)对于 7×7 金属绳芯的钢丝绳

$$S_{绳} = a_2 \sum S_{丝}$$

表 2 - 3　钢丝绳破断拉力换算系数

钢丝绳结构	纤维芯 a_1	7×7 金属芯 a_2
1×7,1×19,1X(19)	0.90	—
6×7,6×12,7×7	0.88	—
1×37,6×19,7×19,6×24,6×30,6X(19),6W(19),6T(25),6X(24),6W(24),6X(31),8×19,8X(19)8W(19),8T(25),18×7	0.85	0.92
6×37,8×37,18×19,6W(35),6W(36),6XW(36),6X(37)	0.82	0.88
6×61,34×7	0.8	—

注:系数 a_1 引自 GB 1102—74,系数 a_2 按该标准中数据算出。

钢丝绳标注方法举例:

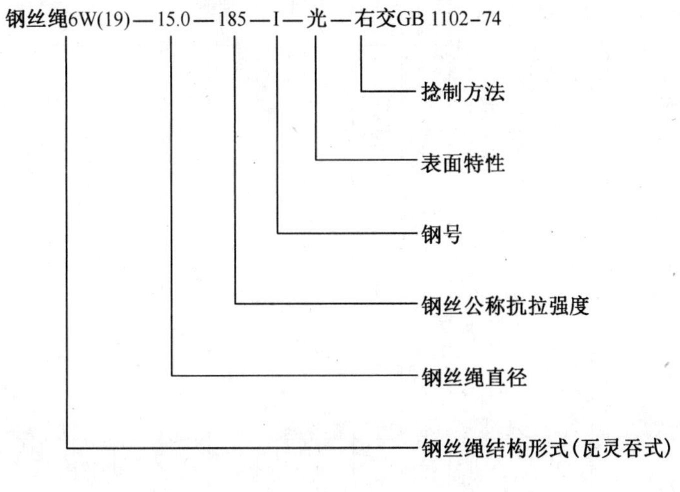

2.6.2.4　常用钢丝绳主要性能

起重机常用钢丝绳主要性能见 GB 1102—74,本书给出几种,如表 2 - 4 至表 2 - 18。

表 2－4　起重机常用钢丝绳的主要性能(1)

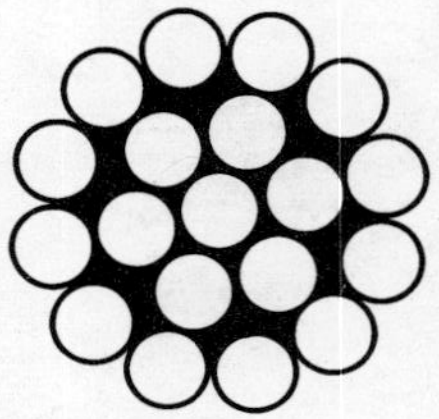

绳1×19
(1+6+12)

名称：单股钢丝绳(GB 1102－74)

$S_{绳}=a\sum S_{丝}$

$a=0.90$

直径		钢丝总断面积	参考质量	钢丝绳公称抗拉强度(kg/mm^2)				
钢丝绳	钢丝			140	155	170	185	200
				钢丝破断拉力总和($\sum S$)				
mm		mm^2	kg/100 m	kg(不小于)				
2.0	0.4	2.39	2.03	334	370	406	442	478
2.5	0.5	3.73	3.17	522	578	634	690	746
3.0	0.6	5.37	4.56	751	832	912	993	1070
3.5	0.7	7.31	6.21	1 020	1 230	1 240	1 350	1 460
4.0	0.8	9.55	8.12	1 330	1 480	1 620	1 760	1 910
4.5	0.9	12.08	10.27	1 690	1 870	2 050	2 230	2 410
5.0	1.0	11.92	12.68	2 080	2 310	2 530	2 760	2 980
5.5	1.1	18.05	15.34	2 520	2 790	3 060	3 330	3 610
6.0	1.2	27.48	18.26	3 000	3 320	3 650	3 970	4 290
6.5	1.3	25.21	21.43	3 520	3 900	4 280	4 660	5 040
7.0	1.4	29.28	24.85	4 090	4 530	4 960	5 400	5 840

表 2-4(续)

直径		钢丝总断面积	参考质量	钢丝绳公称抗拉强度(kg/mm^2)				
钢丝绳	钢丝			140	155	170	185	200
				钢丝破断拉力总和($\sum S$)				
mm		mm^2	kg/100 m	kg(不小于)				
7.5	1.5	33.56	28.53	4 600	5 200	5 700	6 200	6 710
8.0	1.6	38.18	32.43	5 340	5 910	6 490	7 060	7 630
8.5	1.7	48.10	36.64	6 030	6 380	7 320	7 970	8 620
9.0	1.8	48.32	41.07	6 760	7 480	8 210	8 930	9 660
10.0	2.0	59.66	50.71	8 300	9 240	10 100	11 000	11 900
11.0	2.2	72.19	61.36	10 100	11 150	12 250	133.0	
12.0	2.4	85.91	73.02	12 000	13 300	14 600	15 850	
13.0	2.6	101.82	85.71	14 100	15 600	17 100	18 650	
14.0	2.8	116.93	99.39	16 350	18 100	19 850	21 600	
13.0	3.0	134.24	114.1	18 750	20 800	22 800	24 800	
16.0	3.2	152.73	129.8	21 350	23 650	25 950	28 250	

注:粗线左侧——光面或镀锌钢丝绳;粗线右侧——光面钢丝绳(以下各表同)。

表 2－5　起重机常用钢丝绳的主要性能(2)

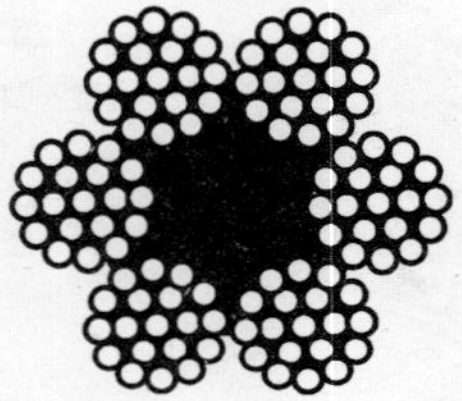

绳6×19
绳(1+6+12)
绳纤维芯

名称：钢丝绳(GB 1102－74)

$S_{绳}=a\sum S_{丝}$

$a=0.85$

直径		钢丝总断面积	参考质量	钢丝绳公称抗拉强度(kg/mm²)				
钢丝绳	钢丝			140	155	170	185	200
				钢丝破断拉力总和($\sum S$)				
mm		mm²	kg/100 m	kg(不小于)				
6.2	0.4	14.32	13.53	2 000	2 210	2 430	2 640	2 860
7.7	0.5	22.37	21.14	8 180	3 460	3 800	4 130	4 470
9.3	0.6	32.22	30.45	4 510	4 990	5 470	5 900	6 440
11.0	0.7	48.80	41.44	6 130	6 790	7 450	8 110	8 770
12.5	0.8	57.27	54.12	8 010	8 870	9 790	10 550	11 450
14.0	0.9	7249	68.50	10 100	11 200	12 300	13 400	14 450
15.5	1.0	89.49	8 457	12 500	13 850	15 200	16 550	17 850
17.0	1.1	108.28	102.3	15 150	16 750	18 400	2 000	21 650
18.5	1.2	128.87	121.8	18 000	19 950	21 900	23 800	25 750
20.0	1.3	151.24	142.9	21 150	23 400	25 700	27 950	30 200
21.5	1.4	175.40	105.8	24 550	27 150	298 900	32 400	35 050

表 2－5（续）

直径		钢丝总断面积	参考质量	钢丝绳公称抗拉强度（kg/mm²）				
钢丝绳	钢丝			140	155	170	185	200
				钢丝破断拉力总和（$\sum S$）				
mm		mm²	kg/100 m	kg（不小于）				
23.0	1.5	201.85	190.3	28 150	31 200	34 200	37 200	40 250
24.5	1.6	229.09	216.5	32 050	35 500	38 900	42 350	45800
26.0	1.7	258.63	244.4	36 200	40 050	43950	47 800	51 700
28.0	1.8	289.95	274.0	40 550	44 900	49 250	53 600	67 950
31.0	2.0	357.96	338.3	50 100	55 450	60 850	66 200	71 550
84.0	2.2	433.13	409.8	60 600	67 100	73 600	80 100	
37.0	2.4	515.46	487.1	72 150	79 850	87 600	95 850	
40.0	2.6	604.95	571.7	84 650	93 750	102 500	111 500	
43.0	2.8	701.00	663.0	98 200	108 500	119 000	129 500	
46.0	3.0	805.41	761.1	112 500	124 500	136 500	14 900	

表 2-6　起重机常用钢丝绳的主要性能(3)

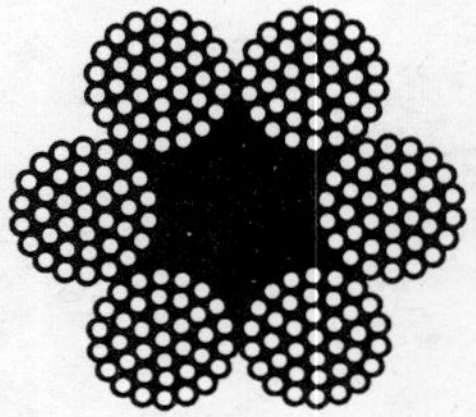

绳6×37
绳(1+6+12+18)
绳纤维芯

名称：钢丝绳(GB 1102-74)

$S_{绳}=a\sum S_{丝}$

$a=0.82$

直径		钢丝总断面积	参考质量	钢丝绳公称抗拉强度(kg/mm²)				
钢丝绳	钢丝			140	155	170	185	200
				钢丝破断拉力总和($\sum S$)				
mm		mm²	kg/100 m	kg(不小于)				
8.7	0.4	27.88	26.21	3 900	4 320	4 730	5 150	5 570
11.0	0.5	43.57	40.96	6 090	6 750	7 400	8 060	8 710
13.0	0.6	62.74	58.98	8 780	9 720	10 650	11 600	12 500
15.0	0.7	85.39	80.27	11 950	13 200	14 500	15 750	17 050
17.5	0.8	111.53	104.8	15 800	17 250	18 950	20 600	22 300
19.5	0.9	141.16	132.7	19 750	21 850	23 950	26 100	28 200
21.5	1.0	174.27	163.8	24 350	27 000	29 600	32 200	34 850
24.0	1.1	210.87	198.2	29 500	32 650	35 800	30 000	42 150
26.0	1.2	250.95	235.9	35 100	38 850	42 650	46 400	50 150
28.0	1.3	294.52	276.8	41 200	45 650	50 050	54 450	53 900
30.0	1.4	341.57	321.1	47 800	52 900	58 050	63 150	68 300

表 2 - 6(续)

直径		钢丝总断面积	参考质量	钢丝绳公称抗拉强度(kg/mm^2)				
钢丝绳	钢丝			140	155	170	185	200
				钢丝破断拉力总和($\sum S$)				
mm		mm^2	kg/100 m	kg(不小于)				
32.5	1.5	392.11	368.6	54 850	60 750	66 650	72 500	78 400
34.5	1.6	446.13	419.4	62 450	69 150	75 800	82 500	89 200
36.5	1.74	503.64	473.4	70 500	78 050	85 600	93 110	100 500
39.0	1.8	564.63	530.8	79 000	37 500	95 950	104 000	112 500
43.0	2.0	697.08	655.3	97 550	108 000	118 500	128 500	139 000
47.5	2.2	843.47	792.9	118 000	130 500	143 000	150 000	
52.0	2.4	1003.80	943.6	140 500	155 500	170 500	185 500	
56.0	2.5	1178.07	1107.4	164 500	182 500	20 000	217 500	
60.5	2.8	1 366.28	1 284.3	191 000	211 500	232 000	252 500	
65.0	3.0	1 568.43	1 474.3	219 500	243 000	268 500	290 000	

表 2－7　起重机常用钢丝绳的主要性能(4)

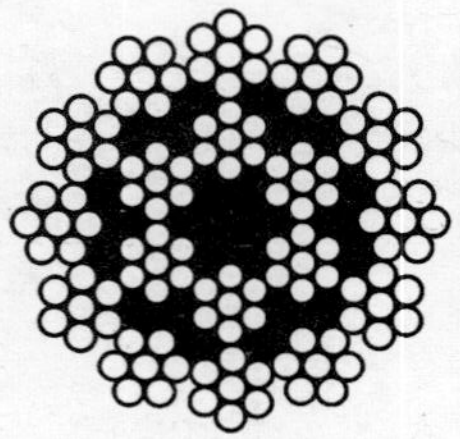

绳18×7
股(1+6)
绳纤维芯

名称：多层股(不旋转)钢丝绳(GB 1102－74)

$S_{绳}=a\sum S_{丝}$

$a=0.85$

直径		钢丝总断面积	参考质量	钢丝绳公称抗拉强度(kg/mm^2)				
钢丝绳	钢丝			140	155	170	185	200
				钢丝破断拉力总和($\sum S$)				
mm		mm^2	kg/100 m	kg(不小于)				
6.2	0.4	15.83	14.80	2 210	2 450	2 690	2 920	3 160
7.7	0.5	24.73	23.12	3 460	3 830	4 200	4 570	4 940
9.3	0.6	35.61	33.30	4 980	5 510	6 050	6 580	7 120
11.0	0.7	48.47	45.32	6 780	7 510	8 220	8 960	9 690
12.5	0.8	63.30	59.19	8 860	9 810	10 750	11 700	12 650
14.0	0.9	80.12	74.91	11 200	12 400	13 600	14 800	16 000
15.5	1.0	98.91	92.48	13 800	15 300	16 860	18 250	19 750
17.0	1.1	119.68	111.9	16 750	18 550	20360	22 100	23 900
18.5	1.2	142.43	133.2	19 900	22 050	24 260	26 200	284 500
20.0	1.3	167.16	156.3	23 400	25 900	28 460	30 900	33 400
21.5	1.4	193.86	181.3	27 100	20 000	32 950	35 850	38 750

表 2－7(续)

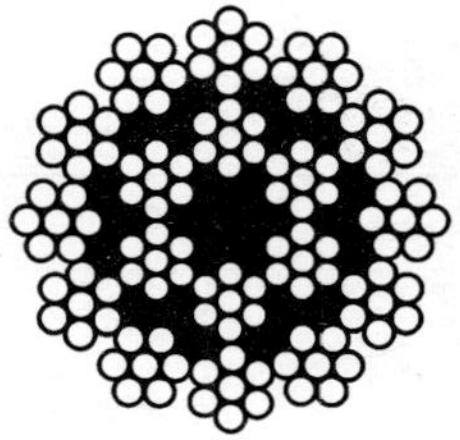

绳18×7
股(1+6)
绳纤维芯

名称：多层股(不旋转)钢丝绳(GB 1102－74)

$S_{绳}=a\sum S_{丝}$

$a=0.85$

直径		钢丝总断面积	参考质量	钢丝绳公称抗拉强度(kg/mm²)				
钢丝绳	钢丝			140	155	170	185	200
				钢丝破断拉力总和($\sum S$)				
mm		mm²	kg/100 m	kg(不小于)				
23.0	1.5	222.55	208.1	31 150	34 450	37 860	41 150	44 500
24.5	1.6	250.21	236.8	33 400	39 200	43 000	46 800	50 600
26.0	1.7	285.85	267.3	40 000	44 300	48 560	52 850	57 150
28.0	1.8	320.47	299.6	44 850	49 650	54 450	59 250	64 050
31.0	2.0	395.64	369.9	55 350	61 900	67 250	73 150	79 100
34.0	2.2	478.72	447.6	67 000	74 200	81 350	88 550	
37.0	2.4	509.72	532.7	79 750	88 300	96 850	105 000	
40.0	2.6	668.63	625.2	93 600	103 500	113 500	123 500	
43.0	2.8	775.45	725.0	108 500	12 000	131 500	14 300	
46.0	3.0	890.19	832.3	124 500	137 500	151 000	164 500	

表 2-8　起重机常用钢丝绳的主要性能(5)

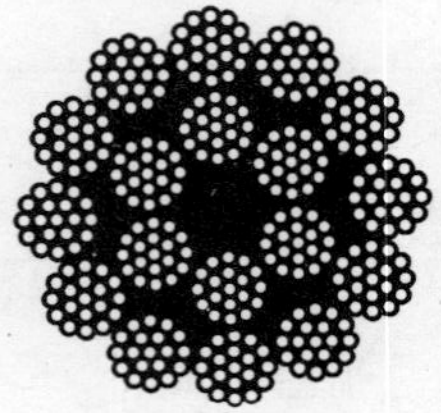

绳18×19
股(1+6+12)
绳纤维芯

名称：多层股(不旋转)钢丝绳(GB 1102-74)

$S_{绳}=a\sum S_{丝}$

$a=0.82$

直径		钢丝总断面积	参考质量	钢丝绳公称抗拉强度(kg/mm²)				
钢丝绳	钢丝			140	155	170	185	200
				钢丝破断拉力总和($\sum S$)				
mm		mm²	kg/100 m	kg(不小于)				
10.5	0.4	43.06	39.74	6 016	6 650	7 300	7 949	8 590
13.0	0.5	67.12	62.08	9 390	10 400	11 400	12 400	13 400
15.5	0.5	96.65	89.40	13 500	14 950	16 400	17 850	19 300
18.0	0.7	131.55	121.7	18 400	20 350	22 350	24 300	26 300
20.5	0.8	171.82	158.9	24 050	26 600	29 200	31 750	32 350
23.0	0.9	217.46	201.2	30 400	33 700	36 950	40 200	43 450
25.5	1.0	268.47	248.3	37 550	41 600	45 600	49 650	53 650
28.0	1.1	324.85	300.5	45 450	50 350	55 200	60 050	67 950
30.5	1.2	386.60	357.6	54 100	59 900	65 700	71 500	77 300
33.0	1.3	453.71	419.7	63 500	70 300	77 100	33 900	90 700
36.0	1.4	526.20	486.7	73 650	81 550	89 450	97 300	105 000

表 2－8(续)

直径		钢丝总断面积	参考质量	钢丝绳公称抗拉强度(kg/mm²)				
钢丝绳	钢丝			140	155	170	185	200
				钢丝破断拉力总和($\sum S$)				
mm		mm²	kg/100 m	kg(不小于)				
38.5	1.5	604.06	558.8	84 550	93 600	102 500	111 500	120 500
41.0	1.6	687.28	635.7	96 200	106 500	116 500	127 000	137 000
43.5	1.7	775.88	717.7	108 500	120 000	131 500	142 500	155 000
46.0	1.8	869.84	804.6	121 500	134 500	147 500	160 500	173 500
51.0	2.0	1073.88	993.3	150 000	166 000	182 500	198 500	214 500

表 2－9　起重机常用钢丝绳的主要性能(6)

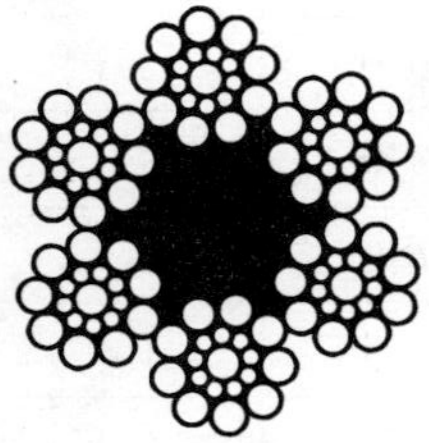

绳6X(19)
股(1+9+9)
绳纤维芯

绳6X(10)+7×7
绳(1+9+9)
金属维芯

名称：线接触钢丝绳(GB 1102－74)

$S_{绳}=a\sum S_{丝}$

绳纤维芯 a=0.85
金属维芯 a=0.92

直径					钢丝总断面积	参考质量	钢丝绳公称抗拉强度(kg/mm²)				
钢丝绳	钢丝						140	155	170	185	200
	中心	第一层	第二层	金属绳芯			钢丝破断拉力总和($\sum S$)				
mm					mm²	kg/100 m	kg(不小于)				
8.8	0.8	0.4	0.7	—	30.57	28.43	4 270	4 730	5 190	5 650	6 110

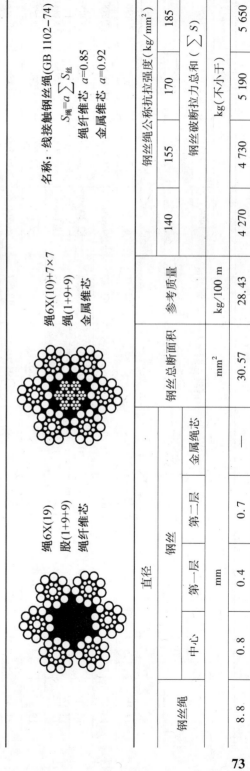

表 2-9(续)

直径					钢丝总断面积	参考质量	钢丝绳公称抗拉强度(kg/mm^2)				
钢丝绳	钢丝						140	155	170	185	200
	中心	第一层	第二层	金属绳芯			钢丝破断拉力总和($\sum S$)				
mm					mm^2	kg/100 m	kg(不小于)				
11.0	1.0	0.5	0.85	0.4	45.93	42.71	6 430	7 110	7 800	8 490	9 180
13.0	1.2	0.6	1.05	0.5	68.78	63.97	9 620	10 650	11 650	12 700	13 750
15.0	1.4	0.7	1.2	0.55	91.04	84.67	12 700	14 100	15 450	16 800	18 200
17.5	1.6	0.8	1.4	0.65	122.27	113.7	17 100	18 950	20 750	22 600	21 450
19.5	1.8	0.9	1.6	0.75	153.11	147.0	22 100	24 500	26 850	29 250	31 600
21.5	2.0	1.0	1.75	0.8	191.05	177.7	26 700	29 600	32 450	35 300	38 200
23.5	2.2	1.1	1.9	0.9	227.12	211.2	31 750	35 200	38 600	42 000	45 400
26.0	2.4	1.2	2.1	1.0	275.11	255.9	38 500	42 600	45 750	508 508	
28.5	2.6	1.3	2.3	1.1	327.72	394.8	45 850	50 750	55 700	60 600	
30.5	2.8	1.4	2.5	1.15	384.95	358.0	53 850	59 650	65 400	71 200	
32.5	3.0	1.5	2.6	1.25	424.32	201.6	59 100	65 750	72 100	78 450	
34.5	3.2	1.6	2.8	1.3	489.09	454.9	68 150	75 800	83 100	90 450	
37.0	3.5	1.7	3.0	1.4	561.71	522.4	78 500	87 050	95 450	103 500	

表 2－10　起重机常用钢丝绳的主要性能(7)

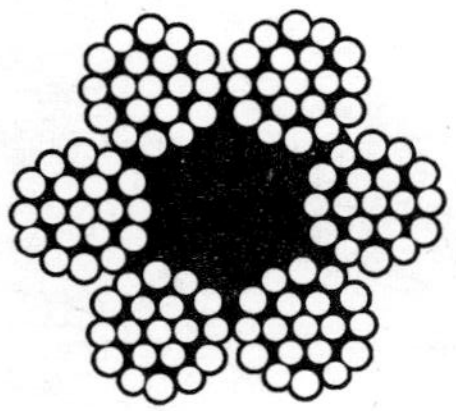

绳6W(19)
股$(1+6+\frac{6}{6})$
绳纤维芯

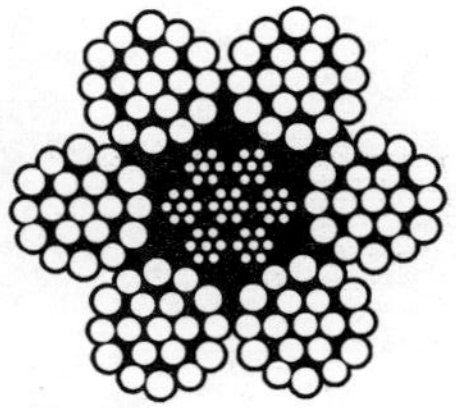

绳6W(19)+7×7
股$(1+6+\frac{6}{6})$
金属绳芯

名称：线接触钢丝绳(GB 1102-74)
$S_{绳}=a\sum S_{丝}$
绳纤维芯　$a=0.85$
金属维芯　$a=0.92$

钢丝绳	直径					钢丝总断面积	参考质量	钢丝绳公称抗拉强度(kg/mm²)				
	钢丝							140	155	170	185	200
	中心	第一层	第二层		金属绳芯			钢丝破断拉力总和($\sum S$)				
			大的	小的								
mm						mm²	kg/100 m	kg(不小于)				
8.0	0.6	0.55	0.6	0.45	—	26.14	24.31	3 650	4 050	4 400	4 800	5 200
9.2	0.7	0.65	0.7	0.5	—	35.16	32.70	4 920	5 440	5 970	6 500	7 030
11.0	0.8	0.75	0.8	0.6	0.4	47.17	43.87	6 600	7 310	8 010	8 720	9 430
12.0	0.9	0.85	0.9	0.65	0.45	59.06	51.93	8 260	9 150	10 000	10 900	11 800
13.5	1.0	0.95	1.0	0.75	0.5	74.37	69.16	10 400	11 500	12 600	13 750	14 850
14.5	1.1	1.05	1.1	0.8	0.55	80.14	82.90	12 450	13 800	15 150	16 450	17 800
16.0	1.2	1.15	1.2	0.9	0.6	107.74	100.2	15 050	16 650	18 300	19 900	21 500
17.5	1.3	1.25	1.3	1.0	0.65	128.14	119.2	17 900	19 850	21 750	23 700	25 600
19.0	1.4	1.35	1.4	1.05	0.7	147.28	137.0	20 600	22 800	25 000	27 200	29 450
20.0	1.5	1.4	1.5	1.1	0.75	163.77	152.3	22 900	25 350	27 800	30 250	32 750

表 2-10(续)

直径						钢丝总断面积	参考质量	钢丝绳公称抗拉强度(kg/mm^2)				
钢丝绳	钢丝				金属绳芯			140	155	170	185	200
	中心	第一层	第二层					钢丝破断拉力总和($\sum S$)				
			大的	小的								
mm						mm^2	kg/100 m	kg(不小于)				
21.5	1.6	1.5	1.6	1.2	0.8	188.68	175.5	26 400	29 200	32 050	34 000	37 700
22.5	1.7	1.6	1.7	1.25	0.85	211.79	197.0	29 550	32 800	36 000	39 150	42 350
24.0	1.8	1.7	1.8	1.35	0.9	240.00	223.2	33 600	37 200	40 800	44 400	48 000
25.5	1.9	1.8	1.9	1.4	0.95	265.97	247.4	37 200	41 200	45 200	49 200	53 150
27.0	2.0	1.9	2.0	1.5	1.0	297.48	276.7	41 600	46 100	50 550	55 000	59 450
30.0	2.2	2.1	2.2	1.65	1.1	361.14	335.9	50 550	55 950	61 350	66 800	
32.5	2.4	2.3	2.4	1.8	1.25	430.97	400.8	60 300	66 800	73 250	79 700	
35.0	2.6	2.5	2.6	1.9	1.3	501.52	466.4	70 200	77 700	85 230	92 750	
38.0	2.8	2.7	2.8	2.1	1.45	58 918	547.9	82 450	91 300	100 000	108 500	
40.0	3.0	2.8	3.0	2.2	1.5	655.07	609.2	91 700	101 500	111 000	121 000	

表 2－11　起重机常用钢丝绳的主要性能(8)

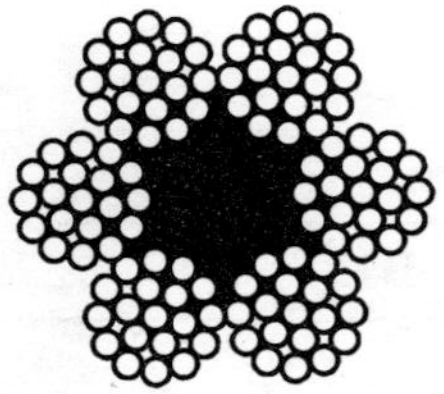

绳6T(25)
股(1+6; 5+12)
绳纤维芯

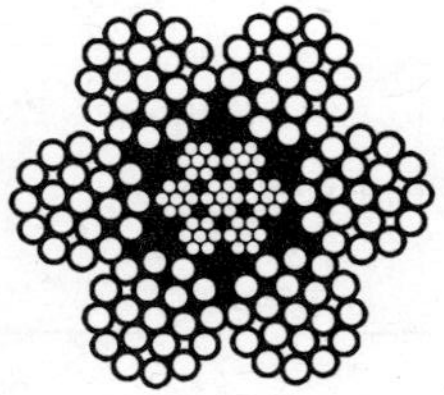

绳6T(25)+7×7
绳(1+6; 6+12)
金属绳芯

名称：线接触钢丝绳(GB 1102－74)

$S_{绳}=a\sum S_{丝}$

绳纤维芯　a=0.85

金属维芯　a=0.92

直径					钢丝总断面积	参考质量	钢丝绳公称抗拉强度(kg/mm²)				
钢丝绳	钢丝						140	155	170	185	200
	中心	第一层	第二层	金属绳芯			钢丝破断拉力总和($\sum S$)				
mm					mm²	kg/100 m	kg(不小于)				
14.0	1.1	0.9	0.4	0.55	78.89	72.97	11 000	12 200	13 400	14 550	15 750
15.5	1.2	1.0	0.45	0.5	97.29	89.99	13 600	15 050	16 500	17 950	19 450
17.0	1.3	1.1	0.5	0.65	117.61	108.8	16 450	18 200	19 950	21 750	23 500
18.5	1.45	1.2	0.55	0.7	140.53	180.0	19 650	21 750	23 850	25 950	28 100
20.0	1.55	1.3	0.6	0.75	164.77	152.4	23 050	2 550	28 000	30 450	32 950
21.5	1.7	1.4	0.6	0.8	189.95	175.7	26 550	29 400	32 250	35 100	37 950
23.0	1.8	1.5	0.65	0.9	217.96	201.6	30 500	33 750	37 050	40 300	43 550
24.5	1.9	1.6	0.7	0.95	247.89	229.3	34 700	38 400	42 100	45 850	49 550
26.0	2.0	1.7	0.75	1.0	279.75	258.8	39 150	43 350	47 550	51 750	55 950
28.0	2.2	1.8	0.8	1.05	315.57	291.9	44 150	48 900	53 600	58 350	63 100
31.0	2.4	2.0	0.9	1.15	389.14	360.0	54 450	60 300	66 150	71 950	77 800

表 2－11(续)

钢丝绳	直径				钢丝总断面积	参考质量	钢丝绳公称抗拉强度(kg/mm^2)				
	钢丝						140	155	170	185	200
	中心	第一层	第二层	金属绳芯			钢丝破断拉力总和($\sum S$)				
mm					mm^2	kg/100 m	kg(不小于)				
31.0	2.6	2.2	1.0	1.25	470.43	435.1	65 850	72 900	79 930	87 000	
37.0	2.9	2.4	1.05	1.4	559.10	517.2	78 250	86 650	95 000	103 000	
40.0	3.1	2.6	1.15	1.5	655.75	606.6	91 800	101 500	111 000	121 000	
43.0	3.4	2.8	1.2	1.6	759.82	702.8	106 000	117 500	129 000	140 500	
46.0	3.6	3.0	1.3	1.75	871.82	806.4	122 000	135 000	143 000	161 000	

表 2－12 起重机常用钢丝绳的主要性能(9)

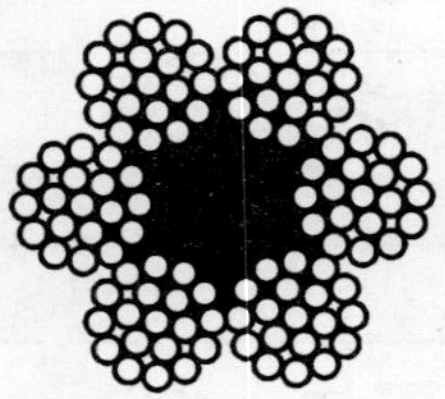

绳6T(25)
股(1+6; 5+12)
绳纤维芯

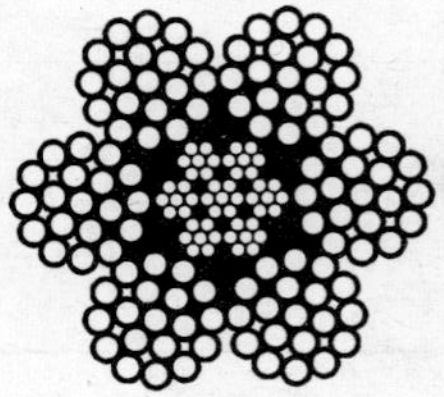

绳6T(25)+7×7
绳(1+6; 6+12)
金属绳芯

名称：线接触钢丝绳(GB 1102－74)

$S_{绳}=a\sum S_{丝}$

绳纤维芯 $a=0.85$

金属维芯 $a=0.92$

钢丝绳	直径				钢丝总断面积	参考质量	钢丝绳公称抗拉强度(kg/mm^2)				
	钢丝						140	155	170	185	200
	中心	股的	填充	金属绳芯			钢丝破断拉力总和($\sum S$)				
mm					mm^2	kg/100 m	kg(不小于)				
14.0	1.1	0.9	0.4	0.55	78.89	78.97	11 000	12 200	13 400	14 550	15 750

表 2－12(续)

直径					钢丝总断面积	参考质量	钢丝绳公称抗拉强度(kg/mm²)				
钢丝绳	钢丝						140	155	170	185	200
	中心	股的	填充	金属绳芯			钢丝破断拉力总和($\sum S$)				
mm					mm²	kg/100 m	kg(不小于)				
15.5	1.2	1.0	0.45	0.5	97.29	89.99	13 600	15 050	16 500	17 950	19 450
17.0	1.3	1.1	0.5	0.65	117.61	108.8	16 450	18 200	19 950	21 750	23 500
18.5	1.45	1.2	0.55	0.7	140.53	180.0	19 650	21 750	23 850	25 950	28 100
20.0	1.55	1.3	0.5	0.75	164.77	152.4	23 050	25 500	28 000	30 450	32 950
21.5	1.7	1.4	0.6	0.8	189.95	175.7	26 550	29 400	32 250	35 100	37 950
23.0	1.8	1.5	0.65	0.9	217.96	201.6	30 500	33 750	37 050	40 300	43 550
24.5	1.9	1.6	0.7	0.95	247.89	229.3	34 700	38 400	42 100	45 850	49 550
26.0	2.0	1.7	0.75	1.0	279.75	258.8	39 150	43 350	47 550	51 750	55 950
28.0	2.2	1.8	0.8	1.05	315.57	291.9	44 150	48 900	53 600	58 350	63 100
31.0	2.4	2.0	0.9	1.15	389.14	360.0	54 450	60 300	66 150	71 950	77 800
31.0	2.6	2.2	1.0	1.25	470.43	435.1	65 850	72 900	79 930	87 000	
37.0	2.9	2.4	1.05	1.4	559.10	517.2	78 250	86 650	95 000	103 000	
40.0	3.1	2.6	1.15	1.5	655.75	606.6	91 800	101 500	111 000	121 000	
43.0	3.4	2.8	1.2	1.6	759.82	702.8	106 000	117 500	129 000	140 500	
46.0	3.6	3.0	1.3	1.75	871.82	805.4	122 000	135 000	143 000	16 1000	

表 2 - 13　起重机常用钢丝绳的主要性能(10)

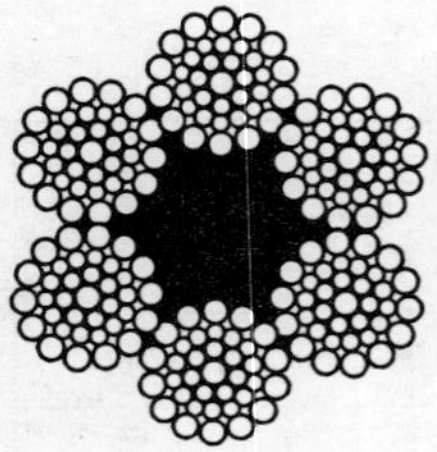

绳6X(37)
股(1+6+15+15)
绳纤维芯

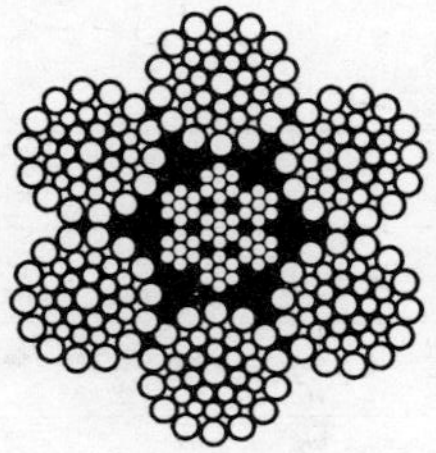

绳6X(37)+7×7
绳(1+6+15+15)
金属绳芯

名称：点、线接触钢丝绳(GB 1102−74)

$S_{绳}=a\sum S_{丝}$

绳纤维芯 $a=0.82$

金属维芯 $a=0.89$

钢丝绳	直径					钢丝总断面积	参考质量	钢丝绳公称抗拉强度(kg/mm^2)				
	钢丝							140	155	170	185	200
	中心	第一层	第二层	第三层	金属绳芯			钢丝破断拉力总和($\sum S$)				
mm						mm^2	kg/100 m	kg(不小于)				
10.0	0.55	0.5	0.4	0.55	0.4	41.17	38.08	5 760	6 380	6 990	7 610	8 230
13.0	0.7	0.65	0.5	0.7	0.5	66.53	6 154	9 310	10 300	11 300	12 300	13 300
15.0	0.8	0.75	0.55	0.8	0.55	85.50	79.09	11 950	13 250	14 500	15 800	17 100
17.0	0.9	0.85	0.65	0.9	0.65	111.31	103.0	15 550	17 250	18 900	20 550	22 250
18.5	1.0	0.95	0.7	1.0	0.7	135.48	125.3	18 950	20 950	23 000	35 050	27 050
20.5	1.1	1.05	0.8	1.1	0.8	167.56	155.0	23 450	25 950	28 450	30 950	33 500
22.5	1.2	1.1	0.85	1.2	0.85	198.76	179.2	27 100	30 000	32 900	35 800	38 750
24.0	1.3	1.2	0.95	1.3	0.9	231.81	214.4	32 450	35 900	39 400	42 850	46 350
26.0	1.4	1.3	1.0	1.4	1.0	256.12	246.2	37 250	41 200	45 200	49 200	53 200
28.0	1.5	1.4	1.1	1.5	1.05	310.44	287.2	43 450	48 100	52 750	57 400	62 050
20.0	1.6	1.5	1.15	1.6	1.15	349.94	323.7	48 950	54 200	59 450	64 700	69 950

表 2－13(续)

钢丝绳	直径					钢丝总断面积	参考质量	钢丝绳公称抗拉强度(kg/mm²)				
	钢丝							140	155	170	185	200
	中心	第一层	第二层	第三层	金属绳芯			钢丝破断拉力总和($\sum S$)				
mm						mm²	kg/100 m	kg(不小于)				
32.0	1.7	1.6	1.25	1.7	1.2	400.53	370.5	56 050	62 050	68 050	74 050	80 100
33.5	1.8	1.7	1.3	1.8	1.3	445.24	411.8	62 300	69 000	75 650	32 350	89 000
37.5	2.0	1.9	1.45	2.0	1.45	352.00	510.6	77 250	85 550	93 800	10 200	110 000
41.0	2.2	2.1	1.6	2.2	1.55	670.23	620.0	93 800	103 500	113 500	123 500	
44.5	2.4	2.2	1.7	2.4	1.7	775.03	716.9	108 500	120 000	131 500	143 000	
48.5	2.6	2.4	1.9	2.6	1.85	927.26	857.7	129 500	143 500	157 500	177 500	
52.0	2.8	2.6	2.0	2.8	2.0	1 064.46	984.6	149 000	164 500	180 500	196 500	
56.0	3.0	2.8	2.2	3.0	2.1	1 241.74	1 148.6	173 500	192 000	211 000	229 500	

表 2－14　起重机常用钢丝绳的主要性能(11)

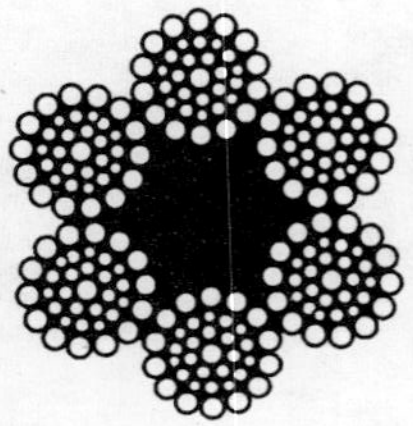

绳6W(36)
股$(1+7+\frac{7}{7}+14)$
绳纤维芯

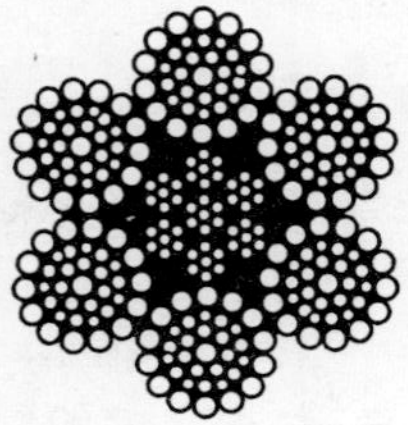

绳6W(36)+7×7
股$(1+7+\frac{7}{7}+14)$
金属绳芯

名称：点、线接触钢丝绳(GB 1102-74)
$S_{绳}=a\sum S_{丝}$
绳纤维芯　a=0.82
金属维芯　a=0.89

钢丝绳	直径						钢丝总断面积	参考质量	钢丝绳公称抗拉强度(kg/mm²)				
	钢丝								140	155	170	185	200
	中心	第一层	第二层		第三层	金属绳芯			钢丝破断拉力总和($\sum S$)				
			大的	小的									
mm							mm²	kg/100 m	kg(不小于)				
23.0	1.4	1.0	1.0	0.75	1.3	0.9	205.16	189.8	28 700	31 750	34 850	37 950	41 000
25.0	1.5	1.1	1.1	0.8	1.4	0.95	240.73	222.7	33 700	37 300	40 900	44 500	48 100
26.5	1.6	1.15	1.15	0.85	1.5	1.0	271.45	231.1	38 000	42 050	46 100	50 200	54 250
28.0	1.65	1.2	1.2	0.9	1.6	1.05	303.29	280.5	42 450	47 000	51 550	56 100	60 550
30.0	1.8	1.3	1.3	0.95	1.7	1.15	347.02	321.0	48 550	53 750	58 950	64 150	69 400
31.0	1.85	1.35	1.35	1.0	1.8	1.2	382.91	354.2	53 600	59 350	63 050	70 800	76 550
33.0	2.0	1.45	1.45	1.05	1.9	1.3	431.87	393.5	60 450	66 900	73 400	79 850	86 350
35.0	2.1	1.5	1.5	1.1	2.0	1.35	472.79	437.3	66 150	73 250	80 350	87 450	94 550

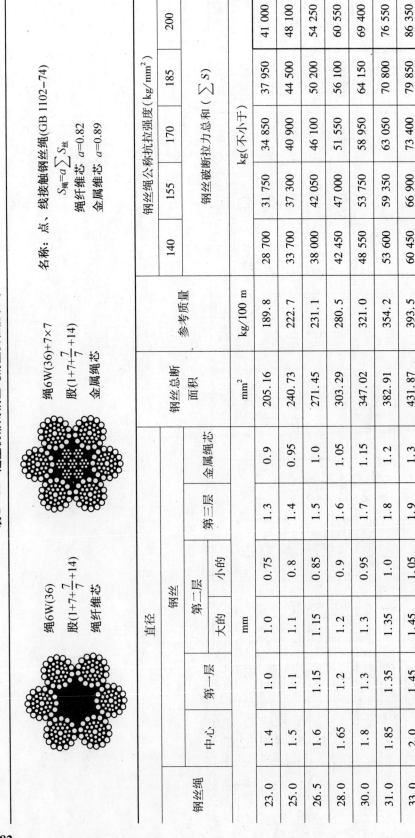

表2-14(续)

直径							钢丝总断面积	参考质量	钢丝绳公称抗拉强度(kg/mm^2)				
钢丝绳	钢丝								140	155	170	185	200
	中心	第一层	第二层		第三层	金属绳芯			钢丝破断拉力总和($\sum S$)				
			大的	小的									
mm							mm^2	kg/100 m	kg(不小于)				
36.5	2.2	1.6	1.6	1.15	2.1	1.4	526.00	486.6	73 000	81 520	89 400	97 300	
33.0	2.3	1.65	1.65	1.2	2.2	1.45	571.06	528.2	79 900	88 500	97 050	105 500	
40.0	2.4	1.75	1.75	1.3	2.3	1.55	633.61	586.1	88 700	98 200	107 500	117 000	
42.0	2.5	1.8	1.8	1.35	2.4	1.6	682.99	631.8	95 000	105 500	116 000	126 000	
46.0	2.8	2.0	2.0	1.5	2.6	1.75	820.62	759.1	114 500	127 000	139 500	151 500	
48.5	2.9	2.1	2.1	1.55	2.8	1.85	926.59	857.1	120 500	143 500	157 500	171 000	
53.0	3.2	2.3	2.3	1.7	3.0	2.0	1 085.80	1 004.4	152 000	168 000	184 500	200 500	

表 2－15　起重机常用钢丝绳的主要性能(12)

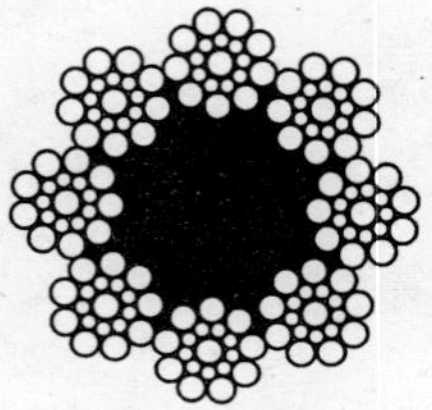

绳8X(19)
股(1+9+9)
绳纤维芯

名称：线接触钢丝绳(GB 1102－74)

$S_{绳}=a\sum S_{丝}$

$a=0.85$

钢丝绳	钢丝 中心	钢丝 第一层	钢丝 第二层	钢丝总断面积	参考质量	钢丝绳公称抗拉强度(kg/mm²) 140	155	170	185	200
直径						钢丝破断拉力总和($\sum S$)				
mm				mm²	kg/100 m	kg(不小于)				
10.5	0.8	0.4	0.7	40.76	39.94	5 700	6 310	6 920	7 540	8 150
13.0	1.0	0.5	0.85	61.25	60.03	8 570	9 490	10 400	11 300	12 250
16.0	1.2	0.6	1.05	91.70	89.87	12 800	14 200	15 350	16 950	18 300
18.0	1.4	0.7	1.2	121.39	119.0	16 950	18 800	20 600	22 450	24 250
21.0	1.6	0.8	1.4	163.03	159.8	22 800	25 250	27 700	30 150	32 600
24.0	1.8	0.9	1.6	210.82	206.6	29 500	32 650	35 800	39 000	42 150
26.5	2.0	1.0	1.75	251.73	249.6	35 650	39 450	43 300	47 100	50 900
29.0	2.2	1.1	1.9	302.82	296.8	42 350	46 900	51 450	56 000	60 550

表 2-15(续)

直径				钢丝总断面积	参考质量	钢丝绳公称抗拉强度(kg/mm^2)				
钢丝绳	钢丝					140	155	170	185	200
	中心	第一层	第二层			钢丝破断拉力总和($\sum S$)				
mm				mm^2	kg/100 m	kg(不小于)				
31.5	2.4	1.2	2.1	365.81	359.5	51 350	56 850	62 350	67 850	
34.5	2.6	1.3	2.3	436.96	428.2	61 150	67 700	74 250	80 800	
37.0	2.8	1.4	2.5	513.26	503.0	71 850	79 550	87 250	94 950	
39.0	3.0	1.5	2.6	565.77	554.5	79 200	87 650	96 150	104 500	
42.0	3.2	1.6	2.8	652.12	639.1	91 250	101 000	210 500	120 500	
45.0	3.5	1.7	3.0	748.95	734.0	104 500	116 000	227 000	138 500	

表 2 – 16　起重机常用钢丝绳的主要性能(13)

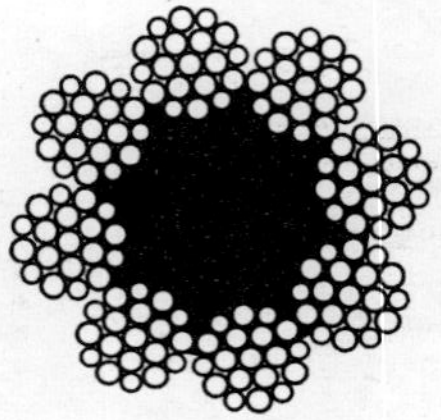

绳8W(19)
股$(1+6+\frac{6}{6})$
绳纤维芯

名称：线接触钢丝绳(GB 1102–74)

$S_{绳}=a\sum S_{丝}$
$a=0.85$

钢丝绳	直径 钢丝 中心	钢丝 第一层	钢丝 第二层 大的	钢丝 第二层 小的	钢丝总断面积	参考质量	钢丝绳公称抗拉强度(kg/mm^2) 140	155	170	185	200
							钢丝破断拉力总和($\sum S$)				
mm					mm^2	kg/100 m	kg(不小于)				
9.7	0.6	0.55	0.6	0.45	31.85	34.15	4 850	5 400	5 900	6 400	6 950
11.0	0.7	0.65	0.7	0.5	45.88	45.94	6 560	7 260	7 960	8 670	9 370
13.0	0.8	0.75	0.8	0.6	62.89	61.63	8 800	9 740	10 650	11 600	12 550
14.5	0.9	0.85	0.9	0.65	78.75	77.18	11 000	12 200	13 350	14 550	15 750
16.5	1.0	0.95	1.0	0.75	99.16	97.18	13 850	15 350	16 850	18 300	19 800
18.0	1.1	1.05	1.1	0.8	118.85	116.5	16 600	18 400	20 200	21 950	23 750
20.0	1.2	1.15	1.2	0.9	143.66	140.8	20 100	22 230	24 400	26 550	28 700
21.5	1.3	1.25	1.3	1.0	170.85	167.4	23 900	26 450	29 000	31 600	34 150
23.0	1.4	1.35	1.4	1.05	196.38	192.5	27 450	30 400	33 350	36 300	39 250
24.5	1.5	1.4	1.5	1.1	218.36	214.0	30 550	33 800	37 100	40 350	43 650

表 2-16(续)

直径					钢丝总断面积	参考质量	钢丝绳公称抗拉强度(kg/mm^2)				
钢丝绳	钢丝						140	155	170	185	200
	中心	第一层	第二层				钢丝破断拉力总和($\sum S$)				
			大的	小的							
mm					mm^2	kg/100 m	kg(不小于)				
26.0	1.6	1.5	1.6	1.2	251.58	246.5	35 200	38 950	42 750	46 500	50 300
27.5	1.7	1.6	1.7	1.25	282.38	276.7	39 500	43 750	48 000	52 200	56 450
29.5	1.8	1.7	1.8	1.35	320.00	313.6	44 800	49 600	54 400	59 200	64 000
31.0	1.9	1.8	1.9	1.4	351.63	317.5	49 600	54 950	60 250	65 600	70 900
33.0	2.0	1.9	2.0	1.5	396.65	388.7	55 500	61 450	67 400	73 350	79 300
36.0	2.2	2.1	2.2	1.65	481.52	471.9	67 400	74 600	8 185	89 050	
39.5	2.4	2.3	2.4	1.8	574.62	563.1	80 400	89 050	97 650	106 000	
42.5	2.6	2.5	2.6	1.9	668.69	655.3	93 600	103 500	113 500	123 500	
46.5	2.8	2.7	2.8	2.1	785.50	769.8	109 500	121 500	133 500	145 000	
48.5	3.0	2.8	3.0	2.2	873.42	856.0	122 000	135 000	148 000	161 500	

表 2－17　起重机常用钢丝绳的主要性能(14)

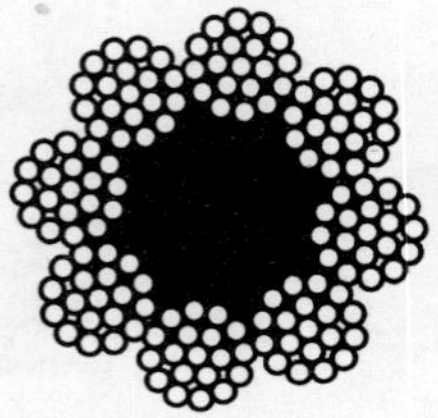

绳8T(25)
股(1+6; 6+12)
绳纤维芯

名称：线接触钢丝绳(GB 1102－74)

$S_{绳}=a\sum S_{丝}$

$a=0.85$

直径				钢丝总断面积	参考质量	钢丝绳公称抗拉强度(kg/mm²)				
钢丝绳	钢丝					140	155	170	185	200
	中心	股的	填充			钢丝破断拉力总和($\sum S$)				
mm				mm²	kg/100 m	kg(不小于)				
17.0	1.1	0.9	0.4	105.19	102.0	14 700	16 300	17 850	19 450	21 000
19.0	1.2	1.0	0.45	129.71	125.8	18 150	20 100	22 050	23 950	25 900
20.5	1.8	1.1	0.5	156.81	152.1	21 950	24 300	26 650	29 000	31 350
22.5	1.45	1.2	0.55	187.38	181.8	26 200	29 000	31 850	34 650	37 450
24.5	1.55	1.8	0.6	219.69	213.1	30 750	34 050	37 300	40 600	43 900
26.0	1.7	1.4	0.6	253.27	245.7	35 450	39 250	43 050	46 850	50 650
28.0	1.8	1.5	0.65	290.51	281.9	40 650	45 000	49 400	53 750	58 100
30.0	1.9	1.6	0.7	330.52	320.6	46 250	51 200	56 150	61 100	66 100
32.0	2.0	1.74	0.75	373.00	301.8	52 200	57 800	63 400	69 000	74 600
33.5	2.2	1.8	0.8	420.76	408.1	58 900	65 200	71 500	77 800	84 150
37.5	2.4	2.0	0.9	518.85	503.3	72 600	80 400	88 200	95 950	103 500

表 2-17(续)

钢丝绳	直径			钢丝总断面积	参考质量	钢丝绳公称抗拉强度(kg/mm²)				
	钢丝					140	155	170	185	200
	中心	股的	填充			钢丝破断拉力总和($\sum S$)				
mm				mm²	kg/100 m	kg(不小于)				
41.0	2.6	2.2	1.0	627.25	608.4	87 900	97 200	106 500	116 000	
45.0	2.9	2.4	1.05	745.47	723.1	104 000	115 500	126 500	137 500	
48.5	3.1	2.6	1.15	874.33	848.1	122 000	135 500	148 500	161 500	
82.5	3.4	2.8	1.2	1013.09	982.7	141 500	157 000	172 000	187 000	
56.5	3.6	3.0	1.3	1102.43	1127.6	162 500	180 000	197 500	215 000	

表 2-18　$6\times\Delta24(1)$ / $6\times\Delta21(2)$ 三角股钢丝绳

钢丝绳直径	钢丝直径			全部钢丝的断面积	钢丝绳的参考质量	钢丝绳的公称抗拉强度(kg/mm²)		
	第一层		第二层			160	170	180
	(1)	(3)				整条钢丝绳破断拉力		
mm	mm			mm²	kg/100 m	kg(不小于)		
15.5	0.7	0.8	1.1	95.51	94.55	12810	13608	14406
17.0	0.75	0.9	1.2	113.18	112.0	15204	16128	17136
19.5	0.9	1.05	1.4	156.56	155.0	21000	22344	23604
21.0	0.95	1.1	1.5	172.95	171.2	23184	24696	26124
22.5	1.0	1.2	1.6	195.70	193.1	26250	27930	29568
24.0	1.1	1.25	1.7	225.66	223.4	30240	32214	34020

注:①本表摘自上钢二厂1972年产品目录。

②股 (1)—(0+12+12) / (2)—(0+9+12) 股和绳是纤维芯。

2.6.2.5 钢丝绳端部的固定及连接

钢丝绳端常用的固定方法有以下几种。

1. 编结法(图 2-40(a))

长度为(20~25)d(d 为钢丝绳直径)的钢丝绳尾端绕过套环后,每个绳股依次穿插在绳的主体中,与主体绳编结在一起,并用细钢丝扎紧。直径 15 mm 以下的钢丝绳,每股穿插次数不少于 4;直径 15~28 mm 的钢丝绳不少于 5;直径 28~60 mm 的钢丝绳不少于 6。用编结法固定绳端的钢丝绳强度为钢丝绳本身强度的 75%~90%(绳径小的取大值)。

2. 绳卡固定法(图 2-40(b))

此法简单可靠,拆连方便,获得广泛应用。绳卡数目根据钢丝绳直径而定,但不应少于 3 个(表 2-19)。绳卡底板应与钢丝绳的主支接触,U 形螺栓扣在钢丝绳的尾支上。绳卡螺母拧紧力矩见表 2-20。根据使用经验,一般认为,当绳卡中的钢丝绳直径减小$\frac{1}{3}$,表明螺母的拧紧度合适。绳卡型号的选用见表 2-21。

表 2-19 钢丝绳直径与绳卡数

钢丝绳直径/mm	7~16	19~27	28~37	38~45
绳卡数	3	4	5	6

表 2-20 绳卡螺母拧紧力矩

螺纹	M6	M8	M10	M12	M16	M20	M24	M30	M36
拧紧力矩/(N·m)	0.03	0.1	0.3	0.55	0.8	1.25	2	3.3	4.5

表 2-21 绳卡型号选用

绳卡型号	钢丝强最大直径 d/mm	绳卡型号	钢丝强最大直径 d/mm	绳卡型号	钢丝强最大直径 d/mm	绳卡型号	钢丝强最大直径 d/mm
Y1-5	6	Y5-15	15	Y9-28	28	Y13-50	50
Y2-8	8	Y6-20	20	Y10-32	32		
Y3-10	10	Y7-22	22	Y11-40	40		
Y4-12	12	Y8-25	25	Y12-45	45		

绳卡间距和最后一个绳卡后的钢丝绳尾端长度都不应小于(5~6)d,d 为钢丝绳直径。绳卡固定处的强度为钢丝绳强度的 80%~90%。如绳卡装反,强度将下降到 75%以下。

3. 楔形套筒固定(图 2-40(c))

钢丝绳尾端绕过楔块,利用楔块在套筒内的锁紧作用使钢丝绳固定,这种固定方法用于空间紧凑的地方。固定处的强度为钢丝绳强度的 75%~85%。

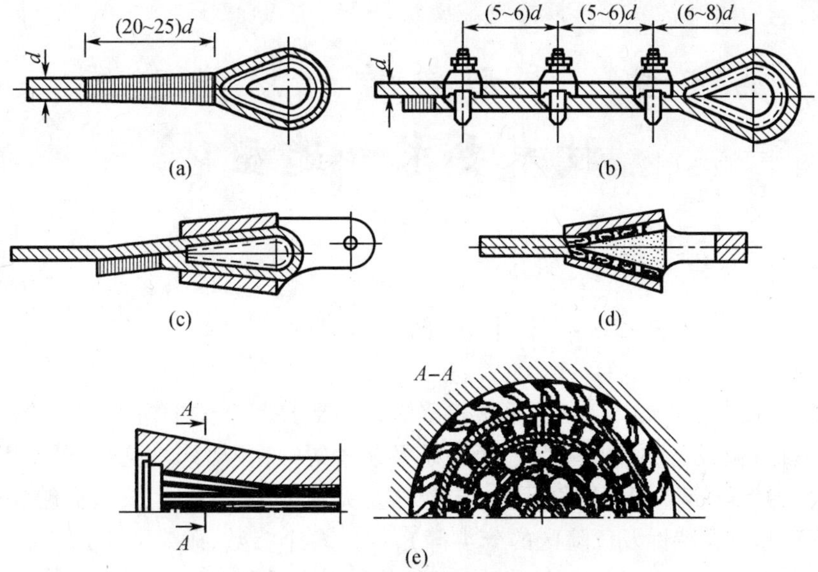

图 2－40　钢丝绳端部的固定方法

(a)编结法;(b)绳卡固定;(c)楔形套筒固定;(d)锥形套筒灌锌固定;(e)锥形套筒中多楔固定

4. 锥形套筒灌锌固定(图 2－40(d))

钢丝绳尾端穿入锥形套筒后将钢丝松散,钢丝末端弯成钩状,浇入锌、铅或其他易熔金属。由于工艺简单,连接可靠,应用较广。固定处的强度与钢丝绳强度大致相同。

5. 锥形套筒中多楔固定(图 2－40(e))

这种固定方法用于有粗钢丝的承载绳。钢丝绳尾端穿入套筒后,将钢丝松散,在各层粗钢丝之间插入楔条,再浇入锌液。

6. 钢丝绳快速连接(图 2－41)

这种连接用于需要快速拆换钢丝绳连接的部件,例如用吊钩组替换抓斗。它采用链节式接头,可以快速装拆钢丝绳的两端,为了链节顺利通过滑轮不损坏钢丝绳,将滑轮轮缘适当加宽(图 2－42)。

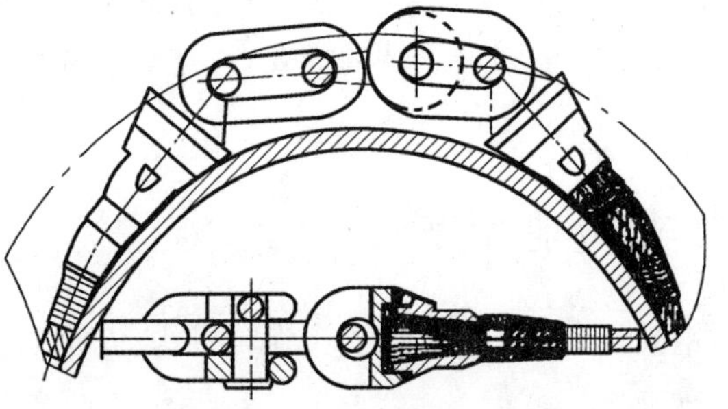

图 2－41　钢丝绳快速连接

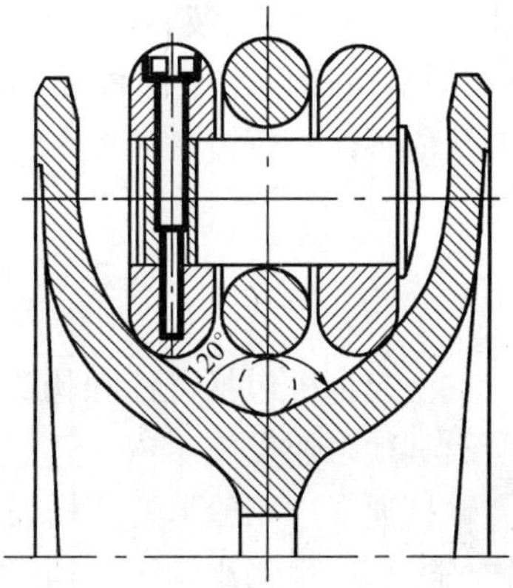

图 2－42　轮缘加宽的滑轮

第3章　重型起重机功能配置、技术要求和选型

3.1　概　　述

依据文献[15]和文献[6]，给出重型起重机总体要求。考虑操作的需要，给出起重机应配置的结构、机构、设备、主要零部件、子系统及装置等。由于海洋重型不可能用一个单一参数或负载（即 50 t 起重机）描述，因此，选型时应从多方面（如基座、安装船舶、海洋环境条件、安全负荷、起重臂特性及危险区的分类等），给出多个参数，确定一个起重机的功能，保证起重机安全作业。本章目的是为重型起重机使用者做设备选择时给出参考。

3.2　船舶及重型起重机总体要求[15]

船舶应满足相关国际公约、船旗国的相关法律、法规、所选入级船级社最新版本的规范、行业规范的要求。船舶的设计选型应考虑起重机设计使用寿命、起重机作业海域、吊装作业种类。根据需要可选择水下吊装作业功能和人员吊载功能。

应确定起重机作业海况及船舶运动参数。海况包括风速、有义波高、流速；船舶运动参数主要包括横摇、纵摇的角度和周期，以及升沉幅度和周期。应确定温度范围、湿度、结构设计温度、最大工作风速等起重机工作环境要求。设计应考虑目标作业区域的危险等级。

应设定起重机工作级别要求，可参考欧洲起重机械设计规范（F. E. M.），根据利用等级和荷重谱等级设定起重机整体和各单个机构的工作级别。起重机布置应根据起吊作业区域覆盖要求设定起重机在主甲板上的安装位置。通常沿船体纵轴布置在船尾。

设计方案应给出起重机自重及重心参数，校核船舶稳性和纵向强度的要求。驱动系统可选择电力驱动、电液驱动、柴油机直接驱动、柴油机液压驱动。电源可选用船舶主电站供电，在设计阶段确定电源种类、电压和负荷。根据安全和可靠性的需要，可进行故障模式、影响及危害性分析（FMECA）。

3.3　重型起重机功能配置[15]

重型起重机包括臂杆和钩头、起升变幅钢丝绳、机械间、驾驶室、旋转机构、安全防护、照明及其他附加设施。

臂杆通常选用箱形臂或桁架臂，臂杆顶部应设置防撞护垫。钩头一般包括主钩、副钩、小钩、索具钩、稳钩小钩。主钩可以是单钩或者双钩，钩形可以是锚形钩或者山形钩。主钩一般设置钩头防摇装置。一般也应配置稳索绞车。

根据海上作业的需要，可以选择配置升沉补偿系统、同步作业功能。

必要的仪器仪表，一般包括中控微机、操控参数显示器、卷扬监视系统、报警系统、数据和信号存储打印系统等。

3.4　技术要求

重型起重机的技术要求，一般包括起吊的安全工作负荷、作业半径、起升速度等参数。一般分成如下 4 种模式：

3.4.1　主钩全旋转模式起重性能参数

（1）安全工作负荷 × 作业半径；
（2）最小作业半径；
（3）最小作业半径时主甲板以上起升高度；
（4）安全工作负荷时起升速度；
（5）空载时起升速度；
（6）安全工作负荷时起升钢丝绳偏斜角（臂架平面和垂直于臂架平面）限值，偏斜角包括船体横倾、纵倾。

3.4.2　主钩固定起重（不旋转）模式起重性能参数

（1）安全工作负荷 × 作业半径；
（2）最小作业半径；
（3）最小作业半径时主甲板以上起升高度；
（4）安全工作负荷时起升速度；
（5）安全工作负荷时起升钢丝绳偏斜角（臂架平面和垂直于臂架平面）限值，偏斜角包括船体横倾、纵倾。

3.4.3　副钩起重性能参数

（1）安全工作负荷 × 作业半径；
（2）最小作业半径；
（3）最小作业半径时主甲板以上起升高度；
（4）钩头入水深度及安全工作负荷；
（5）安全工作负荷及空载时起升速度；
（6）安全工作负荷时起升钢丝绳偏斜角（臂架平面和垂直于臂架平面）限值，偏斜角包括船体横倾、纵倾。

3.4.4　小钩起重性能参数

（1）最大作业半径时的安全工作负荷；
（2）最小作业半径；
（3）最小作业半径时主甲板以上起升高度；
（4）安全工作负荷时的起升速度；
（5）人员吊载时的起升速度（依据规范）。

3.5 选　　型[6]

3.5.1 综述

与陆上起重机不同，海上起重机有固定位置的结构，所有海上起重机的能力取决于起重机安装结构、环境条件和负载相对于结构位置。由于这些原因，确定起重机是不可能用一个单一参数或负载（即 50 t 起重机）。确定一个起重机的功能，须提供许多参数给起重机制造商。购买起重机，选择起重机型号时，买方应至少向起重机制造商提供下面的信息（这些信息应正确反映起重机的要求）。

3.5.2 起重机选型要求

文献[6]附件 F 列出起重机选型要求信息，具体如下：

（1）安全工作负荷（SWL）所需的起重半径。

（2）在船上和不在船上的电梯类型。

（3）吊杆起重机吊臂长度和外形的固定长度，最小和最大伸缩或折叠，以及用关轴节连接形式。

（4）起重机安装在底部支撑结构、在平静水面的船和驳船、张力腿平台，柱体是平台，半潜式平台、钻井船，或浮式生产储油船，应满足文献[6]表 3－1、表 3－2、表 3－3 要求。

表 3－1　动态系数计算的垂直速度

补给船的速度 V_d（对于船舶具体的和一般的方法）	
载荷被起吊或放置	V_d/（ft/s）
底部支撑结构	0.0
移动中的船只（补给船），$H_{sig} < 9.8$ ft	$V_d = 0.6 \times H_{sig}$
移动中的船只（补给船），$H_{sig} \geqslant 9.8$ ft	$V_d = 5.9 + 0.3 \times (H_{sig} - 9.8)$
起重机臂尖速度（对于一般方法）	
起重机安装在：	V_c/（ft/s）
底部支撑结构	0.0
在静水中的船和驳船	0.0
张力腿平台（TLP）	$0.05 \times H_{sig}$
梁	$0.05 \times H_{sig}$
半潜式钻井平台	$0.025 \times H_{sig} \times H_{sig}$
钻井船	$0.05 \times H_{sig} \times H_{sig}$
浮式生产储油卸油装置（FPSO）	$0.05 \times H_{sig} \times H_{sig}$

注：当与上述公式一起使用时，H_{sig}（有义波高）应为英尺（1ft＝0.304 8 m）。

表3-2　起重机垂直加速度

起重机安装在:	垂直加速度 $A_V g$
底部支撑结构	0.0
在静水中的船/驳船	0.0
张力腿平台(TLP)	$0.003 \times H_{sig} \geq 0.07$
梁	$0.003 \times H_{sig} \geq 0.07$
半潜式钻井平台	$0.0007 \times H_{sig} \times H_{sig} \geq 0.07$
钻井船	$0.0012 \times H_{sig} \times H_{sig} \geq 0.07$
浮式生产储油卸油装置(FPSO)	$0.0012 \times H_{sig} \times H_{sig} \geq 0.07$

注1:当与上述公式一起使用时,H_{sig}应为英尺。
注2:$1g = 32.2\ \text{ft/s}^2$。

表3-3　起重机底座倾角和加速度

起重机安装在	起重机静态倾角/(°)		起重机动态水平加速度/g
	列表	修正	
底部支撑结构	0.5	0.5	0.0
船和驳船在静水中	5.0	3.0	0.0
张力腿平台(TLP)	0.5	0.5	$0.007 \times H_{sig} \geq 0.03$
梁	0.5	0.5	$0.007 \times H_{sig} \geq 0.03$
半潜式钻井平台	1.5	1.5	$0.007 \times H_{sig} \geq 0.03$
钻井船	2.5	1	$0.01 \times (H_{sig})^{1.1} \geq 0.03$
浮式生产储油卸油装置(FPSO)	2.5	1	$0.01 \times (H_{sig})^{1.1} \geq 0.03$

注1:当与上述公式一起使用时,H_{sig}应为英尺。
注2:$1g = 32.2\ \text{ft/s}^2$。

(5)从低座销到安装甲板和从安装甲板到平均海平面(MSL)的起重机海拔高度。

(6)起重机操作的有效波高。

(7)起重机操作的风速。

(8)起重机计算和评级方法——一般方法、Vessel-specific 方法或遗留动态方法,这些方法要依照文献[6]第5节负载和所有相关设计参数的选择计算方法。

(9)起重机工作周期分类[6]:

①海洋起重机及主要设备分类。在缺少来自购买方信息的情况下,工作频率可以通过对典型的海上起重机应用,如表3-4所示的对整个起重机,和在表3-5至表3-9中的对主要起重机械零部件来进行分类。如果使用典型海上起重机的分类,对主要机械零部件的平均大修时间内的循环寿命,可以从如表3-5至表3-9所示的相应的加载和工作速度来确定。

表 3-4 海上起重机应用分类

起重机工作循环分类	年度经营(原动机)/h	典型应用
生产作业	200	底部支撑的生产平台上的海上起重机
中间作业	2 000	底部支撑或浮式平台上的海上起重机,具有临时钻机或间歇性密集使用期
钻井作业	5 000	海上起重机在 MODU 或浮式生产设施上进行全工时钻井作业
施工作业	1 000	建造驳船或船舶重型起重机的海上起重机

表 3-5 辅助起重机 5 年平均大修时间

起重机工作循环分类	理论设计寿命/h	最大扭矩的百分数/%	最大速度的百分数/%
生产作业	60	45	70
中间作业	825	45	70
钻井作业	2 100	55	70
施工作业	250	45	70

表 3-6 主起重机 5 年平均大修时间

起重机工作循环分类	理论设计寿命/h	最大扭矩的百分数/%	最大速度的百分数/%
生产作业	70	45	70
中间作业	225	45	70
钻井作业	500	55	70
施工作业	250	45	70

表 3-7 臂式起重机 5 年平均大修时间

起重机工作循环分类	理论设计寿命/h	最大扭矩的百分数/%	最大速度的百分数/%
生产作业	70	45	70
中间作业	1 250	45	70
钻井作业	3 750	55	70
施工作业	900	45	70

表 3-8　回转机构 5 年平均大修时间

起重机工作循环分类	理论设计寿命/h	最大扭矩的百分数/%	最大速度的百分数/%
生产作业	70	45	70
中间作业	900	45	70
钻井作业	2 500	55	70
施工作业	300	45	70

表 3-9　原动机与泵驱动 5 年平均大修时间

起重机工作循环分类	理论设计寿命/h	最大扭矩的百分数/%	最大速度的百分数/%
生产作业	1 000	45	70
中间作业	10 000	60	70
钻井作业	25 000	60	70
施工作业	5 000	60	70

注意:柴油机厂商通常建议大修时间要小于钻井作业设计寿命。

②不同类别典型海上起重机的钢丝绳平均置换时间。钢丝绳的工作循环方式类似于机械部件,尽管钢丝绳的平均置换时间(TBR)的期望值要小于机械部件。在缺乏买家信息时,平均置换时间可以通过典型海上起重机的应用估计出来,如表 3-10 所示。

表 3-10　不同类别典型海上起重机的钢丝绳平均置换时间

起重机工作循环分类	平均置换时间
生产作业	3 年
中间作业	2.5 年
钻井作业	2 年
施工作业	3 年

③不同类别起重机的钢丝绳工作循环。如果各类别海上起重机的钢丝绳平均置换时间得到应用,那么钢丝绳在平均置换时间下的循环次数和相关载荷的幅值,如表 3-11 至表 3-13 所示。

表 3-11　辅助钢丝绳

起重机工作循环分类	平均置换时间下的疲劳寿命循环数	最大安全工作载荷的百分数/%
生产作业	1 000	45
中间作业	12 500	45

表 3－11(续)

起重机工作循环分类	平均置换时间下的疲劳寿命循环数	最大安全工作载荷的百分数/%
钻井作业	28 500	55
施工作业	2 700	45

表 3－12　主钢丝绳

起重机工作循环分类	平均置换时间下的疲劳寿命循环数	最大安全工作载荷的百分数/%
生产作业	250	45
中间作业	650	45
钻井作业	1 500	55
施工作业	350	45

表 3－13　吊臂钢丝绳

起重机工作循环分类	平均置换时间下的疲劳寿命循环数	最大安全工作载荷的百分数/%
生产作业	1 200	45
中间作业	12 500	45
钻井作业	30 000	55
施工作业	3 000	45

④起重机和起重机臂在危险区域分类应与文献[6]第 7.5.4 节一致。买方应当向制造商列举起重机安装区域的分类。这种分类将分别考虑起重机臂。分类不但考虑临时使用的区域而且还要考虑永久性安装设备。应使用 API 500 或 API 505 来确定危险区域分类。

第4章 起重作业

4.1 操作规划

4.1.1 风险评估

4.1.1.1 工作风险评估(JRA)

一个合适的风险评估记录对于任何吊装都需要。如果一个风险评估已经存在,那么应该在进行吊装之前对它在当前状况下的适应性进行检查,吊装设备的评估亦应包括在JRA里。

如果有任何特殊部分的JRA发生变更,那么JRA应该被检查、更新并记录。

安全检查员与吊装小组在一起,在工作开始之前应该实施特殊部分的JRA。这通常是使用工作风险评估表进行的。安全检查员应确保对书面风险评估中确定的危害进行适当控制,以便将风险管理作为吊装计划的一个组成部分。

4.1.1.2 风险评估矩阵表

一个风险评估矩阵表可以被用于工作风险评估。这允许将一个特殊活动的可能性和危害严重程度进行量化。两者的乘积显示了风险级别。一个典型的风险评估矩阵如表4-1[16]。

表4-1 风险评估矩阵样例

危害程度分类	状态描述	实际/潜在后果			概率等级				
		个人疾病/损伤	环境(任何事件……)	损失成本	A	B	C	D	E
					很有可能	可能	或许	不太可能	几乎不会
1	极高	致命、肺部绝症或永久性衰竭	有潜在的危害或不利影响的一般公众并且有潜在的可能广泛关注该公司的业务。对企业有严重的经济责任	> $ 1 000 000	1	1	1	2	3

表4-1(续)

危害程度分类	状态描述	实际/潜在后果			概率等级				
		个人疾病/损伤	环境(任何事件……)	损失成本	A	B	C	D	E
2	高	严重的损伤,中毒,过敏或危险的感染	在工作场所的环境中有潜在危害或不利影响的员工。需要专门的专家或资源来纠正	> $ 250 000	1	1	2	2	3
3	中度	受伤导致损失工时的事故或持续性皮炎或痤疮	在工作场所的环境中有潜在危害或不利影响的员工。需要一般的专业知识或资源来进行纠正	> $ 50 000	1	2	2	3	3
4	轻微	需要急救处理的小伤或头痛、恶心、头晕、轻度皮疹	对环境造成的危害有限,需要一般的专业知识或资源来进行纠正	> $ 10 000	2	2	3	3	3
5	可忽略的	可忽略的伤害或健康影响,没有缺勤	对环境造成的危害有限,需要采取较小的纠正措施	> $ 10	2	3	3	3	3

概率等级:

A. 很有可能。事件几乎不可避免地发生。

B. 可能,不一定会发生,但额外的因素可能会导致事件的发生。

C. 或许当额外的因素存在可能会发生,否则不太可能发生。

D. 不太可能。一些偶然因素的组合可能导致一个事件的发生。

E. 几乎不会。一些罕见因素的组合可能导致一个事件的发生。

风险优先级代码:

1:高风险,不得继续改变任务或采取进一步的防控措施以减少风险。

2:中等风险,只能在高级管理授权下进行。

3:低风险,被培训和授权的人允许这样做,但应该进行审查看看是否可以进一步降低风险。

注:风险优先级代码小于3对于人员的危险是不可接受的,损失的潜在成本可能根据公司和业务不同发生变化。

4.1.2 所有起重机(常规和非常规)的起吊方案

恰当的方案要包含以下几项:

(1)初步方案以确保提供合适的设备。

(2)单独的吊装方案以确保设备被安全地使用。

①吊装方案应该由安全检查员和所需其他必要人员进行准备。

②吊装方案应该以风险评估为依据。

③吊装方案应该处理由风险评估认定的风险并且应该明确来源,制订的流程和职责应使吊装作业被安全地实施。

④吊装方案应该确保选择的设备是安全的并且对于将要使用的设备应保持在安全的范围内进行操作。

⑤吊装方案应该明确使用前的检查要求和检查频率。

⑥吊装方案应该涵盖包括明确交流的方式和语言的程序。

⑦吊装小组应该被指派。

⑧方案的规划程度可能差异较大并且应该根据所使用的设备种类和操作的复杂程度来确定。

⑨如果现有公司的流程发生改变,那么需要有一个流程变更管理。

⑩不只有一个“员工”包含在吊装作业中,吊装方案应该明确操作过程中的角色和职责。吊装作业应该由吊装主管协调。在吊装作业中的个人在规划操作时应该被适当的委派和指导来意识到他们的职责,以及明确可使用的防控措施和应遵循的事情先后顺序。

⑪在实施非常规吊装作业之前,应与所有有关方进行吊装前会议。在会议上应采用风险评估、提吊装方案和相关图纸,作为吊装操作总结建议的基础。文献[16]附录3给出了吊装方案例子。

4.1.3 工程起重机的起吊计划

工程非常规起重机是那些特定项目和设备经过专门设计或选择来进行操作的。通常在一个工程部门内针对在岸上、安装程序的编写和工程起重机吊装的发展方面进行流程规划。

工程起重机的吊装通常在岸上准备。当在陆上或海上准备工程起重机吊装作业的资料、格式时,公司应该提供一个既简单又统一的做法给工程师来遵循。工程方案应该考虑综合吊装分析的建议。

一个工程起重机和相关图纸应该在工程阶段进行准备并且纳入适当的工程安装程序,大体为:

(1)工程起重机不应该打算更换安装程序,如果有不同看法,可以作为一个要点总结,在陆上或海上的吊装作业开始前由各方考虑。

(2)准备一个工程吊装方案应该突出强调项目安装过程中需要解决的任何问题。

(3)工程吊装机的工程吊装方案应视为现场文件在现场或海上吊装时执行。它应受到通常吊装方案的同等审查。

(4)到现场之后,工程起重机方案应该被相关安全检查员最终确定,根据这种形式应有助于产生从一开始贯穿于一个公司的工地,在和通过工程规划阶段并继续通过执行吊装作业。

4.1.3.1 索具规格概要图

对于一个工程起重机,一个索具规格概要图应该在吊装的工程准备阶段完成。

一个索具规格概要图的目的是:

(1)从工程中概括结论;

(2)对索具供应商提出吊装索具的要求;

(3)作为一个物料统计使用表和相关公司部门的质量控制检查;

(4)提供给现场或海上的吊装主管吊装载荷时的图纸上要求的所有细节。

文献[16]中的附录5中提供了索具规格概要图的样例,说明了应该包括的典型细节。

4.1.3.2 吊装概要图

对于工程起重机,一个吊装概要图应该在吊装的工程准备阶段完成。

吊装概要图应该提供的信息为:

(1)当在陆上和海上吊装载荷时,工程师检查正确的起重机细节、起重机曲线和可用钩高度用于吊装作业;

(2)有关人员如安全检查员和吊装主管来验证起重机块/起重机吊杆之间有足够的间隙,使负载有通畅的吊装路径,例如船的侧轨。

文献[16]中的附录6中提供了一个样例说明了在一个吊装概要图中应该包含的几种详细信息。

4.1.3.3 起重机曲线在吊装方案中的应用

当对一个工程起重机,准备一个吊装方案时有不同种类的起重机曲线可使用,例如:

(1)港口起重机曲线,即一个在港口的封闭水域吊装机(或起重机曲线在 $H_S = 0$ m,这里 H_S 为有义波高);

(2)海洋起重机曲线1,即甲板到海底,甲板到甲板;

(3)海洋起重机曲线2,即船舶到船舶,船舶到平台。

上述各曲线具有不同的动态放大因子(DAF)和起重机的占空系数。占空系数是起重机结构基本允许应力的一个系数。

这些DAFs和责任因素包括在起重机曲线里;如果起重机曲线被修改和/或不正确地误解,那么错误的系数可能被使用。

如果项目负责人想使用的起重机曲线或因素不是公司所指定,则他们应该与相应的安全检查员进行协商。

注意:至关重要的是,不要使用港口吊装机曲线来设计海上吊装设备,不管它们是甲板、海底或船到船的吊装设备。

在计划和实施吊装作业时,必须经常检查哪一个起重机曲线被使用。

4.1.4 所有起重机(常规和非常规)的注意事项

4.1.4.1 对载荷评估及其处理的初步注意事项

注意事项对于任何类型的吊装载荷的评估都是至关重要的,具体为:

(1)载荷的质量是多少?

(2)质量验证了吗?

(3)载荷是为离港吊装而设计的吗,例如集装箱类型?

(4)吊装点合格/充足了吗?

(5)起吊点可以被安全地通过吗?

(6)载荷是通过一个没有松软零件在内的稳定方式吊挂吗?

(7)重心已知吗?

(8)载荷是否具有完整性和内部稳定性?

(9)形状或大小难以起吊吗?

(10)载荷很长,容易旋转吗?

(11)载荷会在悬挂下弯曲吗?

(12)载荷需要固定到它的托盘上吗?

(13)载荷是否含有液体?

(14)载荷是易碎物品吗?

(15)载荷是贵重物品吗?

(16)载荷中有化学品吗?

(17)如果在海底,要考虑冲击载荷和由于涨潮和退潮、海底吸力、大量海洋生物或者碎片/泥浆的影响导致空气中重力的变化。如果移除现有的海底结构,附加质量、浪溅区将会被海面状况所影响,导致浮力和浮力中心的改变。

(18)有锋利的边缘吗?

(19)紧固螺栓/适航固定件要拆除吗?

(20)载荷的吊装是否必须要获得许可?

4.1.4.2　吊装设备选型的注意事项

吊装设备的选型一般包括以下内容:

(1)吊索角度和吊装附着角。

(2)连接点是否足够?

(3)吊索如何被系上?

(4)吊钩的种类合适吗?

(5)重型索具人工处理?

(6)司机会参与并且吊索/附件能兼容水下工作吗?

(7)是否有头顶上方的吊装点可用?

(8)吊索扭绞方向——左手扭绞和右手扭绞不应该连接。

(9)吊索的布局和堆放影响吊装的控制吗?

(10)吊索和起重机吊钩的几何形状是否有问题?

(11)是否有遥控的或局部释放的卸扣(负载弹簧/声学)?

(12)标记线是否需要,吊装小组了解标记线的安全使用吗?

(13)是否需要联合吊装?

(14)是否需要交叉牵引?

(15)升沉补偿系统在使用吗?

(16)有足够的滑轮和附着点来完成绞车/起重机装载的可能吗?

(17)有观察鼓绳通过滑轮缠绕路径的方法吗?

(18)是否有合适的吊装设备?

(19)在吊装期间内吊装设备需要移动到另外一个位置吗?

(20)要在海底操纵载荷吗?

(21)钢丝绳是否有足够长度/在深水区施工(考虑布线)?

(22)钢丝绳的动态会有影响么?

(23)有各种控制线缆的保护措施吗?

4.1.4.3 使用前的检查

在使用之前,吊装装备和附属设备的操作员应该执行使用前检查来识别故障设备。检查的频率应该在吊装方案中制订并且用来检测因磨损而引起的故障,但在每个工作日或开始轮班时不应少于一次。使用前检查的总数可能会有所不同。取决于操作要点,例如吊装的类型和环境方面。

4.1.4.4 选择起重团队的注意事项

(1)团队是否适合(经验/能力)来吊装这种类型的载荷?

(2)吊装主管是谁?

(3)吊装小组的所有成员明确地认可吊装主管吗?

(4)有足够数量的人在吊装小组吗?

(5)如果在任何阶段将吊装的控制权传递给另一个人,那么这些人是被吊装小组所认可和明确的吗?同意流程规定吗?

4.1.4.5 评定起重路径和移动起重设备的注意事项

评定起重路径和移动起重设备的注意事项,具体为:

(1)载荷是否需要旋转或改变以确保吊装安全?

(2)是否有足够的空间来提升和操纵载荷?

(3)提升或从内侧/外侧——在轨道上方检查自由高度。

(4)吊装路径清楚么?

(5)在操作过程中船舶或起重设备的运动是否会对吊装路径造成影响?

(6)是否有任何冲突的操作(例如其他起重机臂架工作在附近地区)?

(7)起重机吊臂与其他起重机、船舶、平台或障碍物的间隙。

(8)海底结构的间隙,系泊用具需要哪些检查?

(9)设置的区域对空间和负重是否合适。

(10)设置在海底的位置是否适合观察、控制和停泊?

4.1.4.6 环境影响的注意事项

环境影响的注意事项具体为:

(1)载荷是否有一个大的受风面?

(2)船舶移动会影响操作吗?

(3)载荷会通过潜在变化的环境(例如浪溅区)在它被吊装的路径上吗?

(4)吊装的时候船舶是如何控制的,例如,船舶是在航行,还是在动态定位:抛锚、停泊、停靠一旁?改变位置、航向、纵向倾斜、横向倾斜或船舶运动影响的环境力将作用在吊装上吗?

(5)考虑从甲板上拍打的海浪影响。

(6)升沉补偿是否被使用并且使用进行风险评估了吗?

(7)如果载荷是被放到海底,是否有适当准备?

(8)载荷是被淹没还是露出水面?

(9)预期的浮水率/排水率是多少?

(10)残存空气的可能性是多少?

(11)注意“松弛绳”。

(12)如果在海底,评估浮力和附加质量的影响。

(13)如果在深水中工作,载荷和钢丝绳上的其他动力可能适用。

(14)吊装可以在各种环境中进行并且每种环境有可能以不同的方式影响吊装,例如在码头和船舶之间、在甲板上、船舶到船舶或平台。

(15)船舶很少完全静止并且除了由环境引起的运动之外,由力引起的动载荷例如一个载荷穿过一个浪溅区或者海底之间的操作都会影响它的惯性。因此有效重量可能在某部分操作中增加。

(16)使用 MRUs 加速起重机顶端的可能性。

(17)雨、雪、冰、风、噪声、光线不足或者光源和阴影(例如起重机操作员或监工对着耀眼的太阳看;或从明亮处看到昏暗处对眼睛或相机镜头的影响)都可以影响一个载荷将要进行控制和处理的方式。

4.1.5　设备的选择

安全检查员应清楚选择适当的吊装设备和附件需要考虑的一般问题,确认所有的吊装设备是符合目的的,有适当的证书并且在使用前已检查过缺陷。

安全检查员应考虑以下几项:

(1)设备的技术规格和完整性;

(2)设备所使用的地方;

(3)设备使用所需的条件;

(4)设备使用应有的目的;

(5)设备使用造成的健康和安全的内在风险;

(6)人体工程学风险;

(7)人工处理;

(8)维护和检查要求。

公司应实施所有吊装设备及吊装附件的全面检查计划,以及确保持续完整性的在役检查流程。

以上流程其中的一个例子就是一个公司可能会规定要求尊重起重机的授权。例如,如果准备吊装的载荷超过起重机规定的 SWL 一定比例时,那么批准建议的吊装需要一个确定的安全检查员的授权。其他因素可能会改变起重机上的负载。起重机的授权通常包括在吊装作业开始前发给一个确定的安全检查员审阅并批准的吊装分析报告。

4.1.5.1　设备的风险评定

一个设备的风险评估应作为 JRA 的一部分完成。风险评估的目的是识别危害和评估可预见范围内与吊装操作的设备有关的风险,例如可能会合理使用的设备的应用程序,载荷和配置。

设备风险评估应考虑,但不一定限于以下内容:

(1)设备是为这种类型吊装而设计的吗?

(2)设备进行了任何修改吗?

(3)报警设置需要注意吗?例如,如果已经改变了绳鼓上钢丝绳长度。

(4)吊装设备的强度和稳定性,索具和载荷;

(5)人体工程学考虑;

(6)操作保护;

(7)环境条件;

(8)位置、距离、环境风险;

(9)预期载荷的性质(例如有害的或危险的物质);

(10)是否涉及吊装人员;

(11)安装、拆卸和固定载荷的手段;

(12)装载和放置的安排;

(13)运进和运出的安排,特别是在紧急情况下:

①倾覆和超载;

②其他紧急情况;

③使用中的维护和检查要求;

④拆卸和存储要求;

⑤持续完整性的运输方法。

当起重作业涉及新设备制造、修改现有设备或选择材料进行起重作业时,该设计应报送主管人员。也有可能需要咨询,比如,能提供适合的设计指南的验证机构、技术权威或生产厂家。该主管人员应进行设计评审,考虑设计规范、标准和惯例以及遵守所有适用的规定。

通过应用上述的步骤,可确定各起重设备配置的安全工作参数,评估风险等级,目的是为设备的起重作业范围建立一个安全的基础。

4.1.5.2 强度和稳定性

1. 强度

强度要求如下:

(1)确保起重设备有足够的负荷强度,并为故障提供适当的安全系数;

(2)确保负载和所有附件与起吊配件有足够的强度和完整性;

(3)确保所有与设备强度有关的危险在相关风险评估中得到解决;

(4)确保在起重计划中所有与设备强度相关的风险得到定位。

作为设备选型过程的一部分,设备风险评估应得到保证。风险评估过程要求设备的强度和稳定性得到充分的确定和验证。

2. 设备稳定性

确定足够的设备稳定性,需要评估起重操作,以便:

(1)考虑到在各种可能影响起重设备的失稳力的组合下,确保起重设备在使用和负载下有足够的稳定性以供其使用;

(2)确保适当的有效措施以提供足够的抗倾覆能力;

(3)确保所有有关设备的稳定性的危害能够被确定,并在相关风险评估和起重计划中得到解决。

影响起重设备稳定性的因素包括:

(1)应使用动态钩载(即包括所有的动态影响);

(2)如果海下起重,要注意相关重点:可能发生的最大的风/波/膨胀/电流负载;

(3)起重设备安置或定位的表面强度,如可能需要摊铺机板以便它们可以安全地支撑设备的重力以及起吊的最大载荷;

(4)载荷作用下的表面稳定性及受船舶运动条件的影响;

(5)起重设备操作的表面是否或将在斜坡上(根据船舶横倾和纵倾变化)和任何斜坡的角度上,因为这会施加水平和垂直力;

(6)负载的大小和性质,如负载本身是否不稳定;

(7)打算如何起吊负载。

各种方法或组合方法可用于提升设备的稳定性,例如:

(1)设计一个合适的底座来确定起重设备的位置;

(2)采用锚固系统。

抗倾覆的方法可包括:

(1)使用支架/稳定器和/或特制的索具;

(2)采用平衡配重块;

(3)使用镇流器;

(4)对于稳定的要求和抗倾覆方法的使用应通过起重计划充分解决。

3. 船舶稳定性

对于这些计划起重作业,船舶稳定性是首要关注的。起吊甲板上的载荷并且在其他地方将其卸载可能会影响船舶的运动、横倾、纵倾和稳定性,这取决于相对于船尺寸的负载重量和相对于船的重心的起重机顶端高度和位置。这可以说明即使是相对较小的载荷变化也会增加对起重操作的影响,例如,依靠船舶较小的压载进行起吊的数千吨重的上层模块。

当起吊转移到另一个浮动单位时,影响可能会进一步复杂。应注意,起重计划应包括从船舶的稳定性的影响方面加以适当考虑。

此外,船舶稳定性变化引起的运动也会影响起重设备的稳定性。

4.1.6　用于起吊人员的起重设备

每逢需要使用起重设备转移或起吊人员时应该重新评估。理想情况下,人员的起吊应尽量避免。如果在评估后没有替代选项,所使用的设备需要专门设计或适应于这一目的并在其设计的参数下操作。

所有用于起吊人员的设备均须进行检查,以确保被起吊人员的风险降至合理可行的最低水平。

也有必要检查当地监管机构需要什么,例如监管机构可能要求所有适用于起吊人员的设备需要清楚标示,如“适用于起吊人员”,并且那些没有以这种方式标示的设备不应该用于这种用途。

应当确保:

(1)确定所有与起吊人员相关的危险;

(2)所有与起吊人员相关的风险都要在起吊计划得到解决;

(3)起吊人员的起吊设备继续满足相应规格。

设备风险评估应审查适用于吊装人员的吊装设备技术规范。这个过程应该包括对当前行业、制造标准和相关的立法要求的考虑。

风险评估应包括对所需起重作业的性质和程度的考虑,并应保证有涉及人员起吊的个别起重作业的安全系统独立主管人员应在彻底检查时确认该设备的技术规范符合现行要求。任何不符合规定的设备应按照公司程序记录,并从服务中移除。

4.1.7 通信

通信故障往往是吊装事故的根本原因,并且可能也是最难以检测的。良好的培训和遵守正确的流程是至关重要的,但是在现场检查的实际情况才是最重要的。例如,所有的相关人员都来自同一家公司吗?他们都懂一种通用的语言吗?如果没有严格使用信号的确定系统,他们都知道和理解吗?是否将它显示在吊装小组能够看到的地方?有什么不同的沟通方式可以使用?现场和其他来源的任何技术援助之间的需要什么样的通信?

通信还包括警告吊装活动的人员并且保证吊装区域清除不涉及吊装作业的人员。

公司流程应确保在任何时候都执行一个非常高水平的通信准则。有效的通信对任何操作的安全和成功都是至关重要的,"沟通"涵盖了所有的通信手段,如硬线系统,健全的动力系统,收音机和紧急备用系统;计算机系统、报警、警告指示灯和音频提醒系统;闭路电视,手势信号,其他视觉信号,安全会议及操作后情况汇报。对于后两者,主管对清晰的综合通信的鼓励在这些会议和报告中是极其重要的。

吊装小组的所有成员都应该知道分配给每个人的任务和通信布置是什么。指定人员(例如吊装信号工/索具工人或如公司的流程或在当地术语中所描述的)应该明确并且可以分别辨认,也可用反光外衣或其他显眼的服饰或标志。

当吊装设备的任何部分在吊装小组的任何成员的视线之外,确保良好的通信质量是必不可少的。

如果吊装小组的成员在操作任何吊装设备时对某一信号不清楚,则应停止操作。

4.1.8 停止工作

当出现一个潜在的安全问题时,任何人都应该能够停止吊装操作,导致要考虑一个变更管理流程。

由于任何潜在的安全问题可能会发生,例如:

(1)信号不清晰;

(2)警报声响(例如在起重机驾驶室);

(3)超过特定负荷。

4.1.9 主管人员的技术审查

在完成非常规吊装作业的初步计划后,应该由主管人员审阅。通常吊装方案还需要由主管人员审查。

4.1.10 变更管理

变更管理(MOC)流程可以适用于任何方面的操作。吊装小组的任何成员都可以请求调用变更管理流程并暂停活动。然后应该进行评估来确定是否需要一个变更管理。如果变更管理是需要的,那么活动在直到 MOC 程序已经批准和实施前不应该恢复。

MOC 流程包括:

(1)脱离准许的流程;

(2)偏离标准公司程序;

(3)船舶和设备的计划外修改;

(4)更改设备;

(5)操作顺序的重大变化;

(6)偏离指定的安全工作实践或工作指导;

(7)使用在起重计划中没有的设备;

(8)天气和环境问题;

(9)新系统的实现;

(10)安全关键人员的重大变化;

(11)改变由客户或监管机构或其他相关方的要求。

MOC 程序提供的路线来确保安全和有效地管理变更。

程序应该由公司或由项目团队开发,对于一个给定的工作范围,以满足合同规范。该程序应从公司的工作实践和具体活动方法中提炼出来,通过正式的业务回顾、风险评估和其他研究,生成一个新的起重计划,在相关主管人员及客户的最终批准之前,酌情处理。

在项目建设过程中,项目程序可以发布为"批准建设"(AFC)或者根据公司协议批准。AFC 程序由于方法的更改而要求修订,不可预见的工作或其他情况应服从 MOC 程序并且应进行工作风险评估。

不属于被批准程序的新的任务或起吊作业在执行任务前应该服从 MOC 程序和 JRA。

操作计划应包括紧急后退程序。例如,备用放置区,环境剧烈变化的规划,考虑船舶未到规定位置的影响或任何接近操作的失败影响。

4.1.11 起重团队的选择

主管人员应选择一个有能力的起重操作队伍。

4.1.12 工作前安全会议的通用说明

一旦在现场,主管人员应在起重前会议或班前会前,与起重小组一起检查风险评估结果以及核准起重计划。个人的责任连同起重作业主管的明确标识应当分配给每一个参与起重操作的人身上。

风险评估和起重计划应当被逐步讨论以确保每个人清楚地理解并且同意用到的方法和控制措施。使用起重安全口袋卡作为指南,任何参与起重的其他人员提出的任何问题应当在风险评估和起重操作计划中被讨论。如果对于风险评估和/或起重计划有一致同意的变更,文件应经主管人员修改并重新批准,遵从 MOC 程序。

安全会前提示如表 4 – 2[16]。

表 4 – 2　提示内容

工作目标	目的是什么？
计划和方法	是怎么做的？
职责	谁要做什么？
人力和技术	多少？需要什么技术？
进入和撤离	我们能安全地进出么？
工作环境	是安全区域么？
危险	风险评估
工作许可	获得权威文件证明
PPE	需要什么个人防护装备？
设备	需要什么设备？
材料	需要什么材料？
隔离	部署安全屏障了么？
相互冲突的活动	还有什么正在发生？
信息	警示任何可能受到影响的人
动机	为什么任务是必要的
沟通	建立沟通机制
汇报或工作后的谈话	什么是好的或坏的？总结经验教训

4.1.13　作业后的汇报和作业的学习见解

一次起重作业完成后，汇报会议将给所有人员提供一个机会来确定：

(1)学习要点；

(2)好的做法；

(3)改进。

起重机计划上所列的任何学习要点须由主管人员审阅，并且要符合实际。比如，这可能包括对设备效能的反馈、起重技术、沟通，以及对下一次起重作业至关重要的信息等。

4.1.14　起重程序的记录

有关监控和控制起重操作程序的信息应保留以便为了证明公司程序的有效性、协助确定改进的机会以及向监管者或客户演示程序。

为协助策划起重作业，他们能够方便地查阅以前的起重计划、风险评估以及任何类似于岗位工作汇报的相关材料的记录是可取的。

4.2　起重机安全作业

4.2.1　概述

4.2.1.1　安全操作的简介

与起重机械安全操作有关的人员类型主要有以下几种:操作工、起重工(司索、指挥等)、维修工(电工、机械修理、焊工等)、技术管理人员(技术员、安全员、机械员),其中安装拆卸人员一般由操作、起重、维修和技术管理人员组成。当今的起重机械事故特点表明:人员的素质与事故发生有着极为密切的关系。事故的发生多半都是操作人员没有搞清楚起重机械的基本构造、原理,蛮干,违章操作造成的。或是由于思想不重视,抱着侥幸心理,粗心大意所致。而更为可悲的是,有些单位的领导或技术管理人员对一些关键问题的理解和重视程度也不够,造成了指挥失误或叫瞎指挥。具体安全操作如下:

1. 施工前的检查

(1)交接班时要认真做好交接手续,检查机械履历书、交班记录及有关部门规定的记录等填写和记载得是否齐全。当发现或怀疑起重机有异常情况时,交班司机和接班司机必须当面交接,严禁交班和接班司机不接头或经他人转告交班。

(2)松开夹轨器,按规定的方法将夹轨器固定好,确保在行走过程中,夹轨器不卡轨。

(3)轨道及路基应安全可靠。

①清除行走轨道上的障碍物。

②用目力对轨道进行宏观检查,止挡装置应齐全,并安装牢固可靠;轨道的坡度、两轨的高差、平行度以及钢轨接头处都应符合使用说明书中的规定;鱼尾板应无裂纹,连接螺栓不应松动。如发现有可疑情况,应利用仪器按照 GB 5144 中 8.6 条的有关规定检查。

③凡糟朽、腐烂的枕木及断裂、疏松的混凝土轨枕必须立即更换。

(4)起重机各主要螺栓应连接紧固,主要焊缝不应有裂纹和开焊。

(5)按有关规定检查电气部分。

①按有关要求检查起重机的接地和接零保护设施。

②在接通电源前,各控制器应处于零位。

③操作系统应灵活准确。电气元件工作正常,导线接头、各元器件的固定应牢固,无接触不良及导线裸露等现象。

④工作电源电压应为 380 V ± 20 V。

(6)检查机械传动减速机的润滑油量和油质。

(7)检查制动器。

①检查各工作机构的制动器应动作灵活,制动可靠。

②检查液压油箱和制动器储油装置中的油量应符合规定,并且油路无泄漏。

(8)吊钩及各部滑轮、导绳轮等应转动灵活,无卡塞现象,各部钢丝绳应完好,固定端应牢固可靠。

(9)按使用说明书检查高度限位器的距离。

(10)检查起重机的安全操作距离必须符合 GB 5144 中 8.3,8.4,8.5 条的规定。

(11)对于有乘人电梯的起重机,在作业前应做下列检查:

①各开关、限位装置及安全装置应灵活可靠。

②钢丝绳、传动件及主要受力构件应符合有关规定。

③导轨与塔身的连接应牢固,所有导轨应平直,各接口处不得错位,运行中不得有卡塞现象。梯笼不得与其他部分有刮碰现象。导索必须按有关规定张紧到所要求的程度,且牢固可靠。

(12)起重机遭到风速超过 25 m/s 的暴风(相当于 9 级风)袭击,或经过中等地震后,必须进行全面检查,经主管技术部门认可,方可投入使用。

(13)司机在作业前必须经下列各项检查,确认完好,方可开始作业。

①空载运转一个作业循环。

②试吊重物。

③核定和检查大车行走、起升高度、幅度等限位装置,以及起重力矩、起重量限制器等安全保护装置。

(14)对于附着式起重机,应对附着装置进行检查。

①塔身附着框架的检查:

a. 附着框架在塔身节上的安装必须安全可靠,并应符合使用说明书中的有关规定;

b. 附着框架与塔身节的固定应牢固;

c. 各连接件不应缺少或松动。

②附着杆的检查:

a. 与附着框架的连接必须可靠;

b. 附着杆有调整装置的应按要求调整后锁紧;

c. 附着杆本身的连接不得松动。

③附着杆与建筑物的连接情况:

a. 与附着杆相连接的建筑物不应有裂纹或损坏;

b. 在工作中附着杆与建筑物的锚固连接必须牢固,不应有错动;

c. 各连接件应齐全、可靠。

2. 施工

(1)司机必须熟悉所操作的起重机的性能,并应严格按说明书的规定作业,不得斜拉斜拽重物、吊拔埋在地下或黏结在地面、设备上的重物以及不明质量的重物。

(2)起重机开始作业时,司机应首先发出音响信号,以提醒作业现场人员注意。

(3)重物的吊挂必须符合有关要求。

①严禁用吊钩直接吊挂重物,吊钩必须用吊、索具吊挂重物。

②起吊短碎物料时,必须用强度足够的网、袋包装,不得直接捆扎起吊。

③起吊细长物料时,物料最少必须捆扎两处,并且用两个吊点吊运,在整个吊运过程中应使物料处于水平状态。

④起吊的重物在整个吊运过程中,不得摆动、旋转。不得吊运悬挂不稳的重物,吊运体积大的重物,应拉溜绳。

⑤不得在起吊的重物上悬挂任何重物。

(4)操纵控制器时必须从零挡开始,逐级推到所需要的挡位。传动装置做反方向运动时,控制器先回零位,然后再逐挡逆向操作,禁止越挡操作和急开急停。

(5)吊运重物时,不得猛起猛落,以防吊运过程中发生散落、松绑、偏斜等情况。起吊时必须先将重物吊起离地面0.5 m左右停住,确定制动、物料捆扎、吊点和吊具无问题后,方可指挥操作。

(6)司机应掌握所操作的起重机的各种安全保护装置的结构、工作原理及维护方法,发生故障时必须立即排除。司机不得操作安全装置失效、缺少或不准确的起重机作业。

(7)司机在操作时必须集中精力,当安全装置显示或报警时,必须按使用说明书中的有关规定操作。

(8)不允许起重机超载和超风力作业,在特殊情况下如需超载,不得超过额定载荷的10%,并由使用部门提出超载使用的可行性分析及超载使用申请报告,报告应包括下列内容:作业项目、内容;超载作业的吊次和超载值;超载的计算书及超载试验程序;安全措施;作业项目和使用部门负责人签字;设备主管部门和主管技术负责人对上述报告审查后应签署意见并签字。

(9)超载使用,必须选派有经验的司机操作。

(10)超载作业前要做如下准备:

①检查吊、索具;

②检查重物吊挂;

③安全措施;

④按照审核批准超载使用的起重量和试验程序做超载试验。

(11)选择有经验的指挥人员指挥作业。

(12)设备主管部门做好记录,并保存三年。

(13)在起升过程中,当吊钩滑轮组接近起重臂5 m时,应用低速起升,严防与起重臂顶撞。

(14)严禁采用自由下降的方法下降吊钩或重物。当重物下降距就位点约1 m处时,必须采用慢速就位。

(15)起重机行走到距限位开关碰块约3 m处,应提前减速停车。

(16)作业中平移起吊重物时,重物高出其所跨越障碍物的高度不得小于1 m。

(17)不得起吊带人的重物,禁止用起重机吊运人员。只有在极为特殊的或为了完成其他安全的作业情况下,风力不超过4级,在起重机吊具上设有专用乘人装置并采取如下措施时方可运送人员:

①由主管部门技术负责人批准;

②仔细检查起重机各机构运转和各制动器的动作,必须灵活可靠;

③检查钢丝绳和吊索具均为完好;

④防止专用的乘人装置的转动和滑落;

⑤搭乘的人员必须系安全带;

⑥下降搭乘装置时,必须用动力下放。

(18)作业中,临时停歇或停电时,必须将重物卸下,升起吊钩。将各操作手柄(钮)置于“零”位。如因停电无法升、降重物,则应根据现场与具体情况,由有关人员研究,采取适当的措施。

(19)起重机在作业中,严禁对传动部分、运动部分以及运动件所及区域做维修、保养、调整等工作。

(20)作业中遇有下列情况应停止作业：

①恶劣气候，如：大雨、大雪、大雾，超过允许工作风力等影响安全作业；

②起重机出现漏电现象；

③钢丝绳磨损严重、扭曲、断股、打结或出槽；

④安全保护装置失效；

⑤各传动机构出现异常现象和有异响；

⑥金属结构部分发生变形；

⑦起重机发生其他妨碍作业及影响安全的故障。

(21)钢丝绳在卷筒上的缠绕必须整齐，有下列情况时不允许作业：

①爬绳、乱绳、啃绳；

②多层缠绕时，各层间的绳索互相塞挤。

(22)司机必须在规定的通道内上、下起重机，上、下起重机时，不得握持任何物件。

(23)禁止在起重机各个部位乱放工具、零件或杂物，严禁从起重机上向下抛扔物品。

(24)多机作业时，应避免各起重机在回转半径内重叠作业。在特殊情况下，需要重叠作业时，必须符合 GB 5144 中 8.5 条的规定。

(25)采用多机抬吊时，必须遵守有关规定。

①由使用部门提出多机抬吊的可行性分析及包括以下内容的抬吊报告：

a. 作业项目和内容；

b. 抬吊的吊次；

c. 抬吊时各台起重机的最大起吊重量、幅度；

d. 各台起重机的协调动作方案和指挥；

e. 详细的指挥方案；

f. 安全措施；

g. 作业项目和使用部门负责人签字；

h. 设备主管部门和主管技术负责人对报告审查后签署意见并签字。

②每台抬吊的起重机所承担的载荷不得超过本身80%的额定能力。

③必须选派有经验的司机和指挥人员作业，并有详细的书面操作程序。

(26)起升或下降重物时，重物下方禁止有人通行或停留。

(27)司机必须专心操作，作业中不得离开司机室；起重机运转时，司机不得离开操作位置。

(28)起重机作业时禁止无关人员上下起重机，司机室内不得放置易燃物和妨碍操作的物品，防止触电和发生火灾。

(29)司机室的玻璃应平整、清洁，不得影响司机的视线。

(30)有电梯的起重机，在使用电梯时必须按说明书的规定使用和操作，严禁超载和违反操作程序，并必须遵守下列规定：

①乘坐人员必须置身于梯笼内，不得攀登或登踏梯笼其他部位，更不得将身体任何部位和所持物件伸到梯笼之外；

②禁止用电梯运送不明质量的重物；

③在升降过程中，如果发生故障，应立即停车并停止使用；

④对发生故障的电梯进行修理时，必须采取措施，将梯笼可靠地固定住，使梯笼在修理

过程中不产生升降运动。

(31)夜间作业时,应该有足够照度的照明。

(32)对于无中央集电环及起升机构不安装在回转部分的起重机,回转作业必须严格按使用说明书规定操作。

(33)在同一工程中,起重机需要先行走后固定,在固定作业时应遵守下列规定:

①必须使起重机行走到固定使用的基础上;

②将夹轨器锁紧并用专门的止挡装置将所有行走台车可靠地挡固在轨道上,不得发生任何方向的移动。应切断大车行走系统的电路。

(34)在作业中临时停电,司机必须将所有手柄拉到零位,并将总电源切断。

3. 每班作业后的要求

(1)当轨道式起重机结束作业后,司机应把起重机停放在不妨碍回转的位置。

(2)凡是回转机构带有止动装置或常闭式制动器的起重机,在停止作业后,司机必须松开制动器。绝对禁止限制起重臂随风转动。

(3)动臂式起重机将起重臂放到最大幅度位置,小车变幅起重机把小车开到说明书中规定的位置,并且将吊钩起升到最高点,吊钩上严禁吊挂重物。

(4)把各控制器拉到零位,切断总电源,收好工具,关好所有门窗并加锁,夜间打开红色障碍指示灯。

(5)在一个工地上如有一台以上起重机时,其相互位置应符合 CB 5144—94 中的规定。

(6)凡是在底架以上无栏杆的各个部位做检查、维修、保养、加油等工作时必须系安全带。

(7)填好当班履历书及各种记录。

(8)锁紧所有的夹轨器。

4.2.1.2　起重操作的一般用法说明[17]

1. 起重操作中不需要做的事

(1)当你确定人员从起重机下来或其结构已经清干净或在起重机的上部结构的摆动路径之外并且在示意你没有危险之前,不要操作起重机。

(2)当起重机完全停止之前,不要授权访问起重机或其上部结构。为确保使用起重机的人员了解这个意图,应该张贴公示的声明"只有授权人员才能越过访问起重机或其上部结构位置",比如在起重机访问点的入口处。

(3)不要在起重机的工作半径内侧和外侧起吊负载。

(4)不要依靠限制或断电器来停止动臂和载重线运动。

(5)在起重机的上部结构已经趋于停止之前,不要进行旋转停车制动或锁定。

(6)不要用旋转动作去拖拽甲板上的负载。这会使起重机动臂受到严重的侧面应力。

(7)当指挥旗钩住另一面时,不要执行单点起吊操作。这意味着有可能被钩坏。

(8)不要在起重机装备超过一个吊钩组时,用指挥旗或其他隶属于装载吊钩组的附加设备去操作起重机。

(9)不要在没有张贴标语的情况下起吊长的或者难处理的负载(除非当供应船回程载运时)。如果在供应船回程载运操作时被认为有必要使用标语,那么应该进行合适并且有效的风险评估。

(10)作为起吊人员,不只要通过监工给出信号,更重要的是要坚持自己能够看到起吊的物品。

(11)当你没有视野的时候,不要继续进行起吊操作或者用无线电联系你的指定监工。

(12)当吊篮或集装箱里的所有人员没出来之前,不要从吊篮或集装箱里起吊负载。

(13)不要干涉额定容量指标或者其他关联起重机的安全设备,这是违规的。

(14)不允许人员停留在起重机吊钩组或负载之上。

(15)当司机在附近工作时,不要旋转吊钩上有负载的起重机旋臂。

(16)当有负载悬挂在吊钩上时,不要离开起重机控制室。

(17)如果存在缺陷,有可能损害人员安全或者可能导致设备损坏时,不要使用起重机。

(18)在你没有获得起重技术资格证前,不要干预或调整起重机上的设备。

(19)不要操作起重机,除非总的过载保护系统压力在安全的操作范围内。

(20)不要往起重机零件上过度涂润滑油,这可能会导致在起吊过程中出现制动和离合器滑移。

(21)当气候条件参数超出了在设备上设置的安全操作程序或者标准程序手册之外,不要操作起重机。

(22)不要起吊大表面积的负载,如在大风条件下的钢板,要评估气候条件对负载动作的影响。

(23)不要执行从潜水船向半潜式钻井平台或是从半潜式钻井平台向潜水船转移货物的操作,除非已经选择适当的海况监察职员。

(24)不要起吊钢索、电缆或其他具有类似的不能够以起吊为目的缠绕成卷性质的其他材料或设备。一个适当的风险评估必须被执行,并且下述的方法之一必须被采纳:

①材料已经被盘绕然后通过吊索的布置方法牢固地吊挂,包括至少一个双重包装和机内测试设备。

②该材料可以由一股单独绳子起吊,如果起吊装置可以通过用夹子或者其他装置从一端固定预防起吊滑索滑脱。

③明确地为目标而设计的有保证的起吊装置被应用。

2. 起重操作中需要做的事

(1)确保你完全熟悉有关设备的安全操作程序和常用指令。

(2)确保你完全熟悉你要操作起重机的控制特性。

(3)对起重机进行目视检查,以确保正常使用性能。

(4)在开始起重机操作之前,完成制造商或所有者的预开始和操作清单。

(5)将出现的所有缺陷,报告给主管海上设备经理(OIM)指定的负责人。

(6)如果起重机由于维修等原因而不使用,在操作人员的座舱中的突出位置,张贴“请勿操作”的标志牌。

(7)确保起重机发动机(或其他动力组)是隔离的,并且在执行维修时系统已经减压。

(8)确认手动启动的紧急负载释放控制器的安全性,以确保它不会被无意中激活。

(9)注意风的速度和方向、适用的条件、海况。

(10)在起重作业过程中,始终保持在起重机的工作半径范围内。

(11)当起吊载荷的半径长、载荷重时,当从支撑物、甲板上提升吊臂或者当起重机停车或者处于保养状态时,要使用起重机的吊臂安全爪(如果有的话)。

(12)确保只有所需数量的进行起吊操作的指挥旗连接到起重机吊钩,对于单点起吊用单面旗子(这特别适用于进行供应船操作时)。

(13)确保操作者注意到在起重机工作半径范围内的任何障碍或活动。

(14)当从诸如钻台、火炬塔基,无线电杆等地方执行起吊时,要确保监工到现场来判定起重吊臂是否接近潜在的碰撞点。

(15)要和监工交流,以确保操作者已经清楚应承担起重作业的所有方面(要求)和将要使用的信号方法。

(16)当将吊臂装到支架上时,要确保监工在场。

(17)在开始起重作业之前,确保对所有的起重机和较低的控制系统做功能检查。操作摩擦离合器和制动式起重机时必须特别小心,确保这些组件的共同效率,因为让他们保持在一个干净的和干燥的条件是至关重要的。

(18)在条件允许的条件下操作起重机越稳越好,并且当冲击载荷在起重机、它的设备和支撑结构上施加过分的压力,避免影响稳定性。

(19)当采用摩擦离合器与制动器式起重机下降重的负荷时,要特别小心。全程确保负载的下降速度受控受限,并且在起重机的负载下降、传送和制动系统能力之内。

(20)当下降起重机吊钩组时要特别小心。不应超过绳索的"限定速率",从而防止了绳索的可能损坏。

(21)尽一切可能按照确保起重机、设施和附近人员绝对安全的方式操作和维护起重机。

(22)要和上一个交接的起重机操作员在他(她)离开起重机前交流,以判定起重机是否有任何缺陷需要立即纠正,或者是否有其他需要知晓的重要信息。类似地,在每一个任务结束时,确保关键的安全信息传递给交班人员。

(23)当设备出现紧急情况时,确保负载能安全落地并且起重机安全。

(24)确保操作人员熟悉应急负载释放和下降负载设备的操作(如果已安装)。

(25)确保在起重机驾驶室外活动期间,操作者的便携式无线电通过一个腰带或肩挂绳的方式固定在个人的保护袋(皮套)内。

(26)确保在起重机维护保养期间活动工具、装备和润滑油保存在安全的方式。当进行高空作业时这尤其重要。在这些情况下使用工具,"工具保护"装置应按严格的规定。

(27)在冬季气候条件下,当冰雪可能会堆积在起重机机械臂上时,起重机的操作人员应当检查起重机机械臂,并且采取必要的行动以确保潜在危险可以得到缓解。

4.2.1.3　起重附件的使用[17]

1. 引言

起重设备的使用方式,和它的使用条件,往往能表明检查员关注的特殊区域。

这特别适用于海上使用的装备,特别是用于船舶和钻机(装置)之间的负载转移。

任何使用起重设备的人必须了解在起重吊起的载荷作用下的角度的影响。张力准则是非常重要的。简单地说,如果一个吊起的载荷是竖直悬挂的,没有其他运动,那么支撑设备内的张力等于载荷的重力。

如果悬架的角度不是0(不竖直),那么悬架内的张力一定会增长。

现在有两个力作用在载荷上,一个是竖直的(重力),一个是水平的。

当在载荷上使用了超过一个吊索时，通常在吊索腿之间有一个角度，并且这意味着每一个吊索上的张力超过其负载的权重比例。（对于同样的均布载荷这将会是一半）

交通吊索只能用于卸载和倒载钻井管柱，如套管、导管和脚手架管等。

交通吊索不用于一般的升降平台。

一旦交通吊索已经从载荷上移走，必须检查并且放置在指定的存放区域。

所有的交通吊索必须按照《便携式、固定和循环升降设备的彩色编码程序》（UKCS－TI－013）来进行彩色编码。

2. 张力准则

等载吊索的张力用以下公式证明：

$$\frac{W \times L}{N_0 \times H} = T \quad （在每条吊索）$$

式中 T——张力；

W——载荷的重力；

L——吊索的长度；

N_0——吊索的数量；

H——高度（连接点的垂直距离）。

能够看出当吊索腿间的角度增加时张力也会增加。参考图 4－1 和图 4－2。

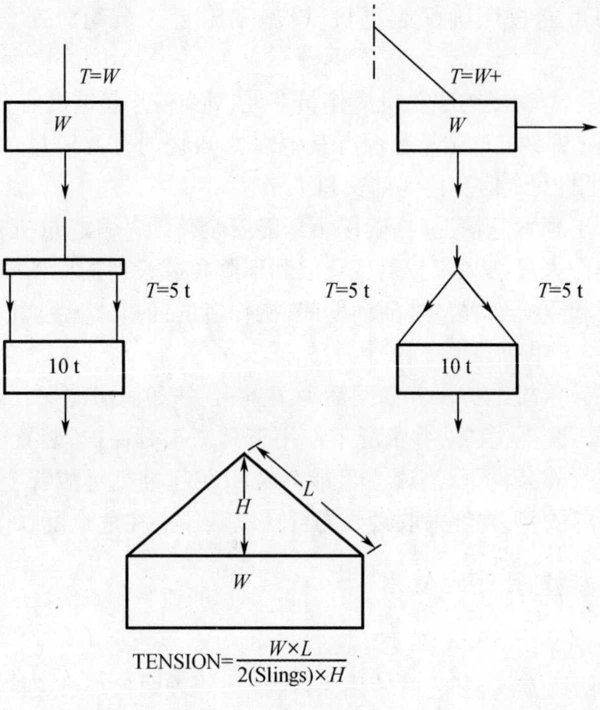

图 4－1 张力

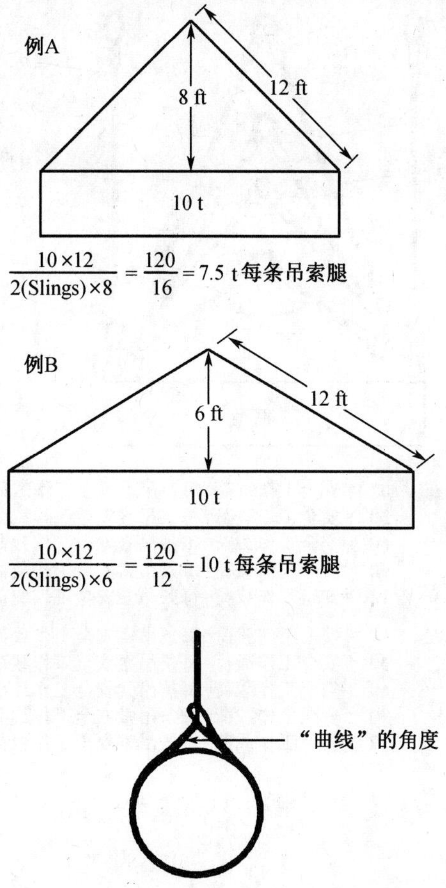

图4-2 张力

注:1 ft=0.304 8 m

3.吊索角度

当用多腿吊索起吊时,从0°到90°这些都是额定在一定吨位。如果角度小于90°这个安全工作荷载(SWL),吊索角如图4-3所示。

当成对使用单吊索,并以一定角度起吊时要始终注意到在吊索上增加的载荷。

由于以上的原因,当一对单吊索间角度增加时,它们的安全工作载荷减小。

4.承重系数(M)

当在不同配置下起吊时始终考虑吊索承载量的变化,如图4-4所示。

用承载系数(M)增加一条腿的安全工作载荷以得到构造的安全工作载荷。(最后四个模型或等级不能应用于"圆的"吊索)

如果吊索应用了"扼流圈"或"穿越"悬挂,那么有另外的角度需要考虑在"曲线"处的角度。

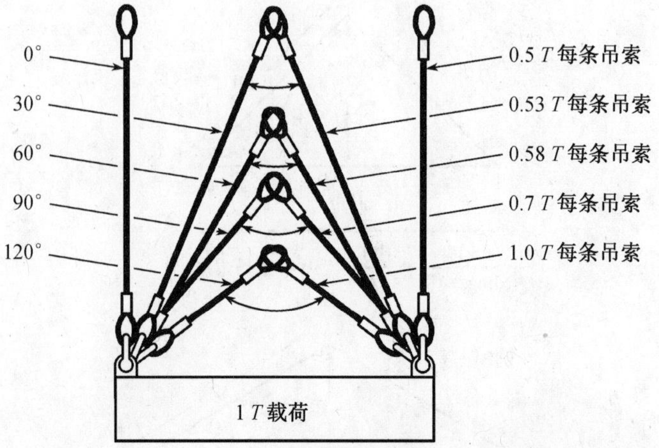

例如　在　0° =安全工作载荷=每条吊索安全工作载荷×2
30° =安全工作载荷=每条吊索安全工作载荷×2×0.966
60° =安全工作载荷=每条吊索安全工作载荷×2×0.866
90° =安全工作载荷=每条吊索安全工作载荷×2×0.707
120°=安全工作载荷=每条吊索安全工作载荷×2×0.5

或者　在　0° =安全工作载荷=每条吊索安全工作载荷×2
30° =安全工作载荷=每条吊索安全工作载荷×1.93
60° =安全工作载荷=每条吊索安全工作载荷×1.73
90° =安全工作载荷=每条吊索安全工作载荷×1.414
120°=安全工作载荷=每条吊索安全工作载荷×1

图 4 - 3　吊索角

4.2.1.4　吊环螺栓的使用[17]

1. 引言

吊环螺栓用于起吊可能重并且集中的载荷，还用于一般的起吊和永久连接到需要移动的负载。

2. 吊环螺栓的安全使用

常用的两种吊环螺栓见图 4 - 5。对吊环类型的错误使用是一个常见的事故原因。

电机吊环螺栓不应该用于起吊。

吊环螺栓堵塞时使用吊钩是很危险的，负载过轻，吊环螺栓和吊钩的严重削弱在以后的某个时期，由于在堵塞时期的早期损坏可能导致失效的发生。如果吊钩对于吊环螺栓过大的话，遇到倾斜负载情况，例如当使用多腿吊索时，必须使用带垫吊环螺栓或者带链吊环螺栓。过去被称作是服务吊环的带垫吊环螺栓，有一个太小以至于不能适应的吊钩的短粗吊环，所以钩环总是必备的。

带垫吊环螺栓是用于重型设备的永久连接并且经常和钩环、双腿吊索一起成对安装使用。当两对吊环螺栓安装到一个单一的负载，那么两个双腿吊索和一个吊架应当在起吊中被使用。

第三种类型的吊环螺栓，带链吊环螺栓，用于一般的起吊。虽然它的额定负载随着螺旋线的轴线的负荷的增加而减小，凭借它的特殊结构，这些额定载荷比那些带垫吊环螺栓的等效竖直安全工作载荷(SWL)要高。

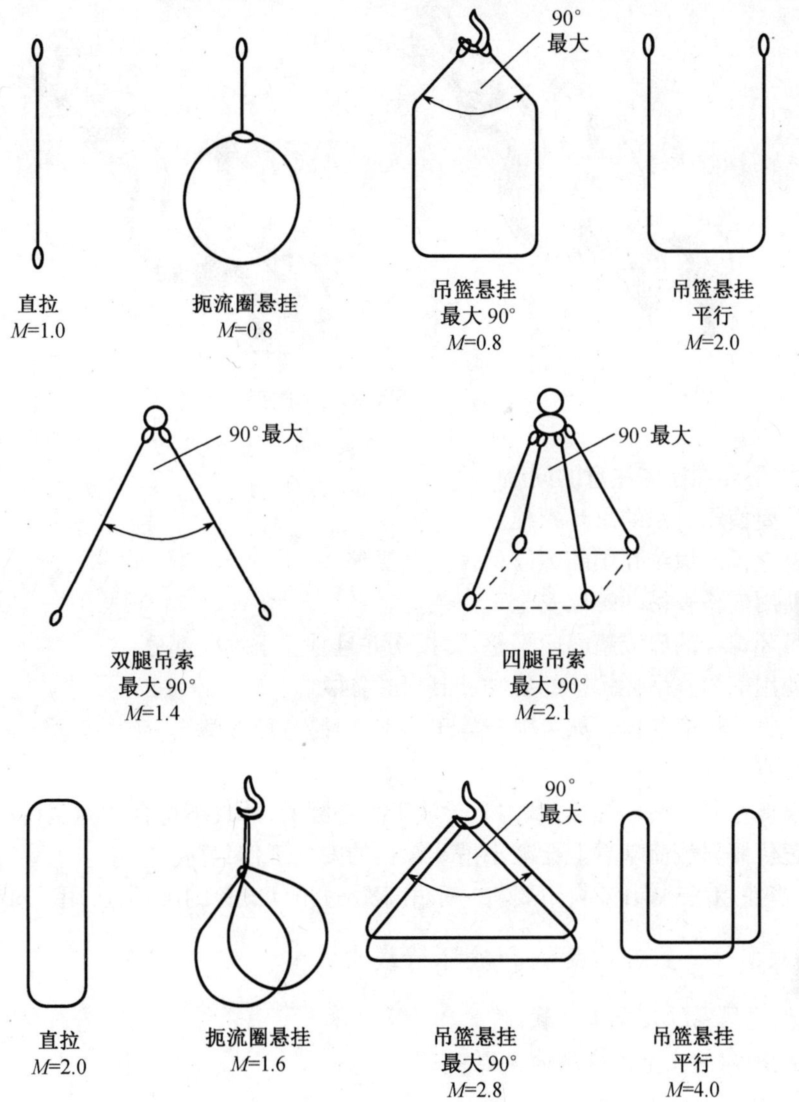

图 4－4　吊索承载量变化

在螺纹杆的强度上扮演重要角色的带垫，应当被加工得光滑平整，并且应当注意以确保配合表面是光滑的、平整的并且垂直于螺纹孔的轴线。

螺孔应当有足够的深度以容纳吊环螺栓杆的全长并且允许吊环螺栓能被拉紧。眼睛的平面应与拉力的方向一致，但这是不可能的。垫圈或马蹄形垫片可以用来改变位置所需的方向并且还允许吊环螺栓完全拧紧配合表面。如果可能的话，垫圈和垫片的使用应当被避免，但是如果它们被使用了，它们的厚度应尽可能最小，且不应超过一个。

厚度不应超过吊环螺栓杆上螺距的一半并且直径不应超过在下面放置的垫的直径。马蹄形垫片的开口部分应当在所有情况下远离斜拉的方向以便当施加拉力时，垫圈总会紧靠固体金属。

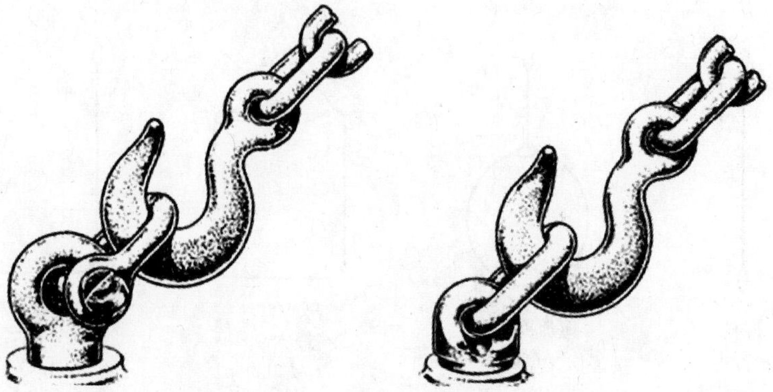

图 4-5　吊环螺栓的类型

3. 使用吊环螺栓应注意的问题

(1)不要使用自制的吊环螺栓。

(2)检查标准螺纹孔中的螺纹是否适合要求。

(3)使用前检查吊环螺栓安全工作载荷。

(4)吊环螺栓的肩或垫圈应平整、无损伤并且垂直于螺纹部分。

(5)使用前检查吊环螺栓的裂纹、凹痕和腐蚀坑。

(6)检查吊环的磨损。如果大于等于 1/10 原始直径的磨损,应替换。

(7)始终确保吊环螺栓被拧紧。

(8)没有垫圈的吊环螺栓,基本上要弱于有垫圈的,并且不适合倾斜载荷。

(9)记住倾斜载荷基本上会减小吊环螺栓的安全工作载荷。

(10)当使用吊环螺栓时,不要将一条吊索穿过吊环螺栓的吊环,应用一对钩环。

4.2.1.5　安全工作荷载和破坏荷载[17]

1. 钢丝绳吊索的安全工作载荷

钢丝绳吊索的安全工作载荷见表 4-3。

表 4-3　钢丝绳吊索的安全工作载荷

6×19,6×36 组钢芯				6×19,6×36 组钢芯			
安全工作载荷				安全工作载荷			
钢丝绳直径	单腿	吊索腿间夹角 0 到 90°		钢丝绳直径	单腿	吊索腿间夹角 0 到 90°	
		2 腿	3 和 4 腿			2 腿	3 和 4 腿
mm	t	t	t	mm	t	t	t
10	1.3	1.8	2.7	10	1.2	1.7	2.5
11	1.6	2.1	3.3	11	1.4	2.0	3.0

表4-3(续)

6×19,6×36组钢芯				6×19,6×36组钢芯			
安全工作载荷				安全工作载荷			
钢丝绳直径	单腿	吊索腿间夹角 0到90°		钢丝绳直径	单腿	吊索腿间夹角 0到90°	
		2腿	3和4腿			2腿	3和4腿
mm	t	t	t	mm	t	t	t
12	1.8	2.6	3.9	12	1.7	2.4	3.6
13	2.2	3.0	4.5	13	2.0	2.8	4.2
14	2.5	3.5	5.3	14	2.3	3.2	4.9
16	3.3	4.6	6.9	16	3.0	4.3	6.4
18	4.2	5.8	8.7	18	3.9	5.4	8.1
19	4.6	6.5	9.7	19	4.3	6.0	9.0
20	5.1	7.2	10.8	20	4.8	6.7	10.0
22	6.2	8.7	13.1	22	5.8	8.1	12.1
24	7.4	10.4	15.5	24	6.9	9.6	14.4
26	8.7	12.2	18.2	26	8.1	11.3	16.9
28	10.1	14.1	21.2	28	9.3	13.1	19.6
32	13.1	18.4	27.6	32	12.2	17.1	25.6
35	15.7	22.0	33.1	35	14.6	20.4	30.7
36	16.7	23.3	35.0	36	15.4	21.6	32.4
38	18.6	26.0	39.0	38	17.2	24.1	36.1
40	20.6	28.8	43.3	40	19.1	26.7	40.0
44	24.8	34.7	52.1				
48	29.6	41.4	62.2				
52	34.8	48.7	73.1				
54	37.4	52.4	78.5				
56	40.2	56.3	84.4				
60	46.2	64.7	97.0				
64	52.4	73.4	110.0				
70	62.8	87.9	132.0				
76	74.0	103.6	155.0				

注意:这些表符合BS12901983和BS302 Part2 198。在表中始终贯穿均布载荷法计算。

2. 人造纤维吊索的安全工作载荷

人造纤维吊索的安全工作载荷见图 4－6。

环形吊索：

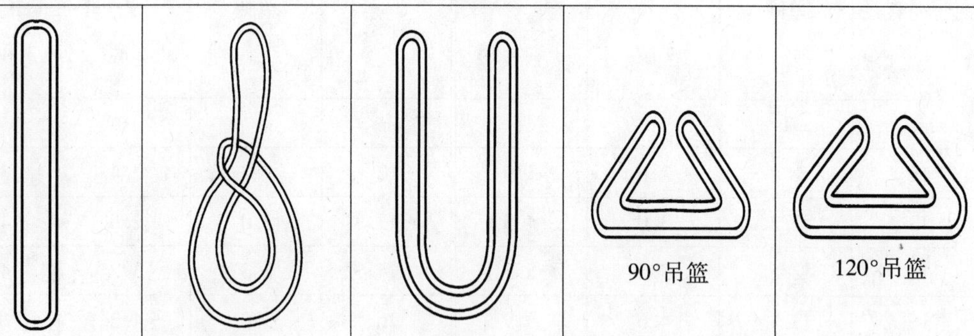

承载量				
竖直	扼流圈	吊篮	90°吊篮	120°吊篮
1.0 t	800 kg	2.0 t	1.4 t	1.0 t
1.5 t	1.2 t	3.0 t	2.1 t	1.5 t
2.0 t	1.6 t	4.0 t	2.8 t	2.0 t
3.0 t	2.4 t	6.0 t	4.2 t	3.0 t
4.0 t	3.2 t	8.0 t	5.6 t	4.0 t
6.0 t	4.8 t	12.0 t	8.4 t	6.0 t
8.0 t	6.4 t	16.0 t	11.2 t	8.0 t
12.0 t	9.6 t	24.0 t	16.8 t	12.0 t

单层网络吊索：

宽度/mm	承载量				
	竖直	扼流圈	吊篮	90°吊篮	120°吊篮
50	1.0 t	800 kg	2.0 t	1.4 t	1.0 t
75	1.5 t	1.2 t	3.0 t	2.1 t	1.5 t
100	2.0 t	1.6 t	4.0 t	2.8 t	2.0 t
150	3.0 t	2.4 t	6.0 t	4.2 t	3.0 t
200	4.0 t	3.2 t	8.0 t	5.6 t	4.0 t
250	5.0 t	4.0 t	10.0 t	7.0 t	5.0 t
300	6.0 t	4.8 t	12.0 t	8.4 t	6.0 t

注意：对于复式（两层）和环状网络吊索，上述数值加倍。单层吊索的使用会自动导致起吊归于“复杂”范畴。因此，使用时适当的风险评估和批准的提升计划是必需的。

图 4－6　人造纤维吊索的安全工作载荷

3. 合金80级链式吊索的安全工作载荷

合金80级链式吊索的安全工作载荷见图4－7。

		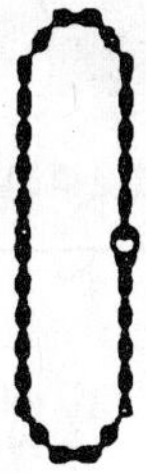		
直径	1个腿	环状	2个腿	3和4个腿
7	1.5 t	2.25 t	2.1 t	3.1 t
8	2.0 t	3.0 t	2.8 t	4.2 t
10	3.2 t	4.8 t	4.5 t	6.7 t
13	5.4 t	8.1 t	7.6 t	11.4 t
16	8.0 t	12.0 t	11.3 t	16.9 t
19	11.5 t	17.2 t	16.2 t	24.3 t
22	15.5 t	23.25 t	21.9 t	32.8 t
23	16.9 t	25.3 t	23.8 t	35.3 t
26	21.6 t	32.4 t	31.0 t	46.0 t
32	32.0 t	48.0 t	45.0 t	68.0 t
	额定在0°		额定在90°	

注意：上述负荷工作范围只适用于在直线结构和均布载荷的腿上使用的正常条件。

图4－7　合金80级链式吊索的安全工作载荷

4. 合金钩环（美国联邦标准）的安全工作载荷

合金钩环（美国联邦标准）的安全工作载荷见图4－8。

弓形卸扣		D形卸扣	

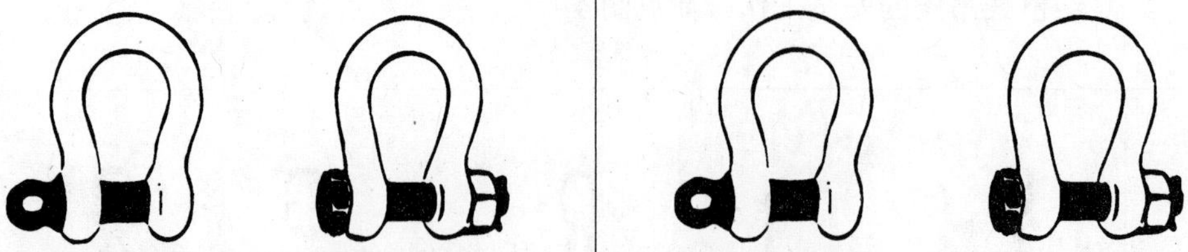

锚穿螺旋销卸扣	安全螺栓型锚卸扣	锚穿螺旋销卸扣	安全螺栓型锚卸扣

弓直径/mm	销螺栓/mm	内宽/mm	内长		安全工作载荷	弓宽/mm
			链型/mm	地脚类型/mm		
13	16	22	43	51	2 t	32
16	19	26	51	64	3.25 t	43
19	22	31	59	76	4.75 t	51
22	26	36	73	83	6.5 t	58
26	28	43	85	95	8.5 t	68
28	32	47	90	108	9.5 t	75
32	35	51	94	115	12 t	83
35	38	57	115	133	13.5 t	92
38	42	60	127	146	17 t	99
45	52	74	149	178	25 t	126
52	58	83	171	197	35 t	146
64	70	105	203	254	55 t	185
76	83	127	230	330	85 t	190
90	96	146	267	381	120 t	238

注意:最小破坏强度 =6×安全工作载荷。

图4-8　合金钩环的安全工作载荷(美国联邦标准)

5. 吊环螺栓的安全工作载荷

吊环螺栓的安全工作载荷见图4-9。

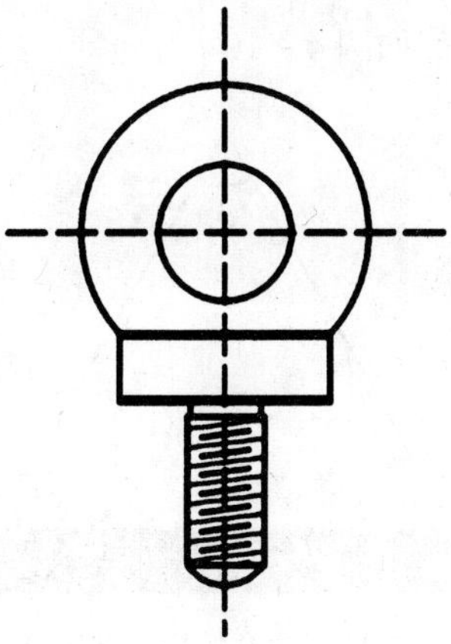

BS4278 吊环螺栓		
正常直径/mm	SWL(垂直)1968 模式	SWL(垂直)1984 模式
12	320 kg	400 kg
16	630 kg	800 kg
18	1.0 t	—
20	1.25 t	1.6 t
22	1.6 t	—
24	2.0 t	2.5 t
27	2.5 t	—
30	3.2 t	4.0 t
33	4.0 t	—
36	5.0 t	6.3 t
39	6.3 t	—
42	—	8.0 t
45	8.0 t	—
48	—	10.0 t
52	10.0 t	12.5 t
56	12.5 t	16.0 t
64	16.0 t	20.0 t
70	20.0 t	—
72	—	25.0 t
76	25.0 t	—

图4－9　吊环螺栓的安全工作载荷

6. 成对吊环螺栓的安全工作载荷

成对吊环螺栓的安全工作载荷如图 4－10。

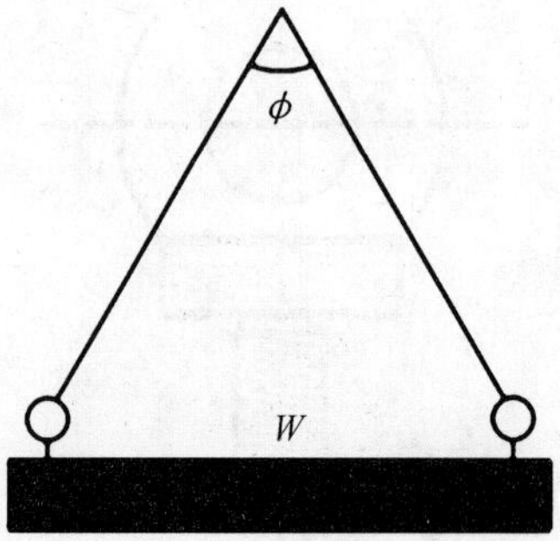

当吊索吊支间的角度为 ϕ 时，通过一对吊环抬升的最大载荷 W。

成对吊环螺栓的安全工作载荷

单个垂直	成对垂直	$0° < \phi < 30°$	$30° < \phi < 60°$	$60° < \phi < 90°$
1.0 t	2.0 t	1.3 t	800 kg	500 kg
1.25 t	2.5 t	1.6 t	1.0 t	630 kg
1.6 t	3.2 t	2.0 t	1.25 t	800 kg
2.0 t	4.0 t	2.5 t	1.6 t	1.0 t
2.5 t	5.0 t	3.2 t	2.0 t	1.25 t
3.2 t	6.4 t	4.0 t	2.5 t	1.6 t
4.0 t	8.0 t	5.0 t	3.2 t	2.0 t
5.0 t	10.0 t	6.3 t	4.0 t	2.5 t
6.3 t	12.6 t	8.0 t	5.0 t	3.2 t
8.0 t	16.0 t	10.0 t	6.3 t	4.0 t
10.0 t	20.0 t	12.5 t	8.0 t	5.0 t
12.5 t	25.0 t	16.0 t	10.0 t	6.3 t
16.0 t	32.0 t	20.0 t	12.5 t	8.0 t
20.0 t	40.0 t	25.0 t	16.0 t	10.0 t
25.0 t	50.0 t	32.0 t	20.0 t	12.5 t
折减系数		0.63	0.4	0.25

图 4－10　成对吊环螺栓的安全工作载荷

7. 花篮螺丝的安全工作载荷

花篮螺丝的安全工作载荷见图 4－11。

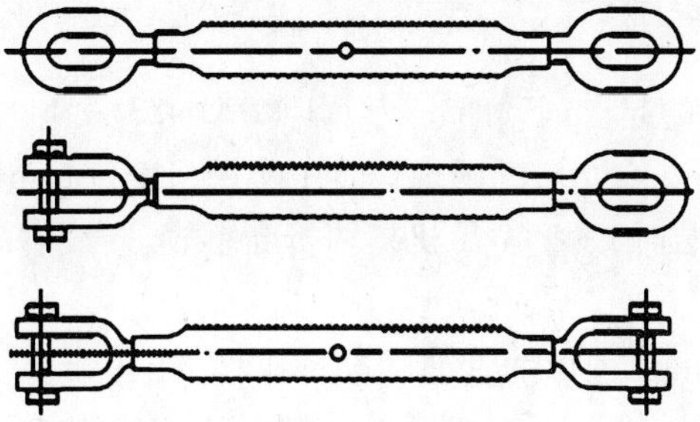

BS4429		US FED SPEC	
直径/mm	SWL	直径/in	WLL
10	300 kg	$\frac{3}{8}$	545 kg
12	500 kg	$\frac{1}{2}$	1.00 t
16	750 kg	$\frac{5}{8}$	1.59 t
20	1.25 t	$\frac{3}{4}$	2.36 t
22	2 t	$\frac{7}{8}$	3.27 t
27	3 t	1	4.55 t
30	4 t	$1\frac{1}{4}$	6.90 t
33	5 t	$1\frac{1}{2}$	9.73 t
39	6 t	$1\frac{3}{4}$	12.73 t
42	7.5 t	2	16.82 t
48	10 t	$2\frac{1}{2}$	27.27 t
56	15 t	$2\frac{3}{4}$	34.09 t
64	20 t		
72	25 t		
76	30 t		
85	40 t		
100	50 t		

注意:这个表不适用于安装吊钩的组件,请参考制造商的资料。

图 4－11　花篮螺丝的安全工作载荷

4.2.2 安全操作案例

1. 韩国现代重工集团的起重铺管船——HYUNDAI 423 发生主吊机扒杆折断事故

2004 年 3 月 12 日 13 点 55 分,韩国现代重工集团(HHI)起重铺管船 HD423 在 HZ19-3/2/1 项目进行托管架安装时,发生主吊机扒杆折断事故,造成主吊机瘫痪、扒杆全损,托管架轻微碰伤。

事故发生时,HD423 正在进行铺管前的准备工作,托管架重约 460 t,在驳船 HDB1008 甲板上连接后,整体运至 HD423 船尾,拟用主吊机(起重能力约 544 t)安装到 HD423 上开始铺管作业。13 点 40 分,正式开始托管架吊装作业,13 点 55 分,当托管架吊离 HDB1008 甲板大约 1.5 m 时,HD423 主吊机扒杆突然折断,整个扒杆脱离主吊,托管架掉在 HDB1008 甲板上。

现代重工集团认为造成此次事故的根本原因是:托管架起吊与牵引操作不同步,导致吊机扒杆左右摇摆频率加大,同时缺乏操作程序和方法来避免该潜在危害,致使吊机扒杆折断。根据操作过程的细节分析,现代重工集团的事故报告并没有提供翔实的事故原因,且支持材料不充分,有关方面已责成事故单位继续对事故原因深入分析。

本次事故造成 HD423 扒杆全损,吊机瘫痪,所幸未造成人员伤亡。本次事故的发生,应该引起高度重视,一定要重视安全工作,加强起重作业的管理工作,加强操作人员专业技能和综合素质方面的教育,精心准备和组织各项作业;对吊机等设备要严格按照设备维修保养规程进行维护保养,责任落实到人,建立健全设备维护保养记录;认真开展作业前的设备安全检查工作,及时发现并消除安全隐患;起重作业中,要严格遵守作业程序和操作规程,真正将安全工作落到实处,杜绝事故的发生,确保生产安全。

附:事故报告

事故图片如图 4-12 和图 4-13 所示。

图 4-12 起重铺管船 HYUNDAI 423 全景

图4-13　托管架和扒杆跌落在驳船 HYUNDAI1008 甲板上

4.3　大型起重作业方案案例

4.3.1　蓬莱19-9WHPJ导管架安装方案

4.3.1.1　工程概述

蓬莱19-9油田位于渤海海域的11/05合同区块内，东经120°07′~120°11′，北纬38°22′~38°26′，西与蓬莱19-3油田紧邻，南距蓬莱25-6油田8.7 km，西北距塘沽约225 km，东南距龙口市约85 km，平均水深27.6 m，该油田距离蓬莱19-3油田B平台东约1.5 km，见图4-14和图4-15。

蓬莱19-9油田综合调整项目新建一座蓬莱19-9 WHP-J生产平台（简称PL19-9 WHP-J），平台上设有315 t模块钻机、100人生活楼、电气间，不设电站。平台所需电力通过新建海缆由蓬莱19-3 RUP平台提供。PL19-9 WHP-J各生产井产液经生产管汇汇合后，经一条新建24″海底混输管线输送至PL19-3 RUP平台后，与PL19-3 RUP物流混合输送至FPSO海洋石油117号进行进一步的油气水处理、储存和外输。PL19-9 WHPJ所需注水由FPSO处理经PL19-3 RUP平台，再经过新建16″海底注水管线输往PL19-9 WHPJ生产平台。主要结构物信息见表4-4。

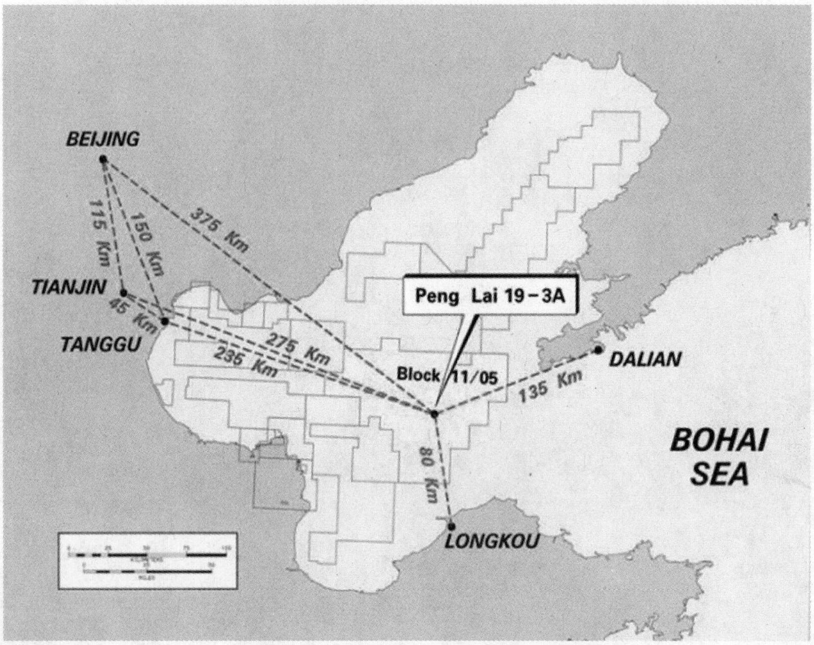

图 4－14　11/05 合同区块示意图

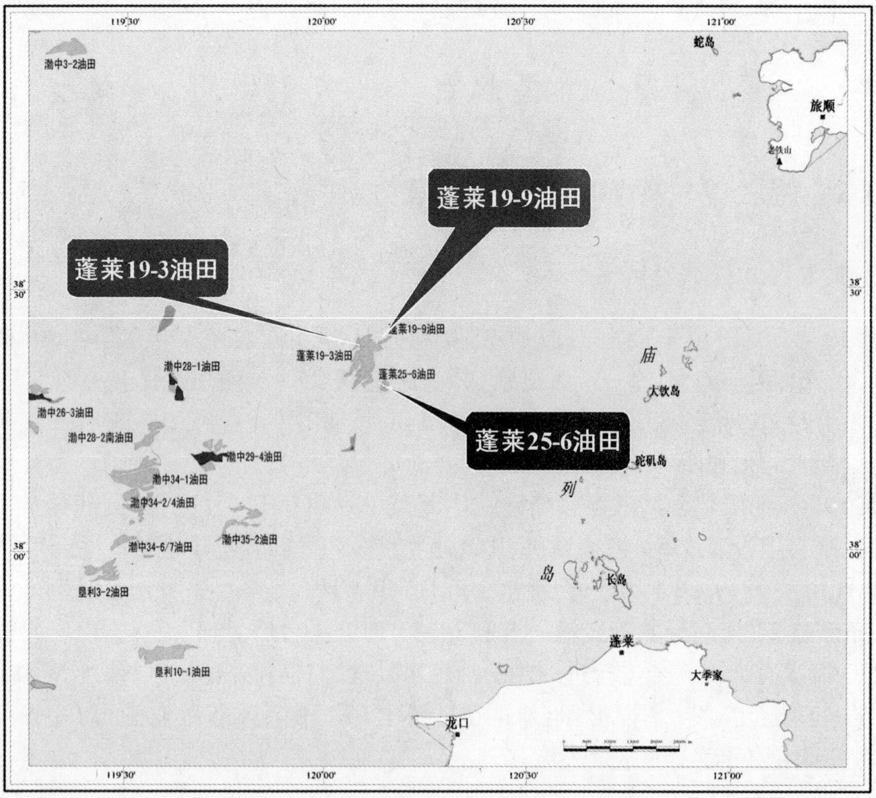

图 4－15　蓬莱 19－9 油田示意图

表 4－4　主要结构物信息

名称	尺寸			总质量
导管架	64.5 m×22.5 m×38.1 m　8 腿			约 2 972 t
钢桩	L1－1:71.4 m L1－2:32.5 m L1－3:43.7 m L2－1:71.8 m L2－2:32.7 m L2－3:43.9 m	L1:4 根 L2:4 根	ϕ2 134 mm	
隔水套管	L1－1:66.2 m L1－2:28.0 m L1－3:17.5 m L2－1:56.2 m L2－2:20.8 m L2－3:19.0 m L2－4:16.5 m	L1:22 根 L2:18 根	L1:ϕ914 mm L2:ϕ508 mm	
钻井小平台	15.2 m×11.25 m×17.5 m			220 t

4.3.1.2　工作目的及工作界面

1. 工作目的

顺利完成蓬莱 19－9 WHPJ 导管架、钢桩、隔水套管、皇冠板安装、灌浆及钻井小平台安装等海上安装工作。

2. 工作界面

全面负责蓬莱 19－9 WHPJ 导管架、钢桩、隔水套管、皇冠板安装、灌浆及钻井小平台的安装设计及海上安装等工作。

4.3.1.3　施工资源

PL19－9 WHPJ 导管架安装：

船舶资源见表 4－5。

表 4－5　船舶资源

序号	船舶名称	规格	工作内容
1	蓝鲸	7 500 t 全回转起重船	PL19－9 WHPJ 导管架安装
2	海洋石油 221	8 000 t 下水驳船	PL19－9 WHPJ 导管架运输
3	星狮 001	10 000 t 甲板驳	首节、第二节钢桩运输
4	海洋石油 222	7 000 t 自航驳	第三节钢桩、首节隔水套管运输

表 4－5(续)

序号	船舶名称	规格	工作内容
5	海洋石油 223	7 000 t 自航驳	其余隔水套管、钻井小平台运输
6	拖轮 A	12 000HP	配合蓝鲸
7	拖轮 B	10 000HP	海洋石油 221
8	拖轮 C	8 000HP	拖带星狮 001
9	拖轮 D	6 000HP	拖带海洋石油 222
10	拖轮 E	6 000HP	拖带海洋石油 223

施工机具见表 4－6。

表 4－6　施工机具

序号	名称	规格	数量	备注
1	打桩锤 1	IHC－S90	1 套	打隔水套管
2	打桩锤 2	IHC－S200	1 套	打隔水套管(备用)
3	打桩锤 3	M－1200	1 套	打钢桩
4	打桩锤 4	M－1900	1 套	打钢桩(备用)
5	吊桩器 1	20″~36″	1 套	吊装隔水套管
6	吊桩器 1	60″~84″	1 套	吊装钢桩
7	灌浆机	30 方	1 套	导管架灌浆
8	空压机	30 方	1 台	送风
9	发电机	1 000 kW	1 台	海上供电
10	拖拉绞车系统	75 t(2 台)	2 套	导管架拖拉装船
11	助推千斤顶	350 t(2 台)	1 套	导管架拖拉装船助推
12	发电机	800 kW	2 台	绞车供电
13	系泊绞车	10 t	4 台	系泊
14	打桩动态检测设备		8 套	用于打桩动态监测

人员投入见表 4－7。

表 4－7　人员投入

序号	岗位	数量
1	施工经理	1 名
2	施工助理	2 名
3	QHSE 工程师	1 名

4.3.1.4　施工计划

(1)主作业船动员赴现场:2016－06－13至2013－06－15。

(2)海上施工:2016－06－15至2016－08－10(蓬莱19－9现场)。

(3)主作业船复员:2016－08－10至2016－08－12。

4.3.1.5　安装方案概述

7 500 t起重铺管船“蓝鲸”将会用于导管架结构的海上安装,包括预调查、导管架下水、钢桩隔水套管、皇冠板、钻井小平台的安装。主作业船到达现场前,需提前通知油田区在得到油田区的进入许可证后,施工船舶方可入现场并抛锚就位。

1.环境条件

海上施工期间,作业环境要满足公司的相关规范,其中:

(1)导管架海上安装期间应至少满足以下条件:

有义波高(H_S):≤1.5 m;

风速:≤10 m/s;

流速:≤1 m/s。

(2)打桩,环境条件如下:

有义波高(H_S):≤2 m;

风速:≤12 m/s;

流速:≤1 m/s。

(3)安装前准备工作

①导管架就位区域地貌探摸;

②检查导管架的固定情况,检查吊点是否有问题;

③检查吊机,要求满足作业状态;

④落实人员和机具到位与否;

⑤检查是否存在吊装干涉问题;

⑥检查索具是否有损伤;

⑦装作业前,确保有48 h的天气窗口,并随时跟踪最新的天气情况;

⑧获得第三方颁发证件,获得业主的作业批准。

(4)导管架海上安装工作

①导管架吊装下水;

②“蓝鲸”在平台附近抛锚就位;

③驳船靠驳“蓝鲸”;

④导管架切割固定,导管架挂吊装索具;

⑤起吊导管架;

⑥“蓝鲸”绞船,缓慢移动至导管架处;

⑦导管架下水就位。

“蓝鲸”驳船靠驳示意如图4－16所示。

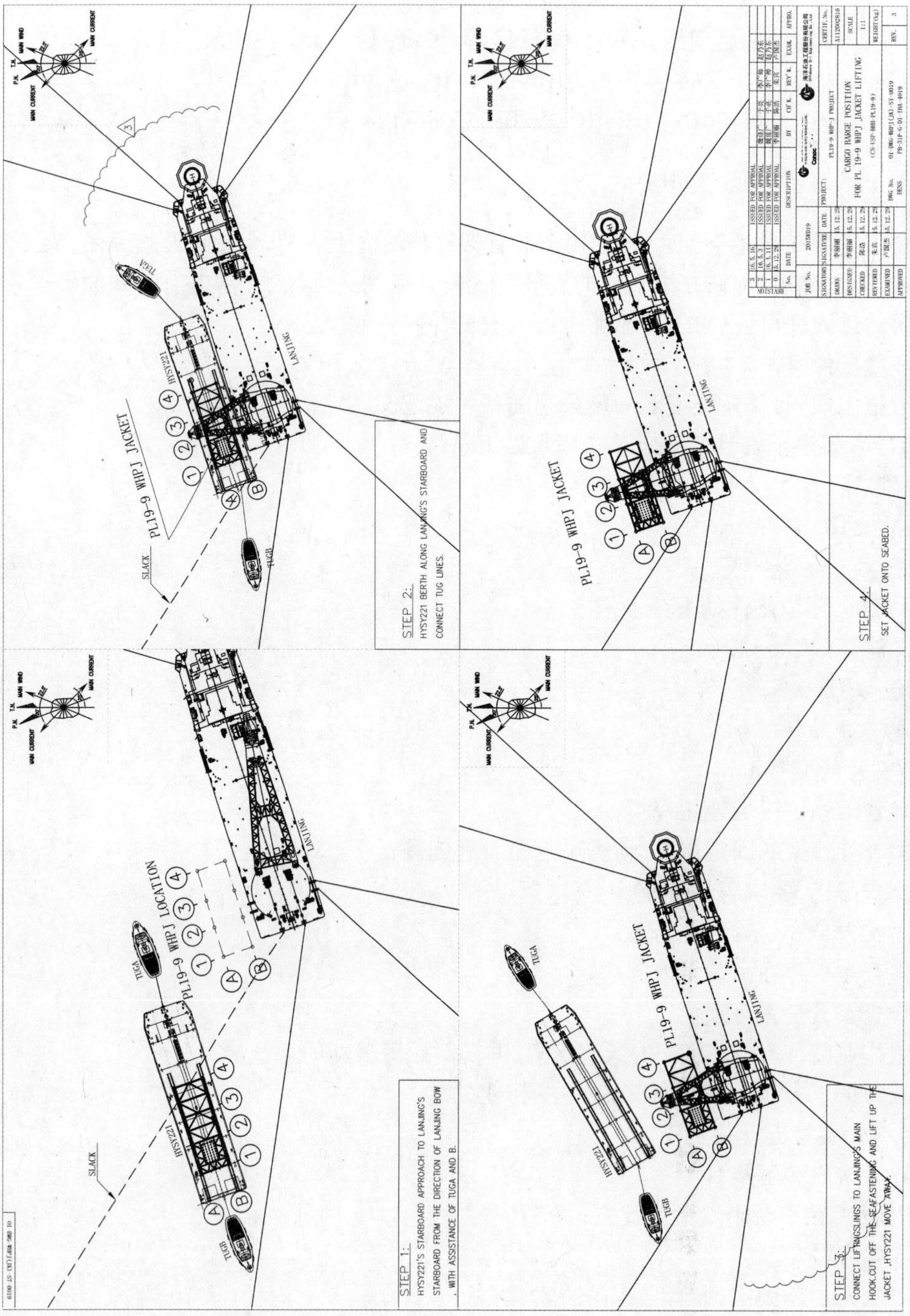

图4-16 "蓝鲸"驳船靠驳示意图

导管架起吊示意如图 4 - 17 所示。

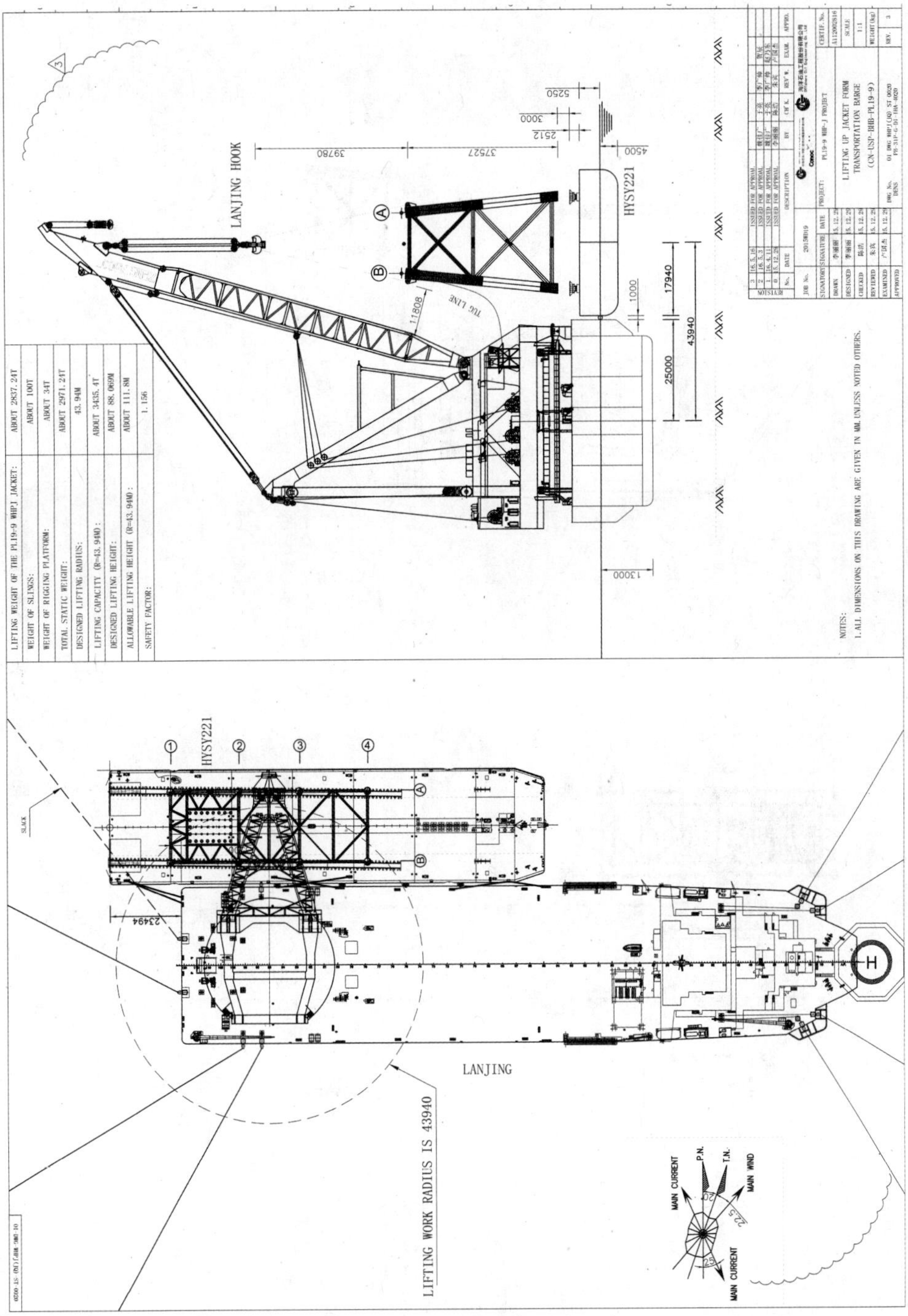

图4－17　导管架起吊示意图

导管架下水示意如图 4 - 18 所示。

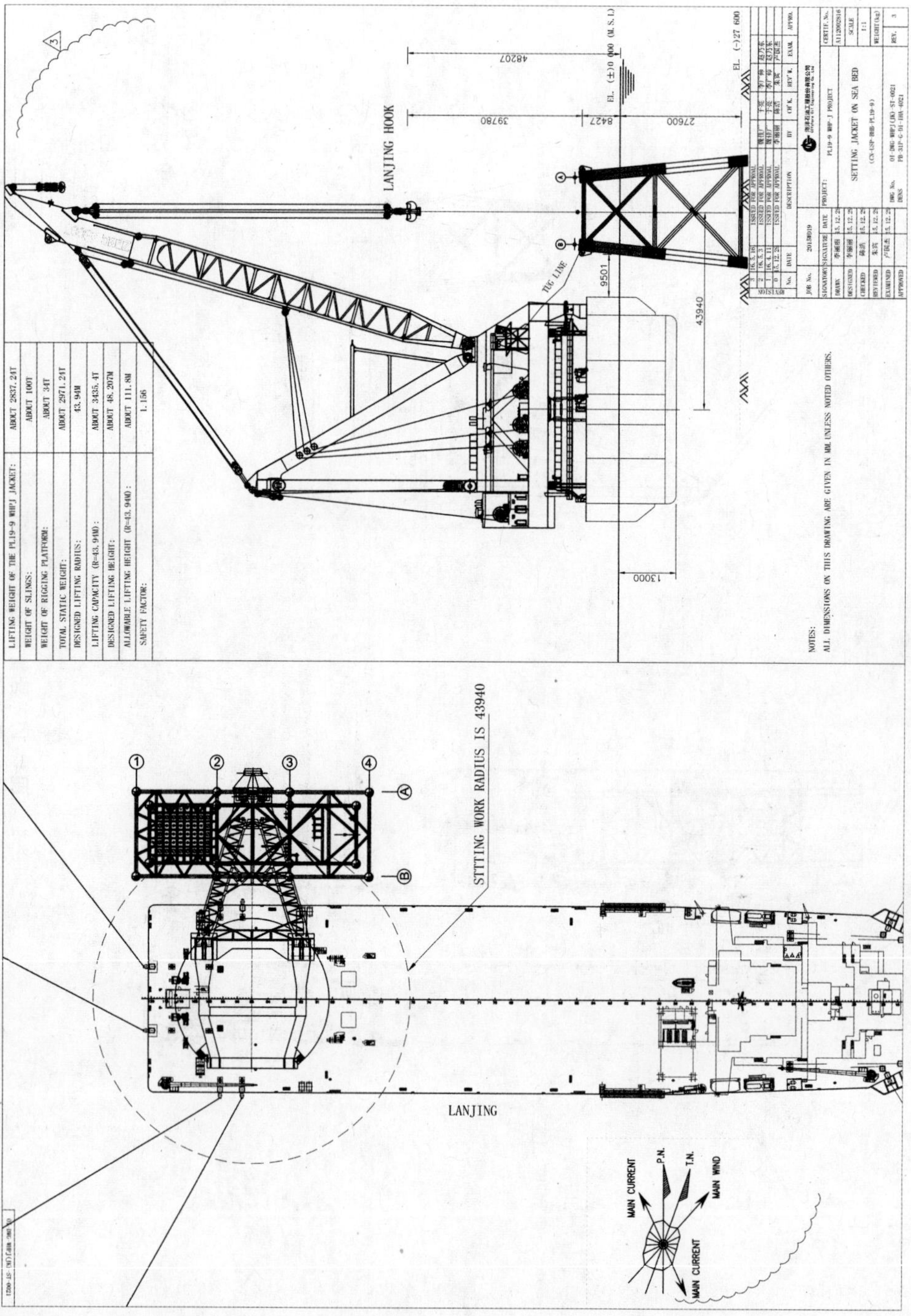

图4-18 导管架下水示意图

(5)钢桩的安装

①“蓝鲸”在插桩位置就位；

②根据导管架的水平度，决定插桩顺序；

③钢桩起桩；

④旋转吊机，将钢桩插入桩腿；

⑤缓慢下放钢桩，钢桩靠自重渗入泥土，监测吊机的吊钟读数，直至钢桩停止入泥；

⑥拆除吊装器或解除吊装索具；

⑦重复③~⑥过程，完成首节钢桩的插桩作业；

⑧导管架水平度测量，并根据测量结果决定首节钢桩的打桩顺序；

⑨所有首节钢桩打桩完毕后，再次进行水平度测量，若不满足水平度要求，导管架调平，直至满足要求；

⑩接打剩余的第二节、第三节钢桩。

插桩示意如图4-19所示。

打桩示意如图4-20所示。

插隔水套管示意如图4-21所示。

打隔水套管示意如图4-22所示。

(6)后续安装工作

①切割吊点及拆除索具平台；

②插、打隔水套管；

③安装钻井小平台；

④导管架灌浆；

⑤安装皇冠板；

⑥切割灌浆管线；

⑦走道、栏杆等附件安装；

⑧喷砂补漆；

⑨安装航标灯；

⑩导管架安装后调查；

⑪“蓝鲸”起锚。

钻井小平台安装示意如图4-23所示。

4.3.1.6　文件管理

在海上安装作业结束后，工作间和设备相关的施工文件将会保留并汇集形成完工文件提交给业主。

完工文件主要包括以下内容：

(1)每日进度报告(包括工作计划、气象和海况条件、人员/设备/船舶动态等)；

(2)海上运输记录；

(3)海上安装记录(包括吊装、就位、调平、灌浆、NDT检查等)；

(4)施工图纸和报告。

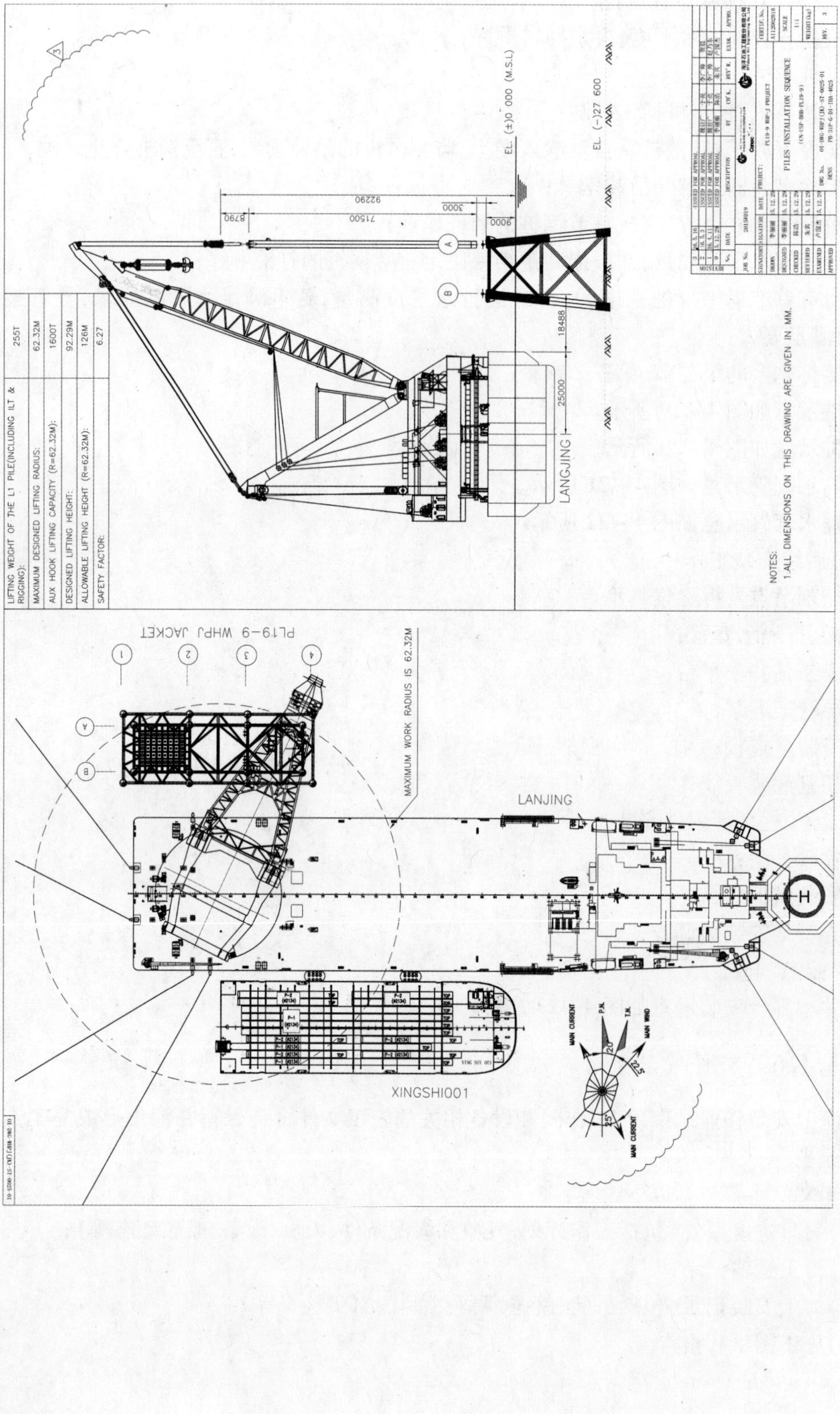
LIFTING WEIGHT OF THE L1 PILE(INCLUDING ILT & RIGGING): 255T
MAXIMUM DESIGNED LIFTING RADIUS: 62.32M
AUX HOOK LIFTING CAPACITY (R=62.32M): 1600T
DESIGNED LIFTING HEIGHT: 92.29M
ALLOWABLE LIFTING HEIGHT (R=62.32M): 126M
SAFETY FACTOR: 6.27
EL. (±)0 000 (M.S.L)
EL. (-)27 600
LANGJING
NOTES:
1.ALL DIMENSIONS ON THIS DRAWING ARE GIVEN IN MM.
PILES INSTALLATION SEQUENCE
PL19-9 WHPJ JACKET
MAXIMUM WORK RADIUS IS 62.32M
LANJING
XINGSHI001
MAIN CURRENT
MAIN WIND

图4-19 插桩示意图

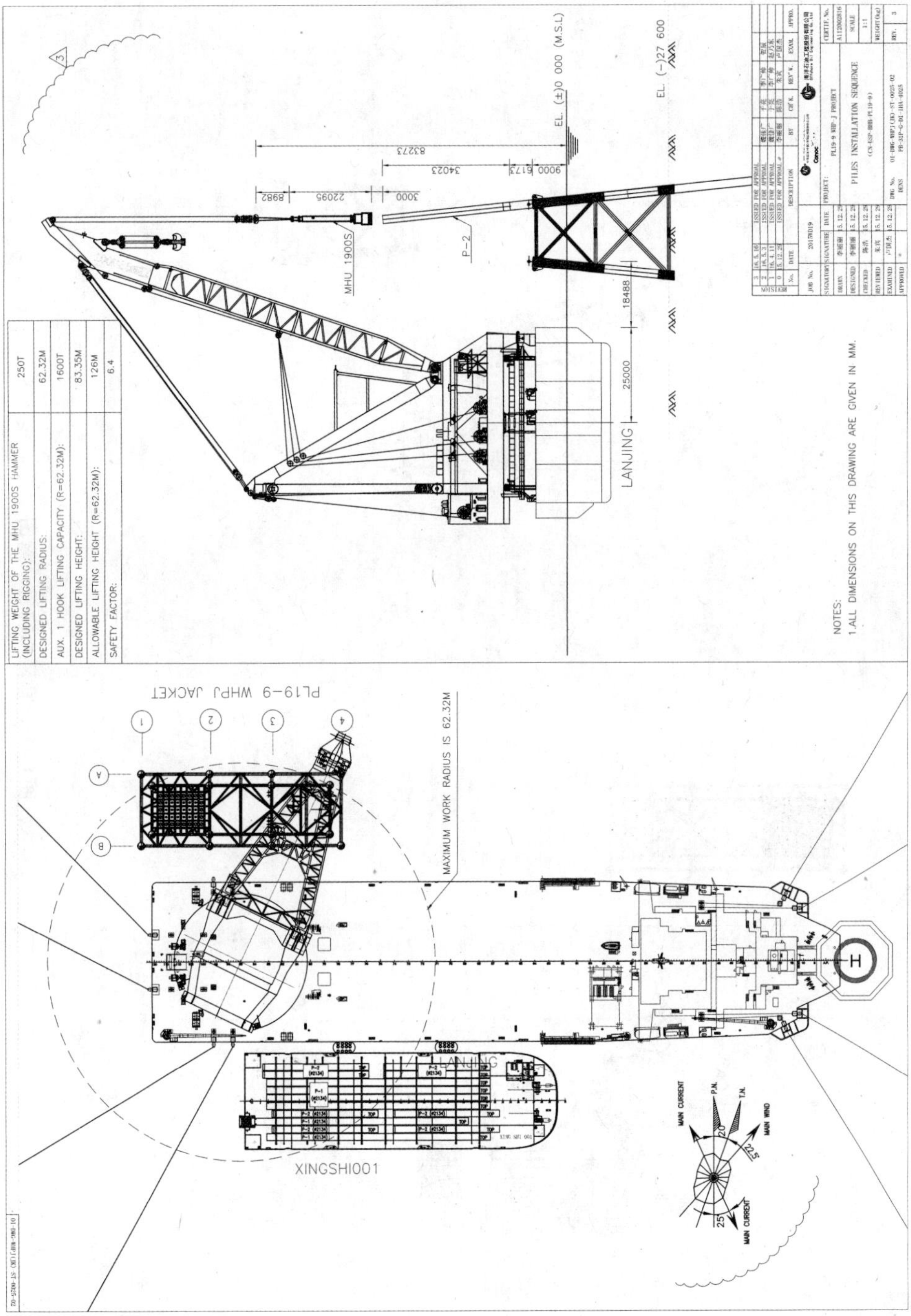
LIFTING WEIGHT OF THE MHU 1900S HAMMER (INCLUDING RIGGING): 250T
DESIGNED LIFTING RADIUS: 62.32M
AUX. 1 HOOK LIFTING CAPACITY (R=62.32M): 1600T
DESIGNED LIFTING HEIGHT: 83.35M
ALLOWABLE LIFTING HEIGHT (R=62.32M): 126M
SAFETY FACTOR: 6.4
MHU 1900S
LANJING
EL. (±)0 000 (M.S.L)
EL. (-)27 600
NOTES:
1.ALL DIMENSIONS ON THIS DRAWING ARE GIVEN IN MM.
PILES INSTALLATION SEQUENCE
PL19-9 WHPJ JACKET
MAXIMUM WORK RADIUS IS 62.32M
XINGSHI001
MAIN CURRENT
MAIN WIND

图4-20　打桩示意图

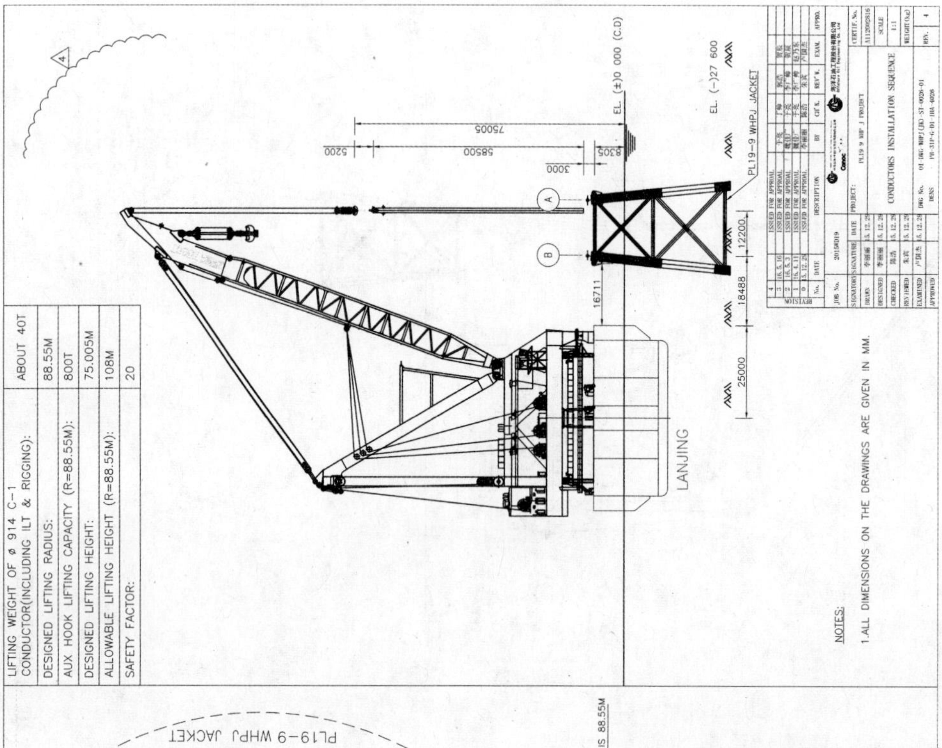

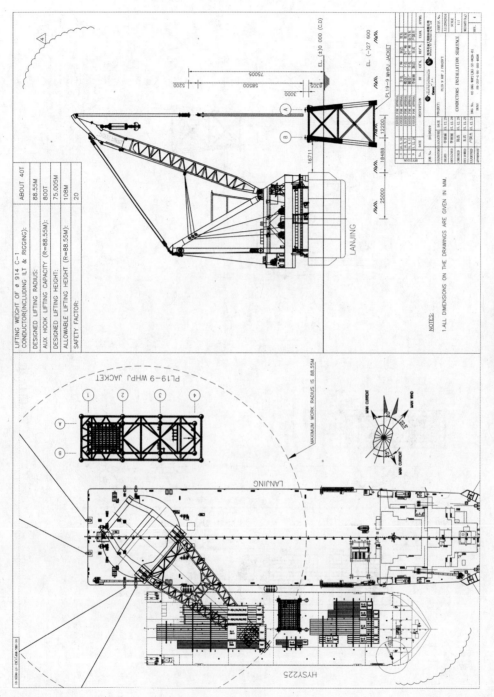

图4-21 插隔水套管示意图

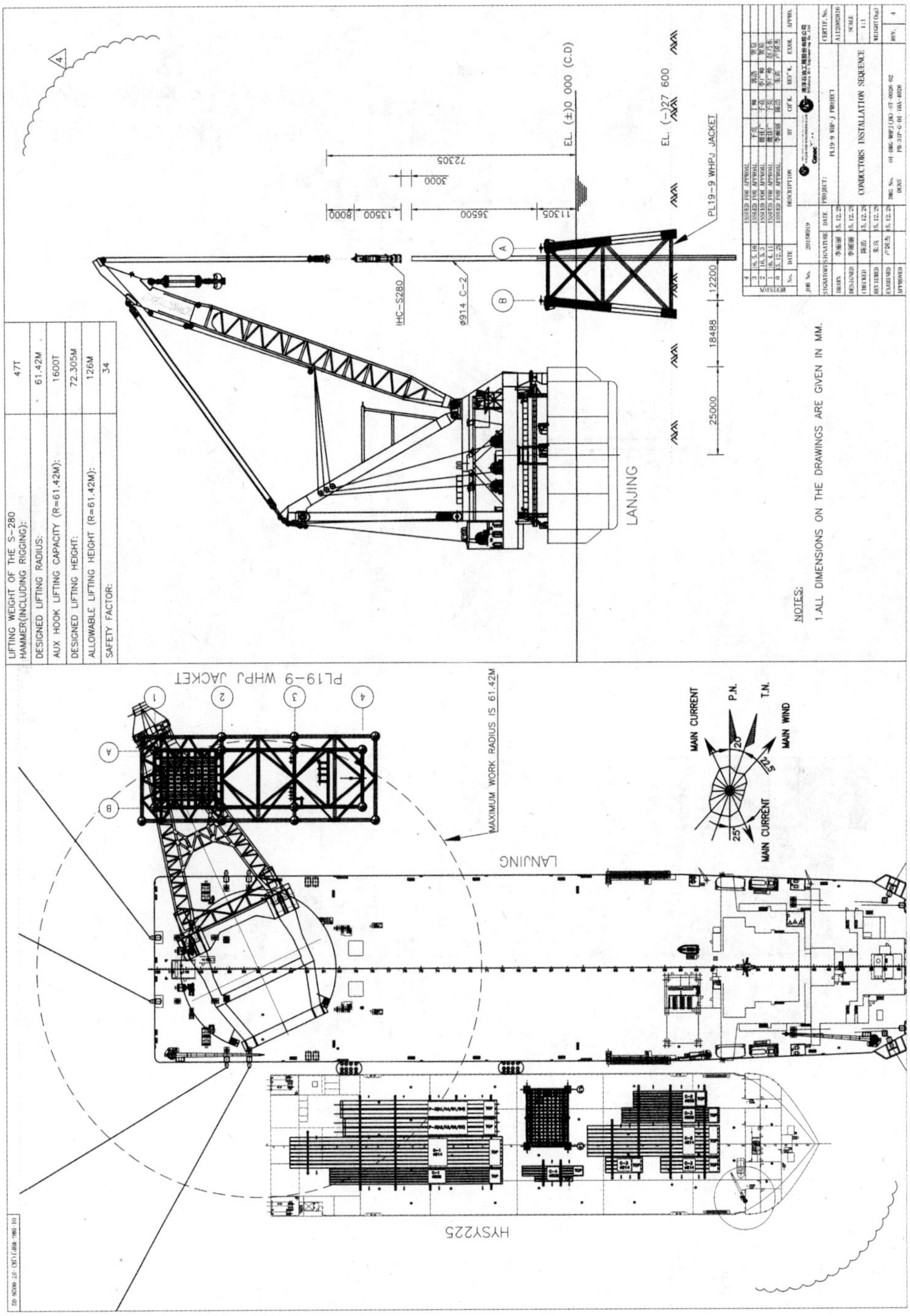

图4-22　打隔水套管示意图

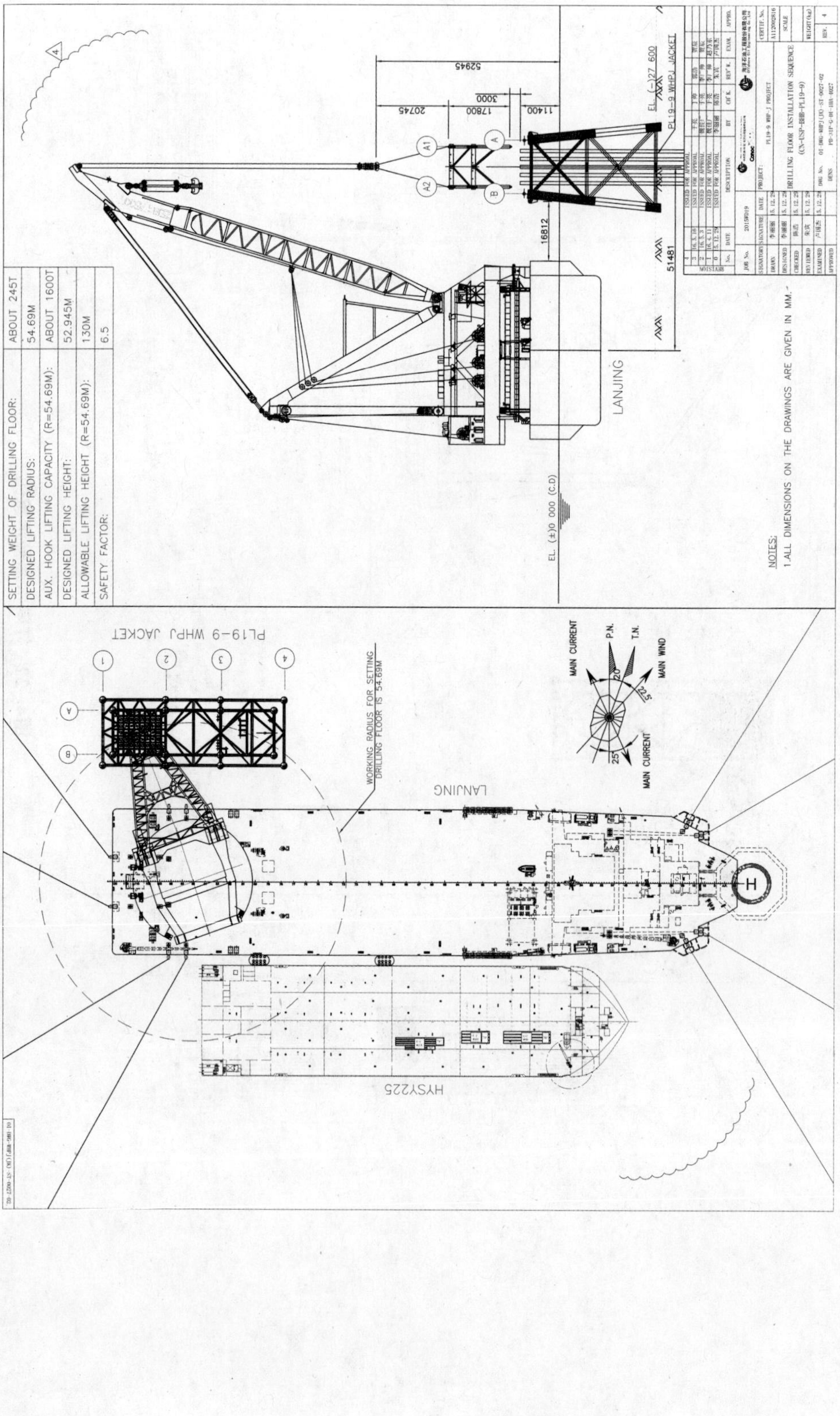

图4-23　钻井小平台安装示意图

4.3.2　渤中28－2S WHPB组块施工方案

4.3.2.1　概述

1.项目概述

渤中28/34油田群区域开发项目包含三个子项目，分别为“渤中28－2S油田综合调整项目”“渤中34－2/4油田综合调整项目”和“渤中34－1油田综合调整项目”。

渤中28－2南油田位于渤海南部海域，东经119°30′～119°37′，北纬38°11′～38°15′，南距渤中34－1油田7 km，西北距天津市塘沽188 km，东南距山东省龙口市93 km；渤中34－2/4油田位于渤海南部海域，东经119°27′～119°37′，北纬38°10～38°13′，渤中34－2/4油田同渤中28－2南油田相邻，西北距渤中25－1油田35 km，东南距龙口市90 km；渤中34－1油田位于渤海南部海域，东经119°28′～119°33′，北纬38°08′～38°09′，西北距塘沽约180 km，西南距垦利终端约75 km，南距待建垦利3－2油田21 km。油田范围内年平均水深约20 m。

2.主要结构物参数

（1）BZ28－2S WHPB组块：四腿组块，规格为53.3 m×41.8 m×25 m，质量约为5 271.1 t。

（2）钻机模块：四腿模块，规格为21.4 m×19.7 m×14.3 m，质量约为561.5 t。

（3）泥浆处理模块：六腿模块，规格为21 m×18 m×11.2 m，质量约为471 t。

3.建造场地

BZ28－2S WHPB组块在青岛建造场地1#滑道建造。钻机模块和泥浆处理模块在塘沽中交博迈科场地建造。

4.3.2.2　工作范围

工作范围是指BZ28－2S WHPB组块的安装设计、装船固定、海上运输、海上安装工作。BZ28－2S WHPB组块具体包括如下内容。

（1）组块安装设计；

（2）组块牵引装船和运输；

（3）钻机模块装船和运输；

（4）泥浆处理模块及附件装船和运输；

（5）组块/钻机模块/泥浆处理模块海上安装；

（6）组块吊机/栈桥/附件安装。

4.3.2.3　施工船舶及机具

1.施工船舶资源

施工船舶资源见表4－8。

表 4－8　施工船舶资源

结构物	船舶	规格	工作内容
BZ28－2S WHPB 组块	蓝鲸	7 500 t 起重船	
	14 000HP 拖轮 A	14 000HP 拖轮	
	HYSY221	29 000 t 驳船	组块运输
	10 000HP 拖轮 A	10 000HP 拖轮	拖带 HYSY221
	HYSY222	7 000 t 调载驳	钻机模块和泥浆模块运输
	6 000HP 拖轮 A	6 000HP 拖轮	拖带 HYSY222
	骁洋	5 000 t 自航驳	栈桥/吊机散件运输
	4 000HP 拖轮	4 000HP 拖轮	交通支持

2. 主要施工机具

BZ28－2S WHPB 组块施工机具见表 4－9。

表 4－9　BZ28－2S WHPB 组块施工机具

序号	名称	规格	数量	备注
1	拖拉绞车系统	75 t	4 台	组块(含回拖)
2	系泊绞车系统	10 t	4 台	
3	定位设备		3 套	协助作业船定位
4	空压机	30 m^3	1 台	

BZ28－2S WHPB 钻机模块和泥浆模块施工机具见表 4－10。

表 4－10　BZ28－2S WHPB 钻机模块和泥浆模块施工机具

序号	名称	规格	数量	备注
1	拖拉绞车系统	45 t	2 台	
2	回拖绞车系统	2 台		
2	系泊绞车系统	10 t	4 台	
3	定位设备		3 套	协助作业船定位
4	空压机	30 m^3	1 台	

3. 主要施工物料

BZ28－2S WHPB 组块施工物料见表 4－11。

表 4－11　BZ28－2S WHPB 组块施工物料

名称	规格	数量	备注
BZ28－2S WHPB 组块	ϕ360 mm×27 m	2 根	组块吊装
	ϕ330 mm×27 m	2 根	组块吊装
	800T 卡环	8 个	组块装船使用
	600T 卡环	6 个	组块回拖使用
	ϕ108 mm×8 m	4 根	组块回拖使用
BZ28－2S WHPB 钻机模块	ϕ156 mm×27.92 m	1 根	DES 吊装
	ϕ168 mm×28.03 m	1 根	DES 吊装
	ϕ132 mm×28 m	2 根	DES 吊装
	300T 卡环	12 个	DES 吊装
	400T 卡环	8 个	DES 和泥浆模块装船使用
BZ28－2S WHPB 泥浆处理模块	ϕ108 mm×27 m	2 根	泥浆模块吊装
	ϕ156 mm×28 m	2 根	泥浆模块吊装
	300T 卡环	4 个	泥浆模块吊装

注 1：未考虑在码头装船或船舶靠离港期间，船舶港内作业所需要的港作拖轮的支持。

4.3.2.4　施工方案概述

1. 结构物码头装船

(1) 组块拖拉装船准备工作

①根据设计要求摆放陆地和船上滑道，并做焊接固定。

②系泊系统的布置。

③拖拉系统的布置。

④驳船水平测量系统的布置。

⑤拖拉前应具备以下条件：

码头方面：

a. 牵引设备准备完毕、调试完毕，施工人员到位。

b. 陆地和船上的滑道要涂抹黄油以保证充分的润滑。

c. 系泊系统检查无误。

d. 保证拖拉路线无障碍物阻碍。

e. 液压千斤顶做好启动助推的准备。

驳船方面：

a. 确保驳船调载系统满足作业条件。

b. 保证拖拉系统工作正常。

c. 滑道涂抹黄油保证其润滑。

d. 准备好应急的调载泵、发电机、绞车等，用于突发事件。

e. 对所有施工单位发出作业通知。

(2)拖拉作业

①环境条件

为了安全起见,应时刻通过天气预报观察天气的变化,组块拖拉装船的环境条件如下:

风速:≤10.0 m/s;

波高:≤0.3 m。

若环境条件超出上述范围,应推迟作业时间。

②组块拖拉步骤

a. 组块拖拉至码头前沿。

b. 组块第一组滑靴拖拉至船上剩 1 m 时停下等待驳船调载,使船上滑道与码头滑道水平。

c. 继续拖拉组块,当第一组滑靴重心上船后暂停拖拉,驳船调载,直至驳船完全承担第一组滑靴的压力为止。

d. 继续拖拉组块,配合着驳船的调载,使第一组滑靴上船时,驳船也恰好调载到设计值,第一组滑靴上船完成。

e. 循环执行 a,b 两步骤,直至组块拖拉至设计位置。

f. 组块在驳船上的焊接固定。

承包商要负责设计所有装船固定的用钢量。这些设计要符合业主的要求并通过第三方海事保险的认可。

固定要按照设计进行安装。组块的腿要尽量压在驳船的强结构上,系固绳和固定要连接在组块腿的强结构上。

在装船、固定、运输过程中,承包商和业主要进行全面检查,保证组块和驳船固定完好。

g. 组块检验,合格后离港。

(3)钻机模块及泥浆处理模块装船

钻机模块及泥浆处理模块装船准备工作与组块拖拉装船准备工作相同。

①钻机模块拖拉步骤

a. DES 滑靴拖拉至码头前沿。

b. DES 第一排腿上船 1 m 时停下等待驳船调载,使船上滑道与码头滑道水平。

c. 继续拖拉 DES,配合着驳船的调载,DES 第二排腿距离船 1 m 时停下等待驳船调载。

d. DES 第二排腿中心刚上船时停下等待驳船调载,使船上滑道与码头滑道水平。

e. 继续拖拉 DES,直至拖拉至设计位置。

f. DES 在驳船上的焊接固定。

②泥浆模块拖拉步骤

a. 泥浆模块滑靴拖拉至码头前沿。

b. 泥浆模块第一排腿上船 1 m 时停下等待驳船调载,使船上滑道与码头滑道水平。

c. 继续拖拉泥浆模块,配合着驳船的调载,泥浆模块第二排腿即将上船时停下等待驳船调载。

d. 泥浆模块第二排腿上船 1 m 时停下等待驳船调载,使船上滑道与码头滑道水平。

e. 继续拖拉泥浆模块,配合着驳船的调载,泥浆模块第三排腿即将上船时停下等待驳船调载。

f. 泥浆模块第三排腿上船0.4 m时停下等待驳船调载,使船上滑道与码头滑道水平。

g. 继续拖拉泥浆模块,直至拖拉至设计位置。

h. 泥浆模块在驳船上的焊接固定。

2. 组块海上安装

(1)环境条件

海上施工期间,作业环境要满足相关规范,其中:

组块海上安装期间应至少满足以下条件:

有义波高(H_S):≤1.5 m;

风速:≤10 m/s;

流速:≤2 m/s。

(2)安装前准备工作

①过渡段安装。

②检查组块的固定情况,检查吊点是否有问题。

③检查吊机,要求满足作业状态。

④落实人员和机具到位与否。

⑤检查是否存在吊装干涉问题。

⑥检查索具是否有划伤。

⑦吊装作业前,确保有48 h的天气窗口,并随时跟踪最新的天气情况。

⑧获得第三方颁发证件,获得业主的作业批准。

(3)组块吊装

①主作业船在作业区抛锚就位

作业船就位后,要经常留意锚机吨位变化。作业船在DGPS系统的指导下就位。作业船的就位地点和方向不能随意改变。但作业船可以通过收紧和放松锚缆在小范围内移动。

②组块运输驳船靠驳主作业船

驳船在辅助拖轮的帮助下依据批准的图纸舷靠驳主作业船。

③组块切割固定,组块挂平吊索具。

将索具连接到主作业船吊钩上并准备起吊。

④起吊组块

在起吊和切除固定前,要确保48 h的天气窗口。天气预报和气象云图要由报务员、气象员或船长每过一定时间接收一次(一天两次),允许的工作环境条件基于驳船稳性和安装经验制订。如果没有台风和地震,组块安装的允许条件为:

有义波高(H_S):≤1.0 m;

风速:≤10 m/s;

流速:≤0.5 m/s。

在组块起吊前和过程中,风速和海况要不间断地监测。吊装需要得到业主代表、第三方、海事保险的许可,起吊前要得到许可证书。

组块起吊到一定高度后,驳船在拖轮的协助下离开主作业船。

⑤组块就位

a. 起吊组块。在固定全部解除后,吊机缓慢加力至100 t,检查索具和卡环的受力情况。如无异常,继续加力直到组块离开支撑结构,并继续起吊组块至安全高度。

b. 旋转组块至正确位置。

c. 组块下放。“蓝鲸”调整方向并下放组块至导管架。组块的位置由吊机变幅控制，方向角由牵引缆绳控制。

⑥组块焊接固定50%以上后组块摘扣。

⑦平台吊机安装。

⑧栈桥(2个)安装。

⑨钻机模块运输驳船靠驳主作业船。

⑩DES吊装就位、焊接固定。

⑪泥浆模块吊装就位、焊接固定。

⑫散件吊装。

⑬主作业船起锚复员。

4.3.2.5 文件管理

在平台安装工程完工后，平台安装相关的施工文件将会保留并汇集形成完工报告，后按照合同中业主的要求提交给业主。

完工报告主要包括以下内容：

(1)海上生产日报；

(2)施工图纸、竣工图纸、安装程序及计算报告；

(3)发出及接收备忘录。

第5章　起重机维护、保养和吊重试验

5.1　概　　述

海洋石油开采是高风险行业，海洋工程重型起重机作为海上施工的重要设备之一，是确保施工进度和生产安全的关键因素，因此维护其正常稳定的运行就成了维保和使用人员的首要任务之一。为了做好起重机的维护工作，海油工程船舶安全管理体系建立了“船舶和设备维护管理程序”，规定了公司船舶起重机的日常维护保养工作内容，包括：计划、要求、实施和监督、记录和报告等，以保证起重机能按计划及时得到维护保养，使起重机始终处于良好状态。目前海工船舶运行的CWBT（船舶维护保养体系）和AMOS系统（资产管理和运营系统管理软件的英文简称 Asset Management and Operation System），明确规定了起重机每天、每周、每月及其他周期的检查保养的内容，由船舶起重设备主管或值班人员执行并记录。

5.2　起重机检查

5.2.1　常规

5.2.1.1　常规检查概述

起重机的检查周期取决于起重机的工作频繁程度，取决于起重机是每天长时间的工作还是不经常地工作，取决于起重机是否经常满负荷工作。根据以上几个方面，制订本起重机检查和保养计划，并严格认真地加以实施。

起重机常规检查基本可分为3类：

——开工前、工作结束后的检查；

——工作中的检查；

——定期检查。

1. 开工前、工作结束后的检查

此类检查是对起重机工作中的润滑、发热、异常噪声，各滑轮的转动情况，钢丝绳的磨损及润滑情况，活动铰点的间隙，制动器摩擦片的厚度，制动器、制动轮间隙和制动力矩调整，机房出绳口罩壳的损伤，起重钩头的损伤及电器设备接触器、液压元件的故障等进行修理或更换工作。当发现以上故障时，必须立即停止工作，并检查有关部分，分析原因，及时排除故障后才能重新工作，严禁带故障工作。表5-1是海油工程“蓝疆”船起重机起放扒杆及大型结构物吊装前检查记录表。

表5-1 蓝疆起重机起放扒杆及大型结构物吊装前检查记录表

序号	检查项目	检查内容
一	起重机械部分	1. 轨道有无损坏变形、螺栓有无松动断裂,轨道面无杂物润滑良好
		2. 空压机(1#、2#)排压是否正常,运转中有无异常噪音、油位油质及运行状况、空气干燥器运行状况
		3. 主钩起升电机、冷却风机、减速器、传动轴、滚筒、滚筒大小传动齿轮、离合器工作状态及油位油质等润滑情况
		4. 1#钩起升电机、冷却风机、减速器、传动轴、滚筒、滚筒大小齿轮、离合器工作状态及油位油质等润滑情况
		5. 变幅起升电机、冷却风机、减速器、传动轴、滚筒、滚筒大小齿轮工作状态及油位油质等润滑情况
		6. 小钩起升电机、冷却风机、减速器、传动轴、滚筒、滚筒大齿轮、离合器、工作状态及油位油质等润滑情况
		7. 旋转电机、冷却风机、减速器、联轴节、大小传动齿轮、工作状态及油位油质等润滑情况
		8. 吊机旋转中心轴承间隙
		9. 主钩绞车油位、油温保持在50~60 ℃,管线接头有无渗油、漏油现象,油冷器散热片有无油污及杂物,弹性联轴节是否挤压变形;泵和电动机运转时是否有异常噪音;滚筒钢丝排列是否整齐
		10. 1#钩绞车油位、油温保持在50~60 ℃,管线接头有无渗油、漏油现象,油冷器散热片有无油污及杂物,弹性联轴节是否挤压变形;泵和电动机运转时是否有异常噪音;滚筒钢丝排列是否整齐
		11. 右负荷绞车油位、油温保持在50~60 ℃,管线接头有无渗油、漏油现象,油冷器散热片有无油污及杂物,弹性联轴节是否挤压变形;泵和电动机运转时是否有异常噪音;滚筒钢丝排列是否整齐
		12. 左负荷绞车油位、油温保持在50~60 ℃,管线接头有无渗油、漏油现象,油冷器散热片有无油污及杂物,弹性联轴节是否挤压变形;泵和电动机运转时是否有异常噪音;滚筒钢丝排列是否整齐
		13. 气路管线及接头有无泄漏、损坏等现象

表5-1(续1)

序号	检查项目	检查内容
二	刹车系统	1. 主钩电动机刹车及停止刹车系统有无卡阻泄漏现象,刹车带打开间隙3~5 mm,气缸工作是否安全可靠
		2. 辅1#钩电动机刹车及停止刹车系统有无卡阻泄漏现象,刹车带打开间隙3~5 mm,气缸工作是否安全可靠
		3. 小钩电动机刹车及停止刹车系统有无卡阻泄漏现象,刹车带打开间隙3~5 mm,气缸工作是否安全可靠
		4. 变幅电动机刹车及停止刹车系统有无卡阻泄漏现象,刹车带打开间隙3~5 mm,气缸工作是否安全可靠
		5. 左负荷控制绞车刹车系统有无卡阻泄漏现象,工作是否安全可靠
		6. 左负荷控制绞车刹车系统有无卡阻泄漏现象,工作是否安全可靠
		7. 主滑轮组控制绞车刹车系统有无卡阻泄漏现象,工作是否安全可靠
		8. 辅1#滑轮组控制绞车刹车有无卡阻泄漏现象,工作是否安全可靠
		9. 旋转电机刹车系统有无卡阻泄漏现象,刹车气囊工作是否安全可靠
		10. 旋转液压锁和气动销有无卡阻泄漏现象,工作是否安全可靠
三	电气系统	1. 1#主起升刹车电阻运行状况是否良好可靠
		2. 2#主起升刹车电阻运行状况是否良好可靠
		3. 旋转刹车电阻运行状况是否良好可靠
		4. 高低压集电环运行状况是否良好可靠
		5. 6 600 V配电屏及变压器运行状况是否良好可靠
		6. 驱动柜、整流柜及逆变柜运行状况是否良好可靠
		7. MCC电动机控制中心运行状况是否良好可靠
		8. 220 V供电系统运行状况是否良好可靠
		9. 110 V充电电源运行状况是否良好可靠
		10. 各处照明灯工作情况
四	安全保护装置	1. 主钩上下限位运行状况是否安全可靠
		2. 辅1#钩上下限位运行状况是否安全可靠
		3. 变幅上下限位运行状况是否安全可靠
		4. 小钩上下限位运行状况是否安全可靠
		5. LMS负荷监控系统工作情况
		6. 应急停止功能是否安全可靠
		7. 滚筒监视器工作是否正常清晰

表5－1(续2)

序号	检查项目	检查内容
五	附属装置	1. 操作间空调运行状况
		2. 电器间空调运行状况
		3. 汽笛运行状况
		4. 机房通风机运行状况
		5. 操作间内部通讯电话运行状况是否安全可靠
		6. 对讲机、高频电话是否完好可用,电量是否充足
		7. 吊重记录打印储存功能是否良好可靠
六	信号声光报警	1. 旋转警铃是否声响信号正常
		2. 防空灯是否工作正常
		3. LMS 声响报警是否正常
七	作业环境	1. 吊机周围有无妨碍运转的障碍物,安全标示是否齐全
		2. 起吊期间梯道是否设立禁止人员上下的警示牌
		3. 上下梯道、护栏是否完好可用,有无防滑措施
八	结构	1. A 字架主结构是否完好
		2. 扒杆主结构是否完好
		3. 滑轮组固定结构是否完好(着重检查变幅导向滑轮新加固定筋板)
		4. 行走滚轮结构是否完好
		5. 梯道结构是否完好
		6. 机房顶滚筒钢丝导向盖板是否灵活可靠有无卡阻现象
		7. 吊机变幅滑轮组轴及止动板检查是否完好
九	钢丝	1. 变幅钢丝 1#、变幅钢丝 2#直径测量
		2. 主钩钢丝 1#、主钩钢丝 2#直径测量
		3. 辅 1#钩钢丝直径测量
		4. 小钩钢丝直径测量
		5. 变幅平衡钢丝直径测量
		6. 主钩平衡钢丝直径测量
		7. 左拖拉钢丝、右拖拉钢丝直径测量
		8. 左主钩牵引钢丝、右主钩牵引钢丝直径测量
		9. 左 1#钩牵引钢丝、右 1#钩牵引钢丝直径测量
		10. 左 2#钩牵引钢丝、右 2#钩牵引钢丝直径测量
		11. 平衡钢丝索结头外观及位置是否合适

表5-1(续3)

序号	检查项目	检查内容
十	滑轮	1. 变幅滑轮组滑轮、A字架导向滑轮是否松动，运转是否正常(重点观察吊机起放扒杆26°以下时A字架滑轮运转情况)
		2. 大钩钩头滑轮组滑轮、A字架导向滑轮是否松动，运转是否正常
		3. 辅1#钩滑轮组滑轮、A字架导向滑轮是否松动，运转是否正常
		4. 小钩滑轮、A字架导向滑轮是否松动，运转是否正常
十一	钩头	1. 主钩、辅1#钩、小钩旋转是否灵活
		2. 封钩是否完好
		3. 钩齿开口度测量是否变形
十二	黄油润滑	1. 钩头润滑是否良好
		2. 滑轮润滑是否良好
		3. 行走滚轮润滑是否良好
		4. 扒杆轴销润滑是否良好
		5. 吊机旋转中心轴润滑是否良好

2. 工作中的检查

工作中的检查是指起重机在运行中的检查。主要检查钢丝绳在卷筒上的排列情况、钢丝绳的缠绕情况，以及电机、制动器、联轴节、减速箱、开式齿轮、卷筒支座以及配电柜等各功能块运行情况。是否有报警、异常噪音等不正常情况发生，值班人员应根据现场情况，不低于每2 h进行一次巡回检查，并对设备参数进行记录以备查阅。为避免检查过程中部分设备遗漏或经验不足人员对参数掌握不全面，需要起重机管理人员制订巡回检查路线图并标注关键设备运行参数。以“蓝疆”船起重机巡回检查路线为例，“蓝疆”起重机巡回检查路线如下：

(1)电气间

A. 检查电气间有无异味及异响，各配电屏有无报警、指示灯工作是否正常，SG2高压盘旋转、1#起升、2#起升电压表指示6 600 V是否正常。

B. 变压器间室内1#~4#变压器温度是否保持在60~80 ℃正常范围内。

C. 电气间1#、2#大空调布风器风机是否有异响，电气间温度是否设定在30 ℃左右。

D. 障碍灯充电器电流是否为4~6 A。

E. 110 V变压器预充电电流是否为1~2 A，电压是否在110 V。

F. 新加两台小空调温度是否设定在30 ℃左右，蒸发器及膨胀阀处有无结霜。冷凝水排放情况。

(2)5#旋转电机

A. 旋转电机及冷却风机有无噪声、振动，电机是否过热。

B. 行程开关、供气电磁阀固定有无松动脱落。

C. 气路管线有无泄漏。

D. 刹车盘固定卡簧是否脱落。

(3)主起升3#电机及驱动装置

A. 驱动电机、冷却风机运转是否正常,轴承处是否过热,电机振动是否异常。电机编码器固定是否良好。

B. 电机刹车气缸及管线是否泄漏,气缸行程及行程开关位置是否正常。电机刹车片厚度是否满足需要,螺栓是否有松动脱落。

C. 减速齿轮箱是否泄漏,温度不得高出室温40 ℃,运转时齿轮箱有无异响。

D. 联轴节有无异响振动及润滑状况。

E. 中间传动轴是否弯曲变形。

F. 滚筒刹车停置的刹车气缸、工作刹车气缸及管线是否泄漏,快放阀有无泄漏。气缸打开、关闭时有无卡滞现象。刹车弹簧是否断裂移位。U形链接螺母有无松动。刹车轮毂标记是否移位。

G. 滚筒编码器固定是否良好,传动链条是否脱落和松紧度是否良好。

H. 马达刹车刹死后5 s停止刹车抱死。

(4)主起升2#电机及驱动装置

A. 驱动电机、冷却风机运转是否正常,轴承处是否过热,电机振动是否异常。电机编码器固定是否良好。

B. 电机刹车气缸及管线是否泄漏,气缸行程及行程开关位置是否正常。电机刹车片厚度是否满足需要,螺栓是否有松动脱落。

C. 减速齿轮箱是否泄漏,温度不得高出室温40 ℃,运转时齿轮箱有无异响。

D. 联轴节有无异响振动及润滑状况。

E. 中间传动轴是否弯曲变形。

F. 滚筒刹车停置刹车气缸、工作刹车气缸及管线是否泄漏,快放阀有无泄漏。气缸打开、关闭时有无卡滞现象。刹车弹簧是否断裂移位。U形链接螺母有无松动。刹车轮毂标记是否移位。

G. 滚筒编码器固定是否良好,传动链条是否脱落和松紧度是否良好。

(5)1#空压机

A. 气瓶放残阀是否关严并1 h放残一次。

B. 驱动电机是否有过热及振动情况。

C. 空压机缸头及管线有无泄漏,级后冷却器是否有异物堵塞。

D. 空压机启停压力是否为105~125 psi(1 psi = 6.895 kPa)。

E. 空压机运转是否平稳,有无异响。

(6)2#空压机

A. 气瓶放残阀是否关严并1 h放残一次。

B. 驱动电机是否有过热及振动情况。

C. 空压机缸头及管线有无泄漏,级后冷却器是否有异物堵塞。

D. 空压机启停压力是否为105~125 psi。

E. 空压机运转是否平稳,有无异响。

(7)空气干燥器

布油器油位是否在1/2以上,1 h对滤水器放残一次,自动放残阀是否5 min放残一次。

各指示灯工作是否正常。

(8)左负荷控制绞车(未启动)

A. 检查油冷器、油箱、管线是否牢固有无泄漏。油位是否在2/3以上。

B. 钢丝绳排列、磨损及润滑情况，钢丝有无断丝松散等。

C. 各固定螺栓有无松动脱落。

(9)小钩离合器、滚筒、电机及驱动装置

A. 外观检查离合器链接螺栓、键有无松动脱落。离合器摩擦片接触面不少与85%，接触面不得有油污。

B. 气缸、快放阀、接头管线有无泄漏。滚筒轴承是否过热。

C. 滚筒刹车带打开间隙3~5 mm，刹车抱死后摩擦片接触面不少于85%。

D. 刹车带位置调整弹簧有无断裂、移位、螺母脱落松动。

E. 钢丝绳排列、磨损及润滑情况，钢丝有无断丝松散等。

F. 小钩棘爪气缸及管线有无泄漏，传动部件有无松动、断裂。

G. 滚筒编码器固定情况，链条有无断裂、跳槽及松紧度。

H. 联轴节有无异响振动及润滑状况。

I. 中间传动轴是否弯曲变形。

J. 电机刹车刹死后5 s停止刹车抱死。

K. 传动大小齿轮间润滑状况。

(10)1#~4#旋转电机

A. 旋转电机及冷却风机有无噪声、振动，电机是否过热。

B. 行程开关、供气电磁阀固定有无松动脱落。

C. 管线有无破损泄漏。

D. 刹车盘固定卡簧是否脱落。

E. 2#旋转电机编码器固定是否牢固，有无卡滞现象。

(11)主起升1#电机及驱动装置

A. 驱动电机、冷却风机运转是否正常，轴承处是否过热，电机振动是否异常。电机编码器固定是否良好。

B. 电机刹车气缸及管线是否泄漏，气缸行程及行程开关位置是否正常。电机刹车片厚度是否满足需要，螺栓是否有松动脱落。

C. 减速齿轮箱是否泄漏，温度不得高出室温40 ℃，运转时齿轮箱有无异响。

D. 联轴节有无异响振动及润滑状况。

E. 中间传动轴是否弯曲变形。

F. 滚筒刹车停置刹车气缸、工作刹车气缸及管线是否泄漏，快放阀有无泄漏。气缸打开、关闭时有无卡滞现象。刹车弹簧是否断裂移位。U形链接螺母有无松动。刹车轮毂标记是否移位。

G. 滚筒编码器固定是否良好，传动链条是否脱落和松紧度是否良好。

(12)主起升离合器

A. 离合器气缸及管线是否泄漏。

B. 链接键、螺栓有无松动或断裂。

C. 运转时有的噪声或振动。

D. 离合器接触面有无油污。

(13)主起升右侧控制供气电磁阀组

主空气管路阀是否开足,各管线及电缆是否有松动、破损泄漏。

(14)主起升4#电机及驱动装置

A. 驱动电机、冷却风机运转是否正常,轴承处是否过热,电机振动是否异常。电机编码器固定是否良好。

B. 电机刹车气缸及管线是否泄漏,气缸行程及行程开关位置是否正常。电机刹车片厚度是否满足需要,螺栓是否有松动脱落。

C. 减速齿轮箱是否泄漏,温度不得高出室温40 ℃,运转时齿轮箱有无异响。

D. 联轴节有无异响振动及润滑状况。

E. 中间传动轴是否弯曲变形。

F. 滚筒刹车停置刹车气缸、工作刹车气缸及管线是否泄漏,快放阀有无泄漏。气缸打开、关闭时有无卡滞现象。刹车弹簧是否断裂移位。U形链接螺母有无松动。刹车轮毂标记是否移位及润滑状况。

G. 滚筒编码器固定是否良好,传动链条是否脱落和松紧度是否良好。

H. 电机刹车刹死后5 s停止刹车抱死。

(15)6#旋转电机

A. 旋转电机及冷却风机有无噪声、振动,电机是否过热。

B. 行程开关、供气电磁阀固定有无松动脱落。

C. 气路管线有无泄漏。

D. 刹车盘固定卡簧是否脱落。

(16)主起升1#~4#滚筒

A. 滚筒刹车带打开间隙3~5 mm,刹车抱死后摩擦片接触面不少于85%。

B. 刹车带位置调整弹簧有无断裂、移位、螺母脱落松动。

C. 钢丝绳排列、磨损及润滑情况,钢丝有无断丝松散等。

D. 棘爪气缸及管线有无泄漏,传动部件有无松动、断裂。

E. 中间传动轴是否弯曲变形。

F 传动大小齿轮间润滑状况。

(17)变幅电机及驱动装置

A. 气缸、快放阀、接头管线有无泄漏。滚筒轴承是否过热。

B. 滚筒刹车带打开间隙3~5 mm,刹车抱死后摩擦片接触面不少于85%。

D. 刹车带位置调整弹簧有无断裂、移位、螺母脱落松动。

E. 钢丝绳排列、磨损及润滑情况,钢丝有无断丝松散等。

F. 棘爪气缸及管线有无泄漏,传动部件有无松动、断裂。

G. 滚筒编码器固定情况,链条有无断裂、跳槽及松紧度。

H. 联轴节有无异响振动及润滑状况。

I. 中间传动轴是否弯曲变形。

J. 滚筒刹车停置刹车气缸、工作刹车气缸及管线是否泄漏,快放阀有无泄漏。气缸打开、关闭时有无卡滞现象。刹车弹簧是否断裂移位。U形链接螺母有无松动。刹车轮毂标记是否移位。

K. 减速齿轮箱是否泄漏，温度不得高出室温 40 ℃，运转时齿轮箱有无异响。

L. 电机刹车气缸及管线是否泄漏，气缸行程及行程开关位置是否正常。电机刹车片厚度是否满足需要，螺栓是否有松动脱落。

M. 驱动电机、冷却风机运转是否正常，轴承处是否过热，电机振动是否异常。电机编码器固定是否良好。

N. 电机刹车刹死后 5 s 停止刹车抱死。

O. 传动大小齿轮间润滑状况。

(18)右负荷控制绞车(未启动)

A. 检查油冷器、油箱、管线是否牢固有无泄漏。油位是否在 2/3 以上。

B. 钢丝绳排列、磨损及润滑情况，钢丝有无断丝松散等。

C. 各固定螺栓有无松动脱落。

(19)主滑轮组控制绞车

A. 检查油冷器、油箱、管线是否牢固有无泄漏或异物，油位是否在 2/3 以上。油温保持在 60 ℃以下，油冷器风机是否可以自动启停，观察油冷器电机、风扇有无噪声、振动。

B. 钢丝绳排列、磨损及润滑情况，钢丝有无断丝松散等。

C. 检查电机和泵体有无噪声、振动及过热现象。

D. 各固定螺栓有无松动脱落。

E. 检查配电箱上有无报警及指示灯工作是否正常。

(20)辅 1#滑轮组控制绞车

A. 检查油冷器、油箱、管线是否牢固有无泄漏或异物，油位是否在 2/3 以上。油温保持在 60 ℃以下，如接近或超过 60 ℃启动油冷器，观察油冷器电机、风扇有无噪音、振动。

B. 钢丝绳排列、磨损及润滑情况，钢丝有无断丝松散等。

C. 检查电机和泵体有无噪音、振动及过热现象。

D. 各固定螺栓有无松动脱落。

E. 检查配电箱上有无报警及指示灯工作是否正常。

(21)刹车电阻风机组

A. 高压电设备，检查时保持安全距离。

B. 检查风机进出口密封盖是否打开并固定良好。

C. 电阻出风口出风是否过热，有无异味。

D. 风机进口是否吸附异物堵塞。

E. 倾听风机及电阻有无异响及振动。

(22)配电间空调室外机 1#、2#

A. 检查空调高低压是否正常。低压 3 ~ 5 kg、高压 10 ~ 15 kg。

B. 检查压缩机机体是否结霜，压缩机油是否充足，1/3 ~ 2/3 油镜处。

C. 压缩机运转是否平稳有无异响或振动。各探头、传感器是否松动脱落。

D. 冷凝器是否吸附异物或油污。

E. 冷却风机运转是否平稳，有无振动、异响、过热。

(23)低压集电环

碳刷是否松动脱落，碳刷轨道是否有异物。碳刷磨损情况。

(24)高压集电环

碳刷是否松动脱落,碳刷轨道是否有异物。碳刷磨损情况。

(25)旋转轨道、螺栓、齿轮及行走滚轮

A. 检查轨道及啮合齿轮之间有无异物及润滑状况。

B. 检查轨道螺栓有无松动、断裂、脱落。

C. 检查轨道及行走滚轮有无裂纹破损。

D. 检查轨道润滑油刷是否脏污,管线有无破损泄漏。

3. 定期检查

按照检查周期分为日检查、周检查、月检查、季度检查和年度检查,不管起重机是否存在故障,都必须对其重要部分进行定期检查,才能够帮助查出日常检查未查出的问题。定期检查,必须是非常全面的检查。定期检查由维修人员配合专职技术人员执行,检查的间隔时间取决于起重机工作类型、工作环境及工作需要。每张检查清单根据不同的检查重点,内容会有较大差异。各部件检查内容主要来源于厂家设备说明书和日常设备管理经验的积累。

5.2.1.2 常规检查举例

本文以“海洋石油202”船起重机变幅机构所属设备检查周期为例,简单介绍各检查点的设定周期。

“海洋石油202”船变幅机构检查周期如下:

1. 紧固件检查

所有紧固件都需要定期检查。特别对各个机构中轴承座的紧固螺栓,更需充分检查。当螺母与垫片接缝处的油漆有开裂、剥落等现象,必须立即检查。(三个月)

2. 润滑检查

润滑脂部位润滑时,应将旧润滑脂全部挤压出来,由新润滑脂代替。润滑脂一般应该使用相同牌号,混掺使用会造成堵塞。(三个月)

各减速箱的润滑油需要定期检查,含水量不得超过规定值,不得有乳化现象发生,否则必须更换。(日检查)

为防止钢丝绳锈蚀,应在钢丝绳表面涂润滑脂。(三个月)

3. 电机(日检查)

(1)电机温升是否超过规定值。

(2)轴承是否有异常发热。

(3)电机内部是否有异常声响。

4. 减速箱(日检查)

(1)油位高度是否恰当。

(2)是否漏油。

(3)温度是否有异常上升。如果外壳温度和周围温度的差异超过50 ℃以上,就要对内部进行检查。

(4)内部是否有异常声响。如果声音异常,如噪音加大或有规律的杂音等,应打开观察孔检查减速箱内部。早期发现减速箱内部的缺陷,可以避免发生事故。

5. 齿形联轴器(日检查)

(1)螺栓有否松动。

(2)是否有足够的润滑。

6. 卷筒

(1)钢丝绳压板是否松动。(日检查)

(2)绳槽的磨损是否超过限度,磨损限度为钢丝绳径的 20% 。(年度检查)

7. 滚动轴承(日检查)

(1)温度有否异常上升,轴承的温度上升限度为 50 ℃。

(2)有否异常声响。

(3)轴承座的螺栓有否松动。

8. 限位开关(每次作业前和周检查)

(1)机械传动部件润滑是否良好。

(2)齿轮等是否磨损。

(3)各种限位开关的动作是否正常。

9. 制动盘

(1)磨损有否超过限度。制动盘的厚度如磨损到原来的 80% 就要更换。(三个月)

(2)表面有否凹凸不平。表面不平度超过 2 mm,就要加工平整。(三个月)

(3)制动盘是否有异常温升。(日检查)

(4)表面是否有异常损伤,是否有油污。(日检查)

特别要注意是否有细小的裂缝。(日检查)

10. 制动器

制动盘和制动片之间的间隙应调节到供货商规定的范围内。

(1)制动器的动作是否异常。(日检查)

(2)连接螺栓是否紧固。(三个月)

(3)检查制动力矩设定值。(三个月)

11. 钢丝绳(日检查)

(1)起升缠绕钢丝绳端部的固定是否松动。

(2)滑轮、导轮的转向是否正常。

(3)检查钢丝绳表面,要有润滑脂保护。

(4)检查钢丝绳的断丝及磨损情况,对照钢丝绳厂家的使用说明书,如果超过标准,应及时更换。

12. 变幅角度指示器(日检查)

变幅机构设有角度显示器和数字显示角度指示器,显示器安装在驾驶室内,显示精度为 0.1°,当臂架角度超过最大角度时,会发出极限信号,并停止臂架向上转动。机械角度显示器安装在臂架上的司机室侧,显示精度为 1°。

5.2.2 特殊检查

吊机的检验检测是为了满足相关的法律法规以及行业的要求，由该船舶的船级检验管理机构对吊机的整体设备以及附属设备而做的专门的检验检测。

吊机设备在投入使用前应进行试验和全面检查，投入使用后应进行定期的检查和试验。其主要设备和活动零部件在首次使用前，以及在使用中更换或修理影响其强度的部件，应进行验证试验和全面检查。

当吊机起重设备发生重大事故或发现重大缺陷，更换或修理影响其强度的结构和部件时，船长或船舶所有人应及时报告，以便能及时对起重设备进行检验。

按检验要求吊机的检验分为：初次检验、年度检验/全面年检、换证检验（CCS 每 4 年一次、ABS 每 5 年一次）、展期检验及修理检验（保养检查）。

具体检验以及相关要求如下：

1. 初次检验

主要是对设计图纸、技术文件的检查，主要结构件、设备、布置、材料、焊接和制造工艺的检查，活动零部件的验证试验和检查，以及最终安装完毕后的试验和全面检查。初次检验合格后，应签发相应的证书，并应在检验簿上签署。

2. 年度检验

主要是在试验证书每周年日期前/后 3 个月内应进行的年度检验。该检验包括吊机臂杆及附属装置、A 支架、基座等外观检查，活动零部件与钢索的全面检查，以及吊机的功能试验检查。年度检验合格后，应在检验簿上签署。

3. 换证检验

主要是在试验证书 4 年到期日前/后 3 个月内应进行的换证检验。该检验包括吊机臂杆及附属装置、A 支架、基座等外观检查，活动零部件与钢索的全面检查，吊机的功能试验检查与吊重试验，如经大修理或更换主要部件与设备时，还需进行重复检查及吊重试验。换证检验合格后，签发新的“起重设备检验与试验证书”，并在检验簿上签署。结合吊重试验，还应进行吊机负荷显示装置的标定，并获取标定证书。

4. 展期检验

主要是试验证书 4 年到期时，如船舶遇特殊情况不能按期进行检验时，船东提出展期检验申请，并经验船师检验合格后允许展期检验，最长不超过 12 个月。

5. 修理检验（保养检查）

主要是经大修理、更换主要部件与设备时需要进行修理检验，其中可卸零部件和钢索在每次使用前，应由船上职能人员进行检查，但在最近 3 个月内通过检查者可例外。对发现有断丝的钢索，每月至少应检查 1 次。

若起重设备搁置或修理时间为 12 个月以上时，在重新投入使用之前应进行一次检查。试验和检验的范围根据搁置和修理期间应进行的检验种类而定，如：换证检验和负荷试验到期，则应按规定完成试验和检验，并签发证书。新的换证检验周期应从此次试验和检验完成的日期开始。

船东申请的其他检验要求，CCS 将给予特别考虑，但申请方应提供检验要求的细节。

5.3　维　　护

5.3.1　预先维护工作

在安全、有效的工作秩序和良好的计划维护条件下，所有设备应保持在一个高效的工作状态。具体做法为：

(1)确保设备工作充分保持在适当的时间间隔；

(2)确保设备维护记录及时更新；

(3)利用监控确保设备维修工作记录和内部审计过程；

(4)形成维修管理系统，包括是否计划预防、状态监测或故障维修。

(IMCA SEL 012 提供了钢丝绳维护的几点有益指导——非人力钢丝绳生命周期维护管理指南。)

所有相关数据都应作为设备整体性能趋势分析的依据。

起重设备从第一次使用开始恶化，特别是在海上作业条件下，清单通常包括已使用几年的设备。应该开发一个系统来识别寿命接近尾声的设备，以便检修或让其退役，目的是在其成为风险前减少缺陷或磨损设备的情况。

设备可以返回到第三方进行设备维护。当发现任何缺陷时通知公司内的设备拥有者是非常必要的。在立法规定存在重大风险的地方，可能需要向当地执法机构报告情况。

在为吊装设备设置检修周期的地方，根据制造商的建议或根据风险评估，这些周期应该被遵循。如果设备将要准备调动并且计划的维修程序预计在这段时间内时，设备应该在为设备运行期间进行维护而做调动或安放之前实行计划检修。维护效果评估的示例见表 5－2。

表 5－2　维护效果评估的示例流程

阶段	要求	指导
1	根据制造商的意见或者如果设备有所承受的不可识别的力或合力来开发一个维护系统	设备所承受的力或合力包括拉伸、剪切、弯曲和压缩。应该特别注意在安装或固定点引起的应力。其余的外力如大风、潮汐、海底吸力的影响应考虑并且内部和外部操作的潜在影响也应考虑
2	识别可能出现在服务中的任何可预见的失效模式(即断裂，磨损和疲劳等)和在维修制度中可能包含这些问题的地方	如果工作设备固定在其他工作设备或结构中，那么应确保该设备或者结构能够承受工作设备及其使用时施加在它们上的外力。其他可预见的失效模式应包括暴露于温度变化或酸性或碱性环境中
3	评估操作工作的每一个部分来确定需要定期维修的设备易损部位	设备各个部分的性能或任何附加到设备的承力部件应该被考虑。在零件磨损较快的地方，应该保持足够的备用零件以确保安全运行

表 5-2(续)

阶段	要求	指导
4	为设备设定适当的维护系统以确保其预期用途的持续适用性	维护系统应该包括日志保存,特别是对于“高风险”的设备。这样的日志可以为维护活动的未来规划提供信息并且使其他人员知道以前采取的措施

5.3.2 维护过程[18]

(1)下述额外的维护措施,在起重机调试、修理和维护之前适用的情况下应该采取:

①臂架应该下降至平台或者臂架托架或者另外的保护装置上,以防止掉落和摆动;

②钢锭应该下降至平台或者另外的保护装置上,以防止掉落和摆动;

③所有的控制装置应该处于关闭或者空挡位置。

(2)调试应该包括以下几方面:

①所有的操作机构和控制系统;

②限位装置;

③回转支撑组件;

④发动机;

⑤非机械系统——合适的暂停服务标志应该由合格的起重机操作员或者检查员放置在控制台或者发动机上;

⑥校正措施应该由起重机负责人实施;

⑦在调试、修理和维护已经完成之后,起重机不应投入使用,直到所有的防护装置已经被重新安置,限位装置重新被激活并且维护设备已被移除。

5.3.3 修理和更换

(1)臂架在平台上组装或拆卸,不论有或没有臂架装具的支持,都应该被安全地锁住以防止臂架或者臂架部件的掉落。

(2)在没有特殊的维修流程和原始的起重机制造商的建议,或者其他有资质的来源(例如一个持起重机制造商,特许评估员,或者一个在设计起重机方面有经验的工程师,由起重机负责人所认定)的情况下,对关键部件禁止焊接维修,如转盘和回转支撑组件。

5.4 起重机关键结构受力部件/部位的检查/测试[19]

5.4.1 钢丝绳

5.4.1.1 钢丝绳定义及基本的组成

钢丝绳,也叫作绳索,由三种基本的组成构成,钢丝股围绕绳芯形成螺旋形(图 5-1)。

一个绳索的捻或捻距是测量绳子的绳股围绕绳芯旋转完整的一周并平行于绳索轴线

的距离(图5－2)。

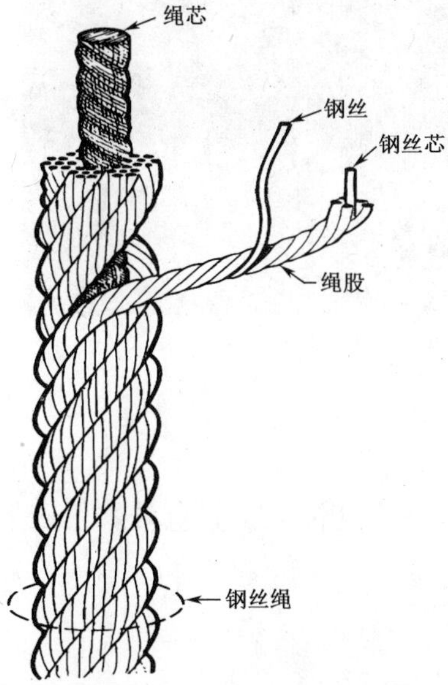

图5－1　钢丝绳组成图

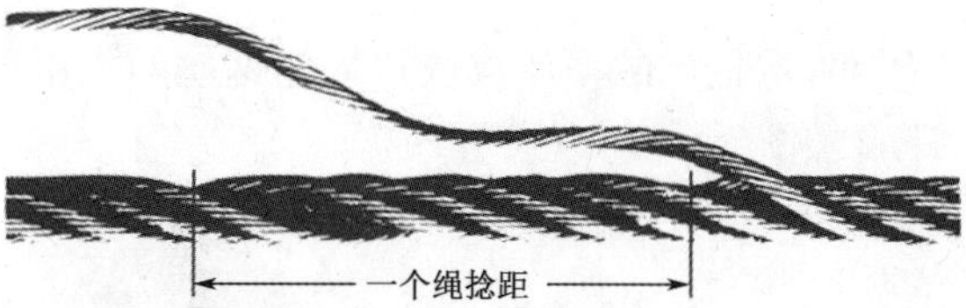

图5－2　显示一个绳捻距的长度

5.4.1.2　钢丝绳检查标准

(1)绳索直径的减小到名义直径以下是由于外层钢丝的磨损，缺少绳芯的支撑或者内部或外部的腐蚀。抗扭转绳索的绳芯损坏可能很难观察到。检查绳芯损坏的典型方法如下：

①直径测量：随着绳芯老化直径减小(图5－3)。

(可以通过检验和测量测算到)

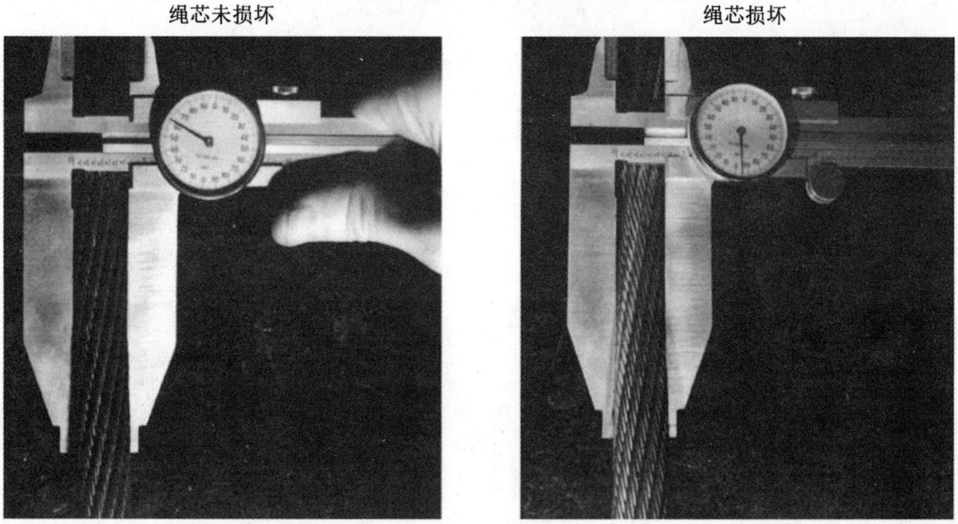

图5－3　测量直径

②捻距长度测量:绳芯损坏导致捻距长度的增加(图 5 -4)。

注意上面的钢丝绳有绳芯损坏并且表现出明显的捻距增加

图 5 -4　抗扭转钢丝绳的绳芯损坏

(2)外层钢丝的损坏数量和损坏钢丝的集中度,应该注意在绳股接触点处发生破坏的股谷断裂(图 5 -5)。

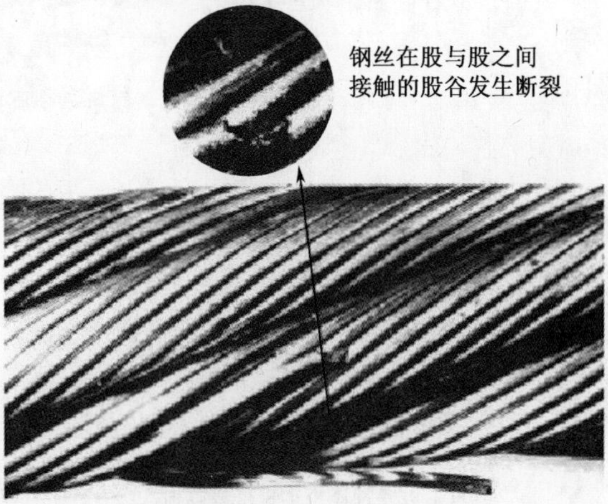

在绳股间发现断丝后检查内部的损坏

图 5 -5　股谷断裂

(3)磨损的外层钢丝。

(4)在端部连接处腐蚀或者损坏的绳索。端部连接处的腐蚀、开裂、弯折、磨损或者使用不当。

(5)打结、芯线压扁、割断或者绳股散开。

(6)提升机卷筒上不正确的缠绕如下:

①绳股受压。

②绳芯突出。

③磨损。

④过大的绳股间隙。

⑤松垮和不平整的缠绕。

⑥磨损严重和(或者)钢丝破坏发生在连接起重机某些零部件的绳段。应该注意检查

绳段这几点(但不仅限于以下的方面)：

a. 平衡滑轮或底座，也被称作固定导轨，或者其他滑轮组；

b. 端部连接包括接头或者用来滑动绳索的端接附件，臂架挂件和其他牵索；

c. 绳索在各种提升系统的滑轮上不断滑动的绳段，这项检查在臂架角度和负载物变化频繁并且受限于短距离时尤其重要；

d. 提升机卷筒上绳索的交叉和凸出点。

5.4.1.3　滑轮检查标准

(1)用凹槽测量仪检查滑轮的轴承并且检查波纹磨损，绳索印记在凹槽表面。

(2)检查滑轮的损坏或者破损的轮缘。

(3)检查滑轮的轮毂裂纹。

(4)检查滑轮无阻力地自由滚动。

(5)检查滑轮的轴承磨损。

(6)检查滚筒轮缘的裂纹、破损或者其他老化。

5.4.1.4　钢丝绳更换标准

在通常情况下，下列标准是基于在最大载荷条件下使用钢丝绳，然而如果发现了任何限制使用的条件可能会持续时，钢丝绳应该报废直到有可更换的绳索。该项决定应该由一个有资质的起重机操作员或者有资质的检查员来做出。

当出现损坏的金属丝时，随着在一个短期的时间内预先考虑到可能会有另一些损坏的金属丝，该检查应该经常进行。股谷断裂比表面断丝更有害。

(1)在臂式吊车上使用的滑动绳索：

①在一个捻距内任意分布的金属丝出现 6 根损坏；

②一个捻距内每股钢丝出现 3 根钢丝绳破坏。

(2)在主要或者辅助的电动提升机抗扭转构件上使用的滑动绳索：

①在一个捻距内任意分布的金属丝出现 4 根损坏；

②在一个捻距内每股钢丝出现 2 根钢丝绳破坏。

(3)牵索，例如臂架拉索：

①在一个捻距内出现 3 根损坏金属丝；

②在端部连接处出现 2 根钢丝绳破坏。

(4)一个股谷断裂可能表明内部绳索损坏需要仔细检查这一段绳索(图 5－6)。当发现在一个捻距内有两个或者更多的股谷断裂时该绳索应该报废。

(5)超过 1/3 的绳股外部的钢丝绳的初始直径被磨损了。

(6)绳索的结构已经因打结、芯线压扁、易位或者其他变形的损坏而扭坏。

(7)有证据表明任何来源的明热损伤。热可能产生于拉动绳索通过一个冻住的或者非转动滑轮，连接起重机的结构组件，不适当的接地焊接引线或者雷击。

(8)在非工作区的绳索直径减小(一个远离滑轮的区域)与在超过以下 3 个工作区域(绳索不断地穿过滑轮滑动的一个区域)测量的绳索最小直径相比可以被观察到，即：

①3/64(0.047)in，对于达到并包括 3/4 in 的直径；

②1/64(0.062)in，对于 7/8 in 到 11/8 in 的直径；

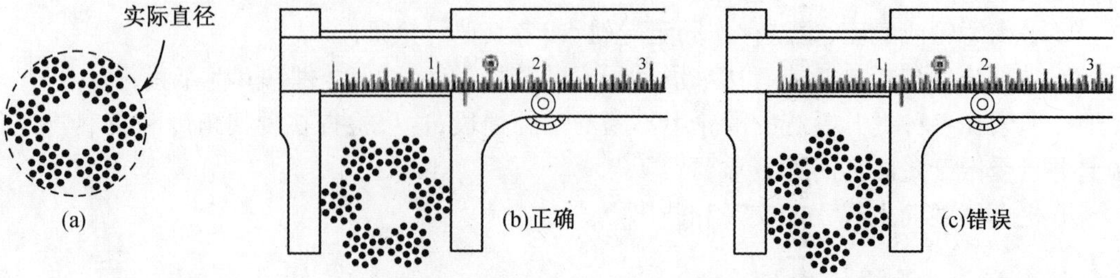

图5-6　测量钢丝绳直径正确和错误的方法

③3/32(0.093)in,对于11/4 in到11/2 in的直径。

图5-6为测量绳索直径适宜的方法。

(9)观察单个绳索捻距长度的增加。捻距长度的增加和伴随的直径减小可能由绳芯损坏而引发,这可能更加容易发生在绳索或抗扭转结构中(图5-5)。

(10)大范围的外部和(或)内部永久性腐蚀是绳索更换的理由。钢丝绳的替换件应该利用下列标准来选取:

①臂架提升机绳索根据原始配置或根据起重机制造商的建议或其他有资质的来源(见如下条款④),用相同直径、长度、结构等级的绳索替换。抗扭转绳索不应该被用作更换臂架提升机绳索。

②吊或牵索根据原始配置或根据起重机或绳索制造商的建议用相同直径、长度、结构、等级的绳索更换。端部连接处应该和原始配置或根据起重机制造商的建议或其他有资质的来源(见如下条款④)一样。

③载荷提升机绳索根据原始配置或根据起重机制造商的建议或其他有资质的来源(见如下条款④,用相同直径、长度、结构、等级(或镀锌或者亮度相同的最小载荷)的绳索替换。

④当替换的绳索是原始配置的种类和等级以外的其他类型时,所有的额定载荷图应该进行检查并且由原始的起重机制造商,一个持有美国石油学会2C执照的起重机制造商,特许评估员,或者一个在起重机钢丝绳使用方面有经验的工程师做适当的改变。

5.4.1.5　建议的储藏和操作步骤

(1)存储的绳索应该放置在通风良好的地方并且远离高温。

(2)在没有储藏的地方,绳索和卷筒应该覆盖上防水材料。对于长期的存储,将润滑剂涂层涂在滚筒绳索的外层上。

(3)在长期未使用的起重机上,将合适的润滑剂涂在所有的绳索上。

(4)特别要注意在运输和装卸滚筒和绳索的过程中防止绳索的损坏。滚筒上松散的绳索端部应该被妥善固定在滚筒上。不要在绳子的绳芯线上钉钉子。

(5)更多频繁的检查可能需要在高腐蚀和缺少润滑可导致保质期的减少的高温区进行。

5.4.1.6　建议润滑方式

(1)倾倒润滑剂到绳索上并让它通过一个滑轮,擦去多余部分。

(2)用润滑剂浸湿的抹布擦拭未做运动的绳索。

(3)用润滑剂刷涂或喷涂。

(4)加压润滑。

5.5　检测检验与海上吊机常见缺陷[20]

5.5.1　吊机检验方法

5.5.1.1　检查手段

感官检查:吊机安全技术检查很大部分凭检验人员通过看、听、嗅、问、摸来进行。《起重机械监督检验规程》所规定的起重机械检验项目中70%以上的项目是感官检验。

仪器检查:根据国内外吊机发展趋势,现代化的应用状态监测和故障诊断技术已在吊机设计和使用中广泛推广。在吊机机械运作状态下,利用监测诊断仪器和专家监控系统,对吊机进行检(监)测,随时掌握吊机技术状况,预知整机或系统的故障征兆及原因,把事故消除于萌芽状态。

5.5.1.2　检查部位

吊钩:检查吊钩的标记和防脱装置是否符合要求,吊钩有无裂纹、剥裂等缺陷;吊钩断面磨损、开口度的增加量、扭转变形是否超标;吊钩颈部及表面有无疲劳变形、裂纹及相关销轴、套磨损情况。

钢丝绳:检查钢丝绳规格、型号与滑轮卷筒匹配是否符合设计要求。钢丝绳固定端的压板、绳卡、楔块等固定装置是否符合要求。钢丝绳的磨损、断丝、扭结、压扁、弯折、断股、腐蚀等是否超标。

制动装置:制动器的设置、制动器的形式是否符合设计要求,制动器的拉杆、弹簧有无疲劳变形、裂纹等缺陷;销轴、心轴、制动轮、制动摩擦片是否磨损超标,液压制动是否漏油;制动间隙调整、制动能力是否符合要求。

卷筒:卷筒体、筒缘有无疲劳裂纹、破损等情况;绳槽与筒壁磨损是否超标;卷筒轮缘高度与钢丝绳缠绕层数能否相匹配;导绳器、排绳器工作情况是否符合要求。

滑轮:滑轮是否设有防脱绳槽装置;滑轮绳槽、轮缘是否有裂纹、破边、磨损超标等状况,滑轮转动是否灵活。

减速机:减速机运行时有无剧烈金属摩擦、振动、壳体辐射等异常声音;轴端是否密封完好,固定螺栓是否松动有缺损等状况;减速机润滑油选择、油面高低、立式减速机润滑油泵运行,开式齿轮传动润滑等是否符合要求。

联轴器:联轴器零件有无缺损、连接松动、运行冲击现象;联轴器、销轴、轴销孔、缓冲橡胶圈磨损是否超标;联轴器与被连接的两个部件是否同心。

超载保护装置:超载保护装置是否灵敏可靠、符合设计要求,液压超载保护装置的开启压力;机械、电子及综合超载保护器报警、切断动力源设定点的综合误差是否符合要求。

力矩限制器:力矩限制器是臂架类型吊机防超载防倾翻的安全装置。通过增幅法或增重法检查力矩限制器灵敏可靠性,并检查力矩限制器报警、切断动力源设定点的综合误差是否在规定范围内。

极限位置限制器:检查起重设备的变幅机构、升降机构、运行机构达到设定位置距离时能否发出报警信号,自动切断向危险方向运行的动力源。

防风装置:对于臂架根部铰接点高度大于 50 m 的吊机应检查风速仪,当达到风速设定点时或工作极限风速时能否准确报警。在轨道上运行的吊机应检查夹轨器、铁鞋、锚固装置各零部件是否变形、缺损和它各自独立工作的可靠性。对自动夹轨器,应检查对突发性阵风防风装置与大车运行制动器配合时非锚定状态下的防风功能与电气联锁开关功能的可靠性。

防后倾装置:对动臂变幅和臂架类型吊机应检查防后倾装置的可靠性和电气联锁的灵敏性,检查变幅位置和幅度指示器的指示精度。

缓冲器:对不同类型起重量、运行速度不同的吊机,应检查所配置的缓冲器是否相匹配,并检查缓冲器的完好性,运行到两端能否同时触碰止挡。

防护装置:检查吊机上各类防护罩、护栏、护板、爬梯等是否完备可靠,吊机上外露的有可能造成卷绕伤人的开式传动;联轴器、链轮、链条、传动带等转动零部件有无防护罩,吊机上人行通道、爬梯及可能造成人员外露部位有无防护栏,是否符合要求。露天吊机电气设备应设防雨罩。

控制装置:应检查电气配件是否齐全完整,机械固定是否牢固、无松动、无卡阻;供电电缆有没有老化、裸露;绝缘材料应良好。无破损变质;螺栓触头、电刷等连接部位应可靠;吊机上所选用的电气设备及电气元件应与供电电源和工作环境及工作条件相适应。对裸线供电应检查外部涂色与指示灯的设置是否符合要求;对软电缆供电应检查电缆收放是否合理;对继电器要检查滑线全长无弯曲,无卡阻,接触可靠。

电气保护:在吊机进线处要设易于操作的主隔离开关,吊机上要设紧急断电开关,并检查能否切断总电源。检查吊机电源与各机构是否设短路保护、失压保护、零位保护、过流保护及特殊吊机的超速、失磁保护。检查电气互锁、联锁、自锁等保护装置的齐全有效性。检查电气线路的绝缘电阻,电气设备接地、金属结构接地电阻是否符合要求。吊机上所有电气设备正常不带电的金属外壳、变压器铁芯及金属隔离层、穿线金属管槽、电缆金属护层等与金属结构均应有可靠的接地(零)保护。

金属结构:应检查主要受力构件是否有整体或局部失稳、疲劳变形、裂纹、严重腐蚀等现象。金属结构的连接、焊缝有无明显的变形开裂。螺栓或铆固连接不得有松动、缺损等缺陷。高强度螺栓连接是否有足够的预紧力。金属结构整体防腐涂漆应良好。

驾驶室:应检查驾驶室的悬挂与支承连接牢固可靠性,驾驶室的门锁和门电气联锁开关、绝缘地板与干粉灭火器应配置齐全有效。对于有尘、毒、辐射、噪声、高温等有害环境作业的吊机应检查是否加设了保护驾驶员健康的必要防护装置。驾驶室照明灯、检修灯必须采用 36 V 以内的安全电压。

安全标志:应检查吊机起重量标志牌,大车滑线、扫轨板、电缆卷筒、吊具、台车、夹轨器、滑线防护板、臂架、吊机平衡臂、吊臂头部、外伸支腿、有人行通道的桥式吊机端架外侧等,是否按规定要求喷涂安全标志色。

5.5.2　常见缺陷分析

5.5.2.1　裂纹

海上吊机结构在较大的反复生产荷载作用下，经过一段时间使用后因边部缺口，拼接焊缝有夹渣、气孔等缺陷会出现不同程度的损伤与开裂，其中以疲劳开裂尤为严重和普遍。由于疲劳破坏没有明显的宏观变形或征兆，往往造成突发的灾难性事故，引起巨大的经济损失和人员伤亡。而在海上作业过程中，由于生产条件与环境的限制，吊机结构出现微裂纹时很难被发现或监测到。常见裂纹种类及原因如图 5 –7 至图 5 – 10 所示。

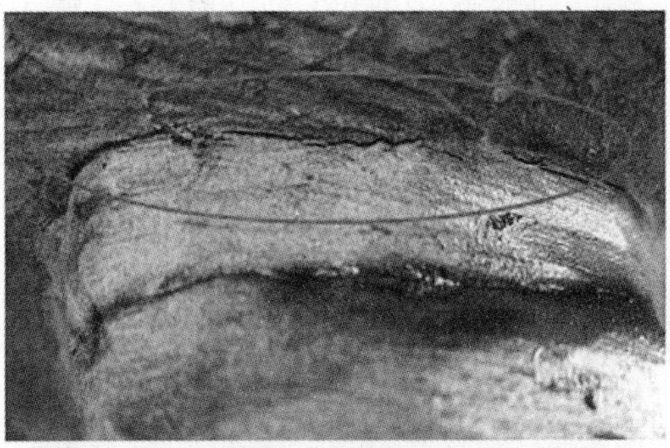

图 5 –7　液压缸销轴固定板裂纹

原因分析：出厂残留缺陷或者疲劳使用

图 5 –8　吊机 A 字架底部裂纹

原因分析：焊接不当，产生冷裂纹，扩展造成的

图 5 –9　吊机琵琶头裂纹图

原因分析：疲劳应力集中

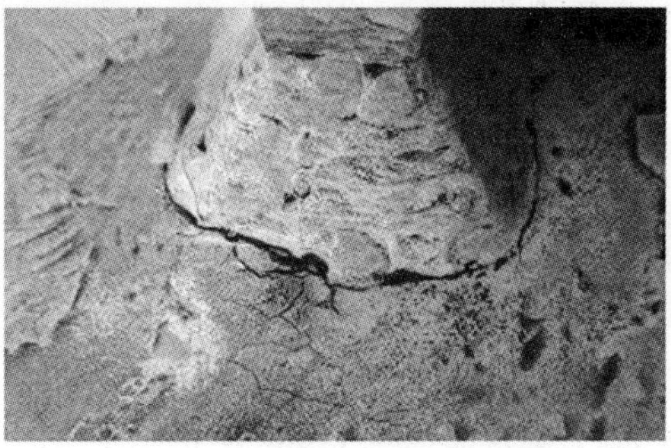

图 5 –10　吊机 A 型架焊接夹杂

原因分析：焊接质量不高或出厂检验不严格

5.5.2.2　磨损

磨损是吊机钢丝绳和滑轮最常见的损伤种类。吊机运行过程中，钢丝绳和滑轮组之间发生相对运动，当由于滑轮槽底或轮缘不光滑有缺陷、有异物时；钢丝绳直径和卷筒上绳槽尺寸以及滑轮组尺寸不相匹配时；钢丝绳和滑轮选型不当，绳径比或材质硬度差异选用不当时；由于滑轮偏斜或位移而引起钢丝绳脱槽时；滑轮不转动或转动异常时；钢丝绳和滑轮干涩缺少润滑时；钢丝绳穿绕不正确时；以及吊运物体有歪拉斜吊现象时，都会造成钢丝绳与滑轮之间摩擦力增大，同时发生相对运动，造成钢丝绳和滑轮轮槽严重磨损（图 5 – 11）。

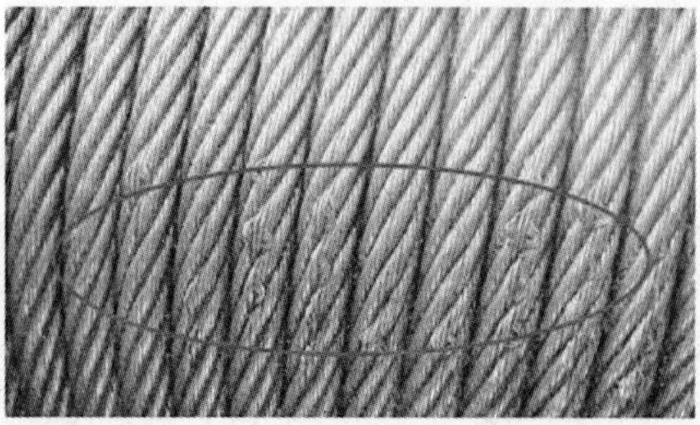

图 5-11　滚筒钢丝绳断丝磨损

原因分析：疲劳、磨损

5.5.2.3　变形

对钢丝绳在吊机中被广泛用作起重绳、变幅绳、小车牵引绳，在装卸工作中还可用于货物的捆扎。由于绳股中钢丝断裂是逐渐产生的，一般不会发生整根钢丝绳突然断裂的现象，但是由于在使用过程中受到意外磕碰、钢丝绳跳绳，以及绞车滚筒上钢丝绳不适当的缠绕的影响，容易造成钢丝绳的变形或者绳心损坏，降低钢丝绳的强度（图 5-12）。

图 5-12　吊机钢丝绳扭曲弯折

原因分析：使用不当或意外磕伤造成

5.5.2.4　绞车咬绳

变幅绞车有时可见咬绳现象，故障主要集中在卷筒两侧挡板端的钢丝绳换层处，在钢丝绳换层处形成原始弯点，此后缠绕都在此次沿卷筒母线依次形成弯点，弯点处的咬绳最为严重且有异常声响。钢丝绳的损伤部位主要集中在钢丝绳股外表面，使钢丝绳表面形成明显压痕，长时间形成断丝，造成钢丝绳使用寿命短，钢丝绳更换频率快（图 5-13）。

图 5-13　钢丝绳表面形成断丝

原因分析：绞车咬绳

5.5.3　检测检验建议

根据以上常见故障的类型统计以及分析，建议在日常检查或者检验实施过程中对如下内容高度重视：滑轮绳槽的磨损；关键销轴（吊臂-滑轮组）；固定回转支撑的螺栓；钢丝绳检验应引入弱磁检测技术，对钢丝绳进行全面检验，尤其是钢丝绳固定端位置；吊钩的压力轴承和锁母；单向轴承的检验；使用年限较长的吊机应逐年提高探伤比例；滑环的日常检查维护；液压胶管的使用年限。

对于老旧的吊机检验，建议重点注意以下几个方面：

（1）在吊机达到设计寿命前一年开始对吊机的结构、机械、电气和液压系统进行全面评估；

(2)结构方面必须进行相关壁厚测量、焊缝100%探伤检查、应力测量和有限元分析；

(3)机械方面必须进行所有绞车的拆检、关键螺栓的检验或更换、滚筒和楔形套进行探伤检查。

5.6　起重机吊重试验

起重机吊重试验是为了满足《船舶与海上设施起重设备规范(2007)》的相关要求而进行的负荷试验，中国船级社要求每4年进行一次，美国船级社要求要求每5年进行一次。对于双船级浮吊船舶，一般采用展期的办法实现二者的统一。由于该项作业达到了起重机设计极限，对起重机和所属船舶的强度与安全性都带来较大的考验，为了圆满完成一次起重机吊重试验，前期准备工作细致而庞杂，任何环节的疏漏都可能导致无法挽回的损失。在正式起吊之前，项目经理及其团队至少要完成如下所有工作：

(1)编制完成吊重试验大纲；

(2)编制完成吊重试验前检查清单；

(3)召开安全评估会议并完成风险评估报告；

(4)编制完成吊重试验应急计划；

(5)成立组织机构并做好人员分工；

(6)浮箱与吊索具的准备、运输以及相关证书的存档；

(7)编制船舶带缆图；

(8)编制吊重试验稳性报告计算书；

(9)编制吊重试验配载操作方案；

(10)编制浮箱加水程序及浮箱加水计算表；

(11)收集吊重试验当日天气预报；

(12)收集吊重试验位置区域潮汐表；

(13)查验起重机操作人员证书。

其中部分工作不仅需要编制，更需要对关键作业人员进行宣贯和周知，确保所有人员对吊重试验的风险评估、应急处置办法以及试验工作的流程等相关内容熟悉并完全领会。下文以《海洋石油201船吊重试前检查清单》和《海洋石油201船吊重试验大纲》来简要介绍吊重试验前期准备工作和具体工作部署情况。

5.6.1　吊重试验前检查清单

吊重试验前检查清单，见表5-3。

表 5－3　吊重试验前检查清单

4000 t 吊机负荷试验

4000T CRANE LOAD TEST CHECKLIST

序号 item	检查内容 description	责任单位 responsible company	检查人 responsible persons	检查结果 合格 YES	检查结果 不合格 NO	备注 notes
项目名称 project name	4000 t 吊机吊重试验项目 4000T crane load commissioning and test			检查日期 check date		2017.04. ________
1. 安装设计文件准备 documents preparation						
1.1	吊重试验实施方案已获得业主的批准 the owner already has approved the plan of loading test	项目组				
1.2	吊重试验实施方案图纸均已获得业主的批准 the owner already has approved the drawings of loading test	项目组				
1.3	试验手册获得船级社批准 Test manual approved by Class	项目组				
2. 施工设备、材料准备 equipments and materials preparation						
2.1	浮箱和吊装索具外观检查,再次核实按照图纸位置进行预挂 carry outpontoons and slings visual inspection and confirm the sling and suspension according to the approved drawings	项目组				
2.2	浮箱吊装使用索具、卡环是否拥有证书 check thepontoon ,sling and shackle certificate	项目组				

表 5－3(续 1)

4000 t 吊机负荷试验 4000T CRANE LOAD TEST CHECKLIST						
项目名称 project name	4000 t 吊机吊重试验项目 4000T crane load commissioning and test			检查日期 check date		2017.04.________
序号 item	检查内容 description	责任单位 responsible company	检查人 responsible persons	检查结果		备注 notes
				合格 YES	不合格 NO	
2.3	再次确认浮箱吊点状态是否完好 confirm the lift point good condition	项目组				
2.4	主作业船舶设备检查完毕,工作状态良好(例如:发电、供电系统、压调载系统、冷却水系统、通讯等) inspect the vessel serving the crane and confirm the vessel good condition	船队				
3. 施工准备 execution preparation						
3.1	方案交底完毕,有明确组织机构,人员落实到位,确保各施工人员熟悉各自职责 read out the plan to everyone and clear the organization chart, the persons already have been arranged, all person involving clear the responsibility	项目组				

表 5 -3(续 2)

4000 t 吊机负荷试验
4000T CRANE LOAD TEST CHECKLIST

项目名称 project name	4000 t 吊机吊重试验项目 4000T crane load commissioning and test			检查日期 check date		2017.04.____
序号 item	检查内容 description	责任单位 responsible company	检查人 responsible persons	检查结果		备注 notes
				合格 YES	不合格 NO	
3.2	建立风、浪、流、潮监测系统,确认表面流速、流向可接受实时测量码头水深,确保能够满足吊重试验要求。(备注:在高平潮起吊浮箱) based on the wind, wave, water currentand tide monitor system, confirm the velocity and current direction sufficient for load test, measure the yard water depth and confirm the sufficient for load test	项目组				
3.3	海洋石油 201 船调载系统调试完毕,出具调载方案、调载泵数量,起吊前确保备用调载泵工作正常 the vessel 201 already finished the commissioning of ballast system and prepare the plan for adjust the ballast and emergent plan, confirm the ballast pumps sufficient for vessel ballast	船队				
3.4	现场测量海水密度,确保吊重试验重量准确 measure the sea water density andconfirm the weight correct	船队				

表5-3(续3)

4000 t 吊机负荷试验 4000T CRANE LOAD TEST CHECKLIST						
项目名称 project name	4000 t 吊机吊重试验项目 4000T crane load commissioning and test			检查日期 check date		2017.04.________
序号 item	检查内容 description	责任单位 responsible company	检查人 responsible persons	检查结果 合格 YES	检查结果 不合格 NO	备注 notes
3.5	吊装前复查索具布置是否与设计位置相一致 confirm the sling configuration according to design plans	项目组				
3.6	起吊前复查四个浮箱的排列是否与设计方式一致 confirm the four water tank located according to design drawings	项目组				
3.7	检查船舶缆绳布置是否合理,充分 check the vessel cableconfiguration in place and sufficient	船队				
3.8	检查浮箱阀门是否可以顺利操作 check the valve of water tanks and satisfy operation well	船队				
3.9	吊装索具挂钩完毕,拖缆连接完毕 confirm the slings suspension finished	船队				
3.10	阀门操作人员登上浮箱并检查所处位置是否安全可靠 the persons who go up the water tank and confirm safe location	安全监督				

表 5-3(续 4)

4000 t 吊机负荷试验
4000T CRANE LOAD TEST CHECKLIST

项目名称 project name	4000 t 吊机吊重试验项目 4000T crane load commissioning and test			检查日期 check date		2017.04. ________
序号 item	检查内容 description	责任单位 responsible company	检查人 responsible persons	检查结果		备注 notes
				合格 YES	不合格 NO	
3.11	水箱数据记录人员就位并保证每个浮箱可以两面读数 water tank recorder is in place and confirm the two sides read	项目组				
3.12	消防水就位,以保证精确加水 confirm fire water in place and fill the water precision	船队				
3.13	现场工作艇准备就位,用于工作支持和应急 prepare rescue boat in place to support work and emergence	船厂				
3.14	码头履带吊准备就位,用于工作支持和应急 confirm crawler crane and truck crane in place for work support and emergence	船厂				
3.15	每次起吊试验需要确认 48 小时气象预报 confirm the weathercondition before two days when lifting	项目组/船队				
3.16	通信设备准备完毕,通信系统畅通 good communication	项目组/船队/船厂				

表 5 - 3(续 5)

4000 t 吊机负荷试验 4000T CRANE LOAD TEST CHECKLIST						
项目名称 project name	4000 t 吊机吊重试验项目 4000T crane load commissioning and test			检查日期 check date		2017.04.________
序号 item	检查内容 description	责任单位 responsible company	检查人 responsible persons	检查结果		备注 notes
				合格 YES	不合格 NO	
3.17	浮箱起吊进行试验 lift thepontoon and carry out test	项目组/船队				
3.18	船首向前 100 m,船尾向后 100 m 码头区域警戒,禁止无关人员进入	船厂				
3.19	全船人员穿着救生衣	项目组/船队				
3.20	试验期间监控油舱透气帽,落实防溢油措施	船队/船厂				
4. 船舶准备 Vessel preparation						
4.1	船体给吊机供电系统良好,除正常工作发电机外,应备机 confirm the power for 4000T crane good state and generator in standby except normal generators	船队				
4.2	船体压载系统良好,压载室人员到位 the ballast system in good condition and ballast bridge duty persons in place	船队				

表 5-3(续 6)

4000 t 吊机负荷试验

4000T CRANE LOAD TEST CHECKLIST

项目名称 project name	4000 t 吊机吊重试验项目 4000T crane load commissioning and test			检查日期 check date		2017.04.______
序号 item	检查内容 description	责任单位 responsible company	检查人 responsible persons	检查结果 合格 YES	检查结果 不合格 NO	备注 notes
4.3	船体给吊机供电的所有有关设备值班人员到位，有问题及时报告 the persons who arrange the equipments to power the crane must be in duty and report in time if exist some problem	船队				
4.4	全船除吊重试验外的所有施工工作应停止 prohibit all construction work effecting the crane loading test	项目组/船队				
4.5	加载过程中船体稳性计算已经完成，并且满足吊机负载试验允许的范围 Stability calculation of all the relevant loading conditions have been made, show results that are within allowable and workable boundaries	项目组				
4.6	每一步负载试验压载操作程序明确，并且准备应急预案 Operation procedures are in place for ballasting operation of each of the test loads cases, including emergency scenarios	项目组/船队				

表 5－3(续 7)

4000 t 吊机负荷试验
4000T CRANE LOAD TEST CHECKLIST

项目名称 project name	4000 t 吊机吊重试验项目 4000T crane load commissioning and test		检查日期 check date		2017.04.______
序号 item	检查内容 description	责任单位 responsible company	检查人 responsible persons	检查结果 合格 YES	检查结果 不合格 NO	备注 notes
4.7	每一步操作压载操作室都应与吊机驾驶员保持良好的沟通 Operational procedures are in place for communication between the ballast master and the OPERATOR	船队				
4.8	应有专门人员负载试验期间检查缆绳，防止负载试验期间缆绳断裂 special persons check the winch cable and avoid winch cable break down	船队				
4.9	主甲板、A 甲板、机舱水密门、风雨密门关闭	船队				
4.10	全船设备、物品系固	船队				
5. 吊机 main crane						
5.1	安全监督应根据留船人员名单，确认吊机负载试验无关人员全部撤离 201 船，201 船仅留吊机负载试验值班有关人员 safe inspector should confirm norelevant persons are away from vessel 201 and only duty persons are in place according to persons sheet	船队				

表 5－3（续 8）

4000 t 吊机负荷试验 4000T CRANE LOAD TEST CHECKLIST						
项目名称 project name	4000 t 吊机吊重试验项目 4000T crane load commissioning and test			检查日期 check date		2017. 04. ________
序号 item	检查内容 description	责任单位 responsible company	检查人 responsible persons	检查结果		备注 notes
				合格 YES	不合格 NO	
5.2	确认负载试验整个安排及方案已获有关各方同意 Verify that the overall test plan is known by and agreed among parties	项目组				
5.3	确认吊机调试及功能测试满足负载试验要求 Verify that the CRANE is commissioned and functional tested as far as required for executing the load tests	项目组				
5.4	确认吊机所有滑轮注油点重新注油并满足使用要求 verify crane sheave oilnozzle already have been filled grease oil	船队				
5.5	确认吊机齿轮润滑正常，供油泵液位满足要求 verify crane pinion lubrication is normal and lubrication pump oil level satisfies operation requirement	船队				
5.6	确认空压机工作正常，空压机油位满足要求 verify air compressor work normally and oil compressor oil level	船队				

表5－3(续9)

4000 t 吊机负荷试验
4000T CRANE LOAD TEST CHECKLIST

项目名称 project name	4000 t 吊机吊重试验项目 4000T crane load commissioning and test			检查日期 check date		2017.04.＿＿＿
序号 item	检查内容 description	责任单位 responsible company	检查人 responsible persons	检查结果 合格 YES	检查结果 不合格 NO	备注 notes
5.7	确认吊机电气间所有电气设备工作正常满足使用要求 confirm all electrical equipments satisfy requirements during load test	船队				
5.8	专人检查绞车房主绞车钢丝绳 special persons check main hoist wire cable in winch house	船队				
5.9	吊机的平衡钢丝绳锁结应避免与吊机结构碰撞 crane ballast wire socket should avoid colliding crane structure	船队				
5.10	确认旋转轨道、旋转齿轮轨道、齿轮都已经清洁并良好的润滑 Verify that the slewing rails, slewing gear rack and pinions are cleaned and sufficiently greased	船队				
5.11	确认所有齿轮箱都已经注油完成，油位满足要求，开式齿轮润滑良好 Verify that all gearboxes are filled with oil and open gears are greased as per the requirements	船队				

表 5-3(续 10)

4000 t 吊机负荷试验

4000T CRANE LOAD TEST CHECKLIST

项目名称 project name	4000 t 吊机吊重试验项目 4000T crane load commissioning and test			检查日期 check date		2017.04.______
序号 item	检查内容 description	责任单位 responsible company	检查人 responsible persons	检查结果		备注 notes
				合格 YES	不合格 NO	
5.12	确认所有钢丝绳证书及钩头有效证书 Verify the availability of certificates of wire ropes and lower blocks	项目组				
5.13	确认所有要求的配重满足有关文件及证书的要求 Ensure that the required test weights are present and provided with the relevant documentation and certification	项目组				
5.14	确认锁具、锁具安排满足负载试验,锁具布置及悬挂已经获得有关各方同意 Ensure that the sling arrangements for the relevant load test are designed, approved and present	项目组				
5.15	确认扒杆绞车、主绞车带刹及卡钳刹车良好,满足负载试验要求 ensure the boom hoist, main hoist, aux. hoist band brake and caliper brake good condition andsufficient for load test	船队				

表 5-3(续 11)

4000 t 吊机负荷试验
4000T CRANE LOAD TEST CHECKLIST

项目名称 project name	4000 t 吊机吊重试验项目 4000T crane load commissioning and test			检查日期 check date		2017.04.______
序号 item	检查内容 description	责任单位 responsible company	检查人 responsible persons	检查结果 合格 YES	检查结果 不合格 NO	备注 notes
5.16	确保水深满足负载试验要求，海水处在高潮位 Ensure the water depth at test site is sufficient to execute the load tests, the sea water should be high tide	项目组				
5.17	4000 t 吊机背拉绳模式，应专人对铰接点检查； 4000T tie back mode, special persons should check hinged joint	船队				
5.18	确认压载的操作步骤满足负载试验要求 Verify that operational procedures are in place for ballasting for the specific operation	船队				
5.19	在各种工况下，做船体倾斜试验 Verify that the results of the inclination test for the pre-load condition is within the design values for the critical 3000 and 3500/3850 Revolving and 4000/4400 Tie-back mode	项目组				
5.20	确认吊机驾驶员与压载室值班人员良好通信 Verify that communication procedures are in places between the OPERATOR and the ballast master	船队				

表 5-3(续 12)

4000 t 吊机负荷试验
4000T CRANE LOAD TEST CHECKLIST

项目名称 project name		4000 t 吊机吊重试验项目 4000T crane load commissioning and test		检查日期 check date		2017.04.______
序号 item	检查内容 description	责任单位 responsible company	检查人 responsible persons	检查结果		备注 notes
				合格 YES	不合格 NO	
5.21	确认有关负责人员明确责任,站位正确 insure all involving persons clear duty and in place	项目组				
5.22	确认吊机旋转无障碍,可自由移动 Verify that the CRANE is not obstructed and free to move	船队				
5.23	确认吊机外观检查,满足吊机负载试验要求 Perform complete visual check of entire CRANE to verify that the CRANE is ready for load testing	船队				

5.6.2　海洋石油 201 船起重机吊重试验大纲

5.6.2.1　吊重试验背景

海洋石油 201 船吊机由 4 000 t 主钩、800 t 辅钩及 50 t 一号小钩和 70 t 二号小钩组成，此次试验是分别对主钩回转模式下、主钩固定模式下、辅钩、以及 70 t/50 t 小钩分别进行吊重试验。试验地点在文冲船厂，计划吊重时间在 2017 年 4 月。

辅钩的吊重试验将使用一个自重为 310 t 的水箱进行，主钩的吊重试验将使用四个自重为 310 t 的水箱进行，在吊重试验之前需要确定水箱的外观、吊点完整，计量证书有效。

1. 吊重试验目的

试验目的是每 5 年的特别检验，确保吊机满足船级社规范要求。

2. 试验范围

吊机的试验范围主要包括：

(1)规范要求在吊重曲线上选取 3 个吨位进行吊重测试：辅钩在跨距 98 m/90 m/90 m 跨距下分别进行 673 t/800 t/880 t 吊重试验；主钩在回转模式下，83 m/41.25 m/41.25 m/33 m/跨距下进行 825 t/3000 t/3 000 t(回转测试) /3 850 t 吊重试验；主钩在固定模式下，58 m/50 m/40 ~43 m 跨距进行 2 695 t/3 465 t/4 400 t 吊重试验；以及一号小钩 50 t/55 t，二号小钩 70 t/77 t 吊重试验。

(2)船级社要求《船舶和海上设备起重准则(2007)》，起吊准则见表 5 -4。

表 5 -4　起吊准则

安全工作负荷(SWL)	过载试验负荷
SWL < 20 t	SWL + 25% SWL
20 t > SWL < 50 t	SWL + 5 t
SWL > 50 t	SWL + 10% SWL

指重计需要由专业部门进行标定，标定误差需要小于 2%，标定周期小于 2 年。如果吊重试验使用重块(水箱)进行试验，重块(水箱)需要进行标定，精确度保持在 ±2%。起重机需按照表 5 -4 进行吊重试验，试验程序需要由船级社批准，扒杆要按照设计图纸保持在最大跨距或者船级社批准的跨距，过载试验时间大于 5 min。

3. 吊重试验验收标准

(1)完成船级社要求的吊重试验，无遗留项。

(2)吊重试验满足主、辅钩及小钩载荷要求，满足吊机证书要求。

5.6.2.2　吊重试验基础

吊重试验以厂家初始设计吊重曲线与跨距载重曲线为依据开展工作。

1. 安全工作吊重曲线

安全工作吊重曲线、跨距吊高曲线分别见图 5 -14、图 5 -15。

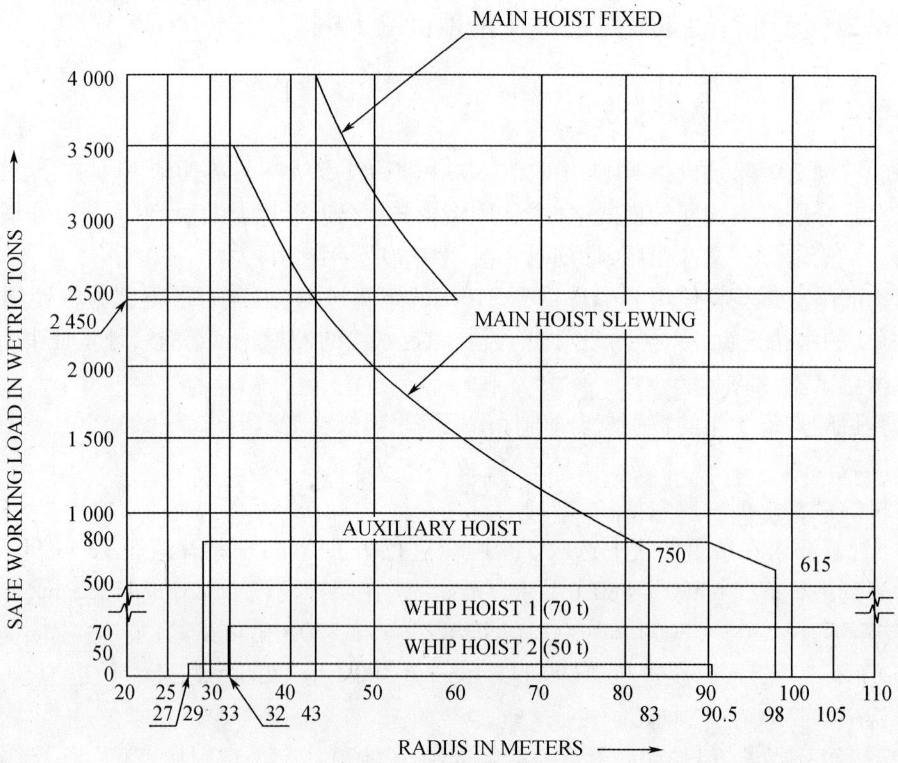

图 5 – 14　吊重曲线表

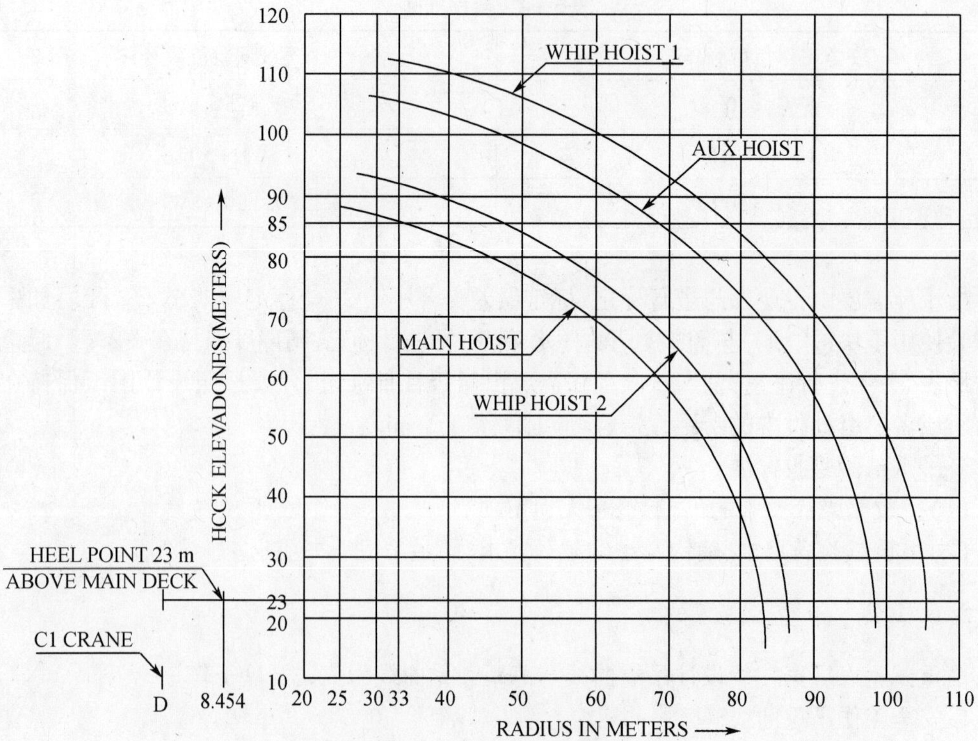

图 5 – 15　跨距吊高曲线

5.6.2.3　吊重试验原理

海洋石油 201 船主、辅钩吊重试验采用吊浮箱方式进行，浮箱的尺寸为 10 m×10 m×12 m，通过浮箱充水达到试验所需的质量，因为浮箱试验的质量等于排水量，用排水量决定它的吃水深度，因此我们采用在浮箱外壳标记浮箱的吃水。

方法：水的密度为 $\rho=1.025\ t/m^3$（在做试验时根据现场确定），浮箱的底面积 $S=10\ m\times10\ m=100\ m^2$，因此浮箱的吃水 draft = 质量 $W/(\rho\times S)$。

吊重试验质量 = 吊重试验时起吊索具的质量 + 浮箱的质量（包括水），因此在计算浮箱吃水时要减掉索具的总质量 88 t。具体的计算吃水标记如表 5－5 和表 5－6 所示。

表 5－5　辅钩吊重试验浮箱吃水

试验质量/t	海水密度/(t/m^3)	索具质量/t	浮箱质量/t	D 浮箱底面积/m^2	吃水/m	参考刻度/m	跨距/m
673	1.025	23.1	649.9	99.462	6.37	6.35	98
800	1.025	23.1	776.9	99.462	7.62	7.50	90
880	1.025	23.1	856.9	99.462	8.41	8.40	90

表 5－6　主钩吊重试验浮箱吃水

序号	吊重吨位/t	浮箱分配质量/t	海水密度/(t/m^3)	索具重量/t	浮箱重量/t	吃水/m	参考刻度/m	跨距/m
1	1 686	421.5	1.025	22	399.5	3.92	3.90	60
2	3 000	750	1.025	22	728	7.15	7.10	41.25
3	3 000	750	1.025	22	728	7.15	7.10	33
4	3 500	875	1.025	22	853	8.38	8.35	33
5	3 850	962.5	1.025	22	940.5	9.24	9.20	33
6	4 000	1 000	1.025	22	978	9.60	9.55	40－43
7	4 400	1 100	1.025	22	1 078	10.59	10.55	40－43
water tank AA 浮箱								
1	1686	421.5	1.025	22	399.5	3.92	3.90	60
2	3 000	750	1.025	22	728	7.15	7.10	41.25
3	3 000	750	1.025	22	728	7.15	7.10	33
4	3 500	875	1.025	22	853	8.38	8.35	33
5	3 850	962.5	1.025	22	940.5	9.24	9.20	33
6	4 000	1 000	1.025	22	978	9.61	9.55	40－43
7	4 400	1 100	1.025	22	1 078	10.59	10.55	40－43

表 5－6(续)

序号	吊重吨位/t	浮箱分配质量/t	海水密度/(t/m^3)	索具质量/t	浮箱重量/t	吃水/m	参考刻度/m	跨距/m
water tank BB 浮箱								
1	1 686	421.5	1.025	22	399.5	3.92	3.90	60
2	3 000	750	1.025	22	728	7.14	7.10	41.25
3	3 000	750	1.025	22	728	7.14	7.10	33
4	3 500	875	1.025	22	853	8.37	8.35	33
5	3 850	962.5	1.025	22	940.5	9.22	9.20	33
6	4 000	1 000	1.025	22	978	9.59	9.55	40～43
7	4 400	1 100	1.025	22	1 078	10.57	10.55	40～43
water tank CC 浮箱								
1	1 686	421.5	1.025	22	399.5	3.92	3.90	60
2	3 000	750	1.025	22	728	7.14	7.10	41.25
3	3 000	750	1.025	22	728	7.14	7.10	33
4	3 500	875	1.025	22	853	8.37	8.35	33
5	3 850	962.5	1.025	22	940.5	9.23	9.20	33
6	4 000	1 000	1.025	22	978	9.59	9.55	40～43
7	4 400	1 100	1.025	22	1 078	10.57	10.55	40～43
water tank DD 浮箱								

5.6.2.3 吊重试验

1. 辅钩吊重试验

由于辅钩吊重试验最大吨位为 880 t，而一个浮箱最大吊重可达 1 120 t，所以一个浮箱即可满足吊重试验要求，选择浮箱编号为 D，D 浮箱索具如表 5－7。

表 5－7　D 浮箱索具

序号	名称	规格	数量	质量	备注
1	GROMMET	ϕ210 mm×55 710 mm	1	22 t	D 浮箱主索具
2	SLING 压制索具	ϕ32 mm×23 000 mm	4	1 t	D 浮箱扶正调整索具
3	SHACKLE 卡环	12 t	8	0.1 t	D 浮箱扶正调整索具

浮箱在辅钩吊重试验时最大的吨位为 880 t，这样钢丝绳受力为 440 t，安全系数检查见表 5－8。

表 5 - 8　索具安全系数表

序号	名称	规格	最小破断力	载荷	安全系数
1	GROMMET	ϕ210 mm × 55 710 mm	3 200 t	440 t	7.27

通过检查发现,钢丝绳安全系数大于海上吊装安全系数 4.0,满足 API 规范要求。

2. 主钩吊重试验

由于主钩吊重试验最大吨位为 4 400 t,而一个浮箱最大吊重可达 1 120 t,所以四个浮箱即可满足吊重试验要求,选择浮箱编号为 A/B/C/D,四个浮箱主索具如表 5 - 9。

表 5 - 9　四个浮箱主索具

序号	名称	规格	数量	质量	证书
1	A 浮箱锁具	ϕ210 mm × 55 810 mm	1	22 t	OK
2	B 浮箱锁具	ϕ210 mm × 55 710 mm	1	22 t	OK
3	C 浮箱锁具	ϕ210 mm × 55 760 mm	1	22 t	OK
4	D 浮箱锁具	ϕ210 mm × 55 660 mm	1	22 t	OK

浮箱在吊重试验时最大的吨位为 4 400 t,这样钢丝绳受力为 550 t,安全系数检查见表5 - 10。

表 5 - 10　索具安全系数表

序号	名称	规格	最小破断力	载荷	安全系数
1	浮箱锁具	ϕ210 mm × 55 710 mm	3 265 t	635 t	5.14

通过检查发现,钢丝绳安全系数大于海上吊装安全系数 4.0,满足 API 规范要求。

5.6.2.4　吊重试验准备

1. 重机准备

试验执行之前需要明确吊机已经具备吊重试验条件:所有的系统功能满足吊重试验要求。

2. 船舶设备准备

不仅是对吊机进行检查,同时也对船舶进行检查,所以吊重试验之前需要对船舶调载和相关载荷状况进行检查。

3. 环境条件确认

吊重试验之前,需要对吊重试验前的天气进行预报,并且此预报满足吊重试验窗口要求,此天气窗口需满足 48 h 吊重试验要求。通过船舶通讯员或者船长每 12 h 接受一次天气预报。吊重试验环境参数如下:

温度范围 -15 ~45 ℃;

建议风速 <10.7 m/s;

建议波高 <1.0 m。

4. 位置条件参数确认

因为此次吊重试验浮箱最大吃水要求为 10.6 m，所以码头水深要求满足 12 m，同时，HYSY201 船扒杆在 90 m 跨距时从 90°至 180°旋转范围内无其他船舶等障碍物。

5. 水密度测量

试验之前两天需要对试验区域的水的密度进行测量以确定在当时条件下的水的密度。

5.6.2.5 主钩吊重试验操作

1. 吊重试验资源

主钩吊重试验操作时需要的相关资源参见下表 5－11。

表 5－11 吊重试验资源

序号	名称	规格	工作描述	备注
1	HYSY201	4 000 t	自身试验	良好
2	浮箱 A/B/C/D	10 m×10 m×12 m	加水测试	良好
3	主锁具	4×ϕ210 mm×55 710 mm	连接浮箱和钩头	良好

2. 吊重试验准备

首先要保证参与时船体需要控制的各个位置均有专人操作和看守(201 船负责)，浮箱索具挂扣人员(6 人)做好挂扣、指挥等准备(201 船负责)，浮箱水阀操作人员(5 人)做好水阀开关准备(201 船负责)，操作人员保证通信设备通畅。

3. 吊重试验操作程序

(1) 浮箱 A/B/C/D 安装索具

主钩将同时起吊四个方形浮箱。因为每个浮箱相互影响，所以不能用索具调整浮箱。不同于辅钩吊重试验，参考 DWG－4000T－LT－OI－008。

(2)完成主钩索具安装后，吊机将从码头(驳船)起吊四个浮箱并旋转至船尾进行吊重试验，参考 DWG－4000T－LT－OI－009。

(3)浮箱 A/B/C/D 吊重试验，在背拉绳模式下，试验跨距 40～43 m，试验吊重4 000/4 400 t。

安装好背缆棒后，吊机调整跨距至 40 m 状态下，将浮箱 A/B/C/D 放入水中，打开浮箱阀门。以表 5－6 吃水刻度做参考，当 A/B/C/D 浮箱水线达到相应刻度，操作者关闭水箱阀门，停止注水。建议吊机起吊浮箱 A/B/C/D 离水面 1 m 并且调整跨距从 40 m 到 43 m。详细参考 DWG－4000T－LT－OI－015。

回转模式下，跨距 60 m/41.25 m/33 m/33 m/33 m，吊重 1 686 t/3 000 t/3 000 t/3 500 t/3 850 t。

按先后顺序依次进行试验，即如表 5－12 所示。

表 5 - 12　试验顺序

	测试类型	测试质量/t	跨距/m
1	过载测试	1 686	60
2	过载测试	3 000	41.25
3	回转测试	3 000	33
4	满载测试	3 500	33
5	过载测试	3 850	33

详见《4000T 吊机主钩吊重试验操作程序》，图纸参考 DWG - 4000T - LT - OI - 013。

4. 主钩吊重试验收尾

在完成主钩吊重试验之后打开浮箱 A/B/C/D 水阀将水全部放掉，然后将浮箱 A/B/C/D 放置于驳船，解除索具，主钩吊重试验完成。

5.6.2.6　辅钩吊重试验操作

1. 吊重试验资源

吊重试验操作时需要的相关资源参见表 5 - 13。

表 5 - 13　吊重试验资源

编号	名称	规格	工作描述	备注
1	海洋石油 201	3 000 m DP3 起重铺管船	自身试验	良好
2	浮箱 D	10 m × 10 m × 12 m	加水试验	良好
3	主索具	ϕ210 mm × 55 710 mm	连接浮箱和钩头	良好
4	索具	ϕ32 mm × 23 000 mm	连接浮箱和钩头	良好
5	卡环	12 t	连接浮箱和钩头	良好
6	驳船		浮箱 D 运输	永裕大件

2. 吊重试验准备

首先要保证参与时船体需要控制的各个位置均有专人操作和看守（201 船负责），浮箱索具挂扣人员（6 人）做好挂扣、指挥等准备（201 船负责），浮箱水阀操作人员（3 人）做好水阀开关准备（201 船负责）。

3. 浮箱 D 安装索具

辅钩的吊重试验使用一个浮箱即可满足试验要求，将使用浮箱 D 进行吊重试验，具体索具安装布置图参见 DWG - 4000T - LT - OI - 001。

在安装完 D 浮箱扶正调整索具之后，D 浮箱将从驳船上起吊并旋转至船尾进行吊重试验，具体参见 DWG - 4000T - LT - OI - 002，DWG - 4000T - LT - OI - 003。

4. 吊重试验

一次：跨距 98 m，吊重 673 t，180°。

二次:跨距 90 m,吊重 800 t,180°。

三次:跨距 90 m,吊重 880 t,180°。

从驳船上吊起浮箱 D 之后将扒杆转到于船尾 180°方向,将浮箱慢慢下放至水中并打开进水阀,以相应刻度作为参照,当加水至 673 t 的时候关闭水阀停止加水,将扒杆变幅至跨距 98 m,幅钩缓慢提升浮箱 D 出水面至 2 m,并保持 5 min。

保持水箱高度 2 m 左右,扒杆变幅至 90 m 跨距,然后将浮箱缓缓下放至水中,并打开进水阀,参考相应刻度,加水至 800 t 的时候停止加水,副钩缓慢提升浮箱 D 出水面 1 m,保持 5 min。

将浮箱缓缓下放至水中,并打开进水阀,参考表 5 - 5 相应刻度,加水至 880 t 的时候停止加水,缓慢提升浮箱 D 出水面 1 m,并保持 5 min,然后将浮箱缓缓下放至水中。

具体参见 DWG - 4000T - LT - OI - 005 图纸。

5. 辅钩吊重试验收尾

在完成幅钩吊重试验之后打开浮箱 D 水阀将水全部放掉,然后将浮箱 D 放置于驳船,解除索具,辅钩吊重试验完成。

5.6.2.7 辅钩吊重试验操作吊重试验后工作

吊重试验完成后,吊机的关键部位需要进行检查,以确定经过此次试验之后是否发生损坏。

具体的检查内容如下:

(1)滑轮和钢丝绳导向外观检查;

(2)钢丝绳外观检查(包括索节);

(3)变幅绞车、刹车、离合器外观检查;

(4)钩头外观检查;

(5)对扒杆、钩头和选择系统等焊接、螺栓连接处进行检查。

5.6.2.8 辅钩吊重试验操作附件

附件 1:吊重试验图。

附件 2:浮箱结构图纸。

附件 3:水箱测量证书。

附件 4:索具证书。

第6章　起重机故障模式、影响及危害性分析(FMECA)技术

6.1　概　　述

FMECA(Failure Modes Effect and Criticality Analysis)技术是从工程实践中总结出来的科学方法,是一项有效、经济且易掌握的分析技术。它广泛应用于可靠性工程、安全性工程、维修工程等领域。

6.1.1　基本概念

FMECA是一种系统化的方法,其目的是通过对任意的系统、子系统、零部件找出所有可能的故障模式及故障原因、影响,并判断其危害度的大小,找出系统中潜在的薄弱环节和关键零部件,最后进行风险评估,并提出改进措施。

FMECA由FMEA和CA两部分组成。FMEA的目的是分析产品中每个潜在故障模式,并对产品所造成的可能影响,以及将每个故障模式按照它的严酷度进行分类。CA则是按照其严酷度和发生概率所产生的综合影响进行分类,因此CA是从风险的角度对FMEA进行补充、扩展。

早在20世纪50年代初期,美国Grumman公司第一次把故障模式影响分析(FMEA)用于战斗机的操纵系统的设计分析,取得了良好的效果。以后这种FMEA技术在航空、航天工程以及其他工程等方面得到广泛的应用,并有所发展。后来FMECA技术又形成标准,1974年美国发布了MIL-STD-1629《故障模式影响及致命性分析程序》,1985年,IEC发布了IEC 812《故障模式和影响分析(FMEA)程序》。我国也于1987年颁发了GB 7826《失效模式和效应分析(FEMA)程序》(等同IEC 812),在1992年颁发了GJB 1391《故障模式、影响及危害性分析程序》。

FMECA是GJB 450《装备研制与生产的通用大纲》、QJ 1408《航天器与导弹武器系统可靠性大纲》所规定的主要工作项目。在一些航天型号研制中,采用FMECA技术,取得了一定的成效。

FMEA是一种针对产品和过程开发中潜在问题进行分析、推断,进而提出预防措施的技术。对船舶起重设备产品开发而言,也就是在产品的产品设计、过程设计各阶段,对产品技术指标、质量指标、制造可行性、使用等方面存在的潜在问题进行失效模式分析,推断潜在失效模式可能造成的后果及违害程度,提出有效的预防措施,确保开发的产品能够达到技术性能指标,满足顾客对产品技术性能和使用寿命的要求、需要和期望。

6.1.2 FMECA 的目的与作用

FMECA 是要按规则记录产品设计中所有可能的故障模式,分析每种故障模式对系统的工作及状态(包括战备状态、任务成功、维修保障、系统安全等)的影响并确定单点故障,并将每种故障模式按其影响的严酷度及发生概率排序,从而发现设计中潜在的薄弱环节,提出可能采取的预防改进措施(包括设计、工艺或管理),以消除或减少故障发生的可能性,保证产品的可靠性,其工作关系图如图 6-1 所示。

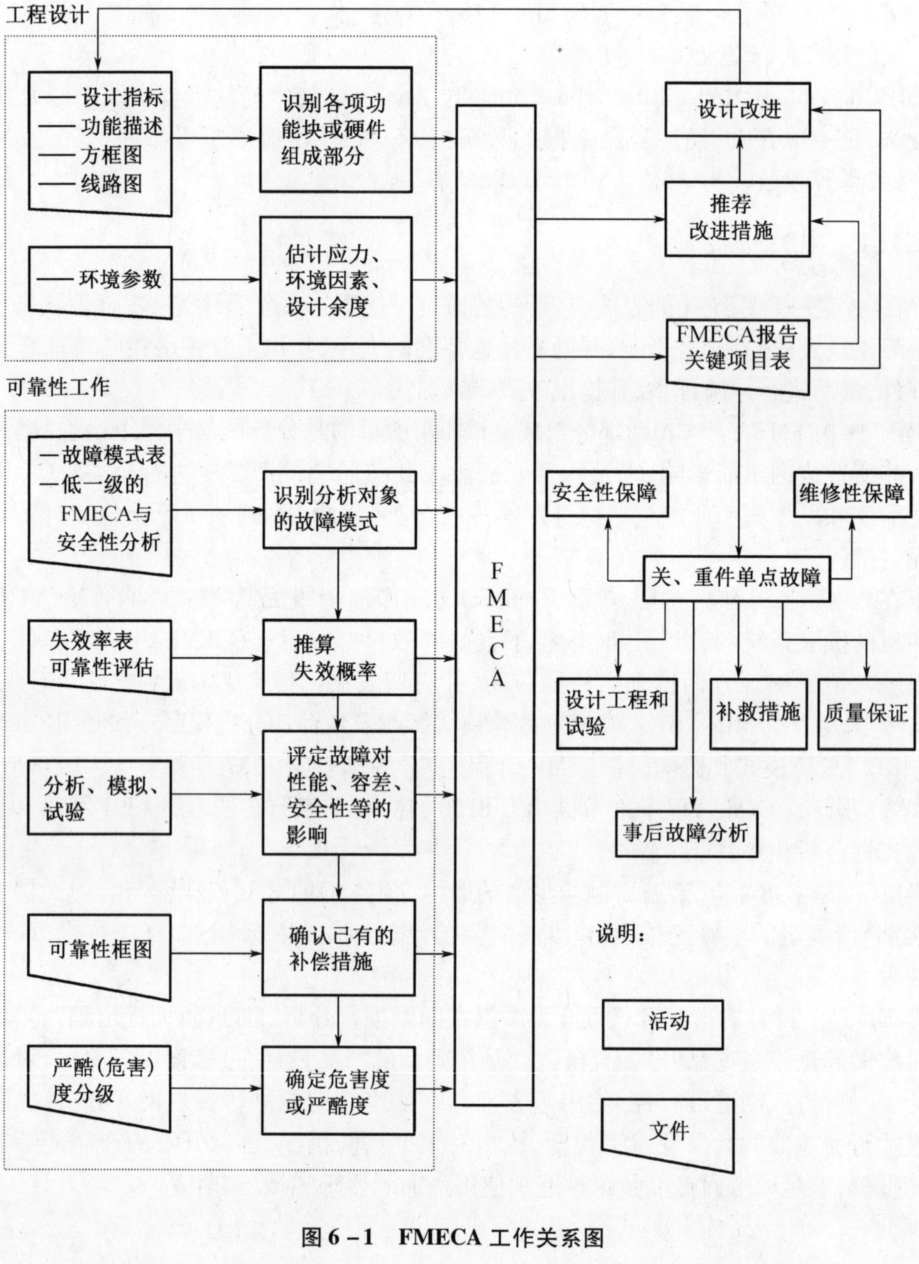

图 6-1 FMECA 工作关系图

FMECA的作用是:

(1)保证有组织、系统、全面地查明一切可能的故障模式及其影响,对它们应该或是已采取适当的补救措施,或是确认其风险已低于可以接受的水平。

(2)找出被分析对象的“单点故障”。所谓单点故障是指这种故障单独发生时,就会导致不可接受的严重的影响后果。一般来说,如果单点故障出现概率不是极低的话,则应在设计、工艺、管理等方面采取切实有效的措施。产品发生单点故障的方式就是产品的单点故障模式。

(3)为制订关键项目清单或关键项目可靠性控制计划提供依据。

(4)为可靠性建模、设计、评定提供信息。

(5)揭示安全性薄弱环节,为安全性设计(特别是载人飞船的应急措施、火箭地面爆炸等)提供依据。

(6)为制订试验大纲提供信息,以便试验前做好充分检测,尽可能达到试验预定目的。

(7)为确定需要及时更换哪些有限寿命的零部件、元器件的清单,以提供使用可靠性(包括储存可靠性)设计的信息。

(8)为确定需要重点控制质量及生产工艺(包括采购、检验)的薄弱环节清单提供信息。

(9)为确定维修方案、机内测试(BIT)、测试点设计、编写维修指南、维修保障设计提供信息。

(10)为设计故障诊断、隔离及结构重组等提供信息。

(11)作为使可靠性指标符合要求的一种反复迭代的设计手段。

(12)及早发现设计、工艺中的各种缺陷,以便提出改进措施。

6.1.3　FMECA的分析对象

FMECA的对象包括研制任务书或合同内规定的项目,也包括由转承制方承担供应的外协设备、外协件。

FMECA的对象除了电子、电气、机械、热、机电、液压、气动、光学、结构、动力、点火器等火工品硬件及产品的组成功能外,还应考虑试验设备、试验方法、工艺技术软件,某些情况下,人也是FMECA的分析对象(研究人的操作差错,操作序列差错等的影响)。

要对产品任务周期内的所有任务阶段进行FMECA,例如卫星的任务周期就包括发射准备、发射、轨道转移、入轨、轨道运行、变轨、再入等任务阶段。

要对产品的所有工作模式进行FMECA,例如工作状态下产品的FMECA,不工作状态下产品的FMECA等。

凡设计、工艺、质量控制方法、包装、储运或其他工作有更改或变动时,应同时采用FMECA方法,分析这些更改或变动对产品特别是对关键件、重要件工作或状态的影响。

当研制过程中发现新的故障模式时,应及时补充进行FMECA,以查明其对产品的影响。

6.1.4　FMECA计划

FMECA是必须进行的可靠性的工作项目。承制方必须把FMECA列入可靠性大纲内,并以“FMECA计划”的书面形式规定承制方为完成FMECA所要进行的工作。

该计划要求在产品研制过程中,尽早开始,并不断反复迭代,进行FMECA,以其结果为改进设计提供依据,它包括:

(1)不同阶段的FMECA要求。

(2)确定FMECA的分析方法。

(3)FMECA表格式样。

(4)确定FMECA的最低约定层次(也可由合同规定)。

(5)规定引用的编码体系(如果用计算机辅助分析时)。

(6)故障判据(在技术规范或可靠性大纲中规定)。

(7)与其他工作计划的配合。由于FMECA需要利用其他工作项目的某些结果,其他工作项目也要利用FMECA的结果,因此需要在进度、内容、计划上互相协调、配合。

FMECA由型号设计人员在经过培训合格后进行,必要时可靠性专业人员应予以配合,协助共同完成。

6.1.5 FMECA的输入

进行FMECA需要输入一些信息,主要有:

1. 设计任务书(或技术规范)

设计任务书包括设计产品的技术指标要求,执行的功能,产品工作的任务剖面、寿命剖面以及环境条件,试验(包括可靠性试验)要求,使用要求,故障准则,其他约束条件等。

2. 设计方案论证报告

设计方案论证报告通常说明了对各种设计方案的比较及与之相应的工作限制,它们有助于确定可能的故障模式及其原因。

3. 被分析的对象在所处的系统内的作用与要求的信息

包括所处系统诸组成单元的功能、性能的要求及容许限,诸组成单元间的接口关系及要求,被分析对象在所处系统内的作用、地位(例如,它是可靠性关键件与它是冗余中的冷储备的地位、作用就不同)。

4. 有关的设计图样

包括在研制初期的工作原理图和功能方框图(包括某些功能是按顺序执行的,则应有详细的时间-功能方框图),据此可以进行功能法的FMECA,其后的详细设计图样则为进行硬件法的FMECA提供基础。

这里的图样包括被分析对象的图样,所在分系统、系统的必要图样,特别是直接有接口联系的单元的图样。

5. 被分析对象及所处系统、分系统在启动、运行、操作、维修中的功能、性能、可靠性信息

包括不同任务的任务时间(如果任务还划分为若干任务阶段,则应列出各任务阶段的时间);测试、监控的时间周期;预防维修的规定,修复性维修的资源(设备、人员、维修时间、备件等);对可能出现严酷度高的等级的后果,特别是属于安全性事故时,能采取应急补救措施(包括及时逃逸)的时间;完成不同任务在不同任务阶段的正确操作序列,已有防止错误操作的措施,等等。

6. 可靠性数据及故障案例

可靠性是数据应采用标准数据(如GJB 299A《电子设备可靠性设计手册》)或通过试验及现场使用的统计数据,并经过一定级别的批准手续。

已有型号的故障案例,对FMECA工作是非常有用的,因此应当积累,建立故障模式库,

以供分析时使用。

随着型号研制的展开,上述信息也在发展、修改,因此 FMECA 要随着进行深化、修改。

6.2　FMECA 的类型

FMECA 由相对独立的两部分工作组成,即:

(1)故障模式及影响分析(FMEA);

(2)危害性分析(CA)。

通常可以只进行 FMEA。在有条件的情况下,完成 FMEA 后,再进行 CA 工作。

FMECA 根据被分析的对象特点,可以分成下述几类:

6.2.1　硬件的 FMECA

硬件的 FMECA 是用表格列出各独立的硬件产品,分析它们可能发生的故障模式及其对系统工作的影响。当设计工作已完成设计图样和元器件或零组件配套明细表,其他的工程设计资料也已确定时,可采用硬件 FMECA。它适合于从下面层次(例如零件级)向上面层次进行分析,但也可以从任一层次向上或向下进行。

6.2.2　功能的 FMECA

功能的 FMECA 是以系统的功能块输出的故障模式及其影响为基础的分析方法。功能块输出的故障模式可能是由功能块输入的故障模式或功能块本身所引起的。在研制的初期,实现诸功能块的硬、软件的设计图样、装配图等尚未完成,硬件不能确切确定时,可采用功能 FMECA。它适合于从上面层次向下面层次进行分析,但也可以从任一层次向上或向下进行。这种方法比较粗糙,有可能会忽视某些故障模式。

6.2.3　工艺的 FMECA

工艺的 FMECA 是对工艺设计(或生产)文件,例如印刷电路板设计图、布线图、插接件锁紧等进行分析,以识别在生产过程中是否会引入新的故障模式,因而影响设计方案的实现,影响产品的工作。根据分析的结果,提出改进措施。

6.2.4　接口的 FMECA

接口的 FMECA 是对系统各硬件的接口、对任务成功有影响的软件接口进行的分析,以识别系统的一个组成部分或中间连接件(如电路,液、气、管路等)或接插件插针等的故障模式,是否会引起系统的其他组成部分的热、电、压力或机械的损坏和性能的退化。

FMECA 的基本方法是硬件法和功能法。至于采用哪一种方法,取决于设计的复杂程度和可以利用信息的多少。对复杂系统进行分析时,可以考虑综合采用功能法与硬件法,简称混合法。

一般情况下,当产品结构尚不明朗时采用功能法,当产品结构及设计图纸已定时采用硬件法。功能法与硬件法的使用范围与分析人员应掌握资料对比如表 6-1 所示。

在产品寿命的不同阶段选用 FMECA 的目的和方法不同,如表 6-2 所示。

表 6-1　硬件法与功能法的比较

项目	功能法	硬件法
适用范围	从初始约定层次自上而下地分析	从元器件至装备,自下而上地分析
分析人员需掌握资料	产品及功能故障的定义 产品功能框图 产品工作原理 产品边界条件及假设	产品原理图、装配图等 产品层次的定义 产品的构成清单明细表

表 6-2　FMECA 在不同阶段的使用

阶段	论证、方案阶段	研制、定型阶段	生产阶段	使用阶段
方法	功能 FMECA	功能 FMECA 硬件 FMECA 过程 FMECA	过程 FMECA 设备 FMECA	功能 FMECA 设计 FMECA 过程 FMECA 综合 FMECA
目的	分析研究系统功能设计的缺陷与薄弱环节,为系统功能设计的改进和方案的权衡提供依据	分析研究系统硬件、软件设计的缺陷与薄弱环节,为系统的硬件、软件设计改进和方案权衡提供依据	1. 研究分析设计的生产工艺过程的缺陷和薄弱环节及其对产品的影响,为生产工艺的设计改进提供依据; 2. 分析研究生产设备的失效对产品的影响,为生产设备改进提供依据	分析研究产品使用过程中实际发生的故障、原因及其影响,为评估论证、研制、生产各阶段的 FMECA 的有效性和进行产品的改进、改型或新产品的研制提供依据

在具体工作中采用上述哪一种分析方法,取决于任务要求、产品的复杂程度以及可利用的信息量。对于复杂系统,可以考虑综合采用几种方法。例如,电源既是一个功能块也是一个硬件。例如,分析电源,若把它作为硬件,则其故障模式是硬件故障模式;若把它视作功能块,则分析其故障模式对上一层次功能块有什么影响。这样做就是硬件法与功能法的综合分析方法。

6.3　FMEA 及其工作程序

FMECA 工作中,最常用的是进行 FMEA。

FMEA 是分析产品每一个可能的故障模式对系统工作的影响,并将每一故障模式按其严酷度分类。FMEA 的基本方法是利用 FMEA 分析表格进行工作。FMEA 的工作程序如下。

6.3.1　定义产品

进行 FMEA 的第一步是对被分析的产品下定义,包括对产品的每项任务、每个阶段,以及各种工作方式给出的其主要与次要的功能、故障判据、环境条件等约束条件等。定义产品主要有以下几方面：

1. 定义产品的功能要求

定义产品及组成部分(到需要分析的层次)的功能要求。当某一种功能可以用不止一种方法来完成时,应列出可以完成功能的主要及替代方法,例如飞船有自动控制逃逸救生功能,还有作为替代的人工控制逃逸救生功能。功能要求应以功能——输出清单形式表达,并给出正确输出的容许限。

2. 定义环境剖面

应规定每一任务和任务阶段所预期的环境条件。如果产品在不止一种环境条件下工作,应对每种不同的环境剖面加以规定。例如,运载火箭完成一次任务有发射准备、发射、轨道飞行、再入等不同任务阶段,应规定相应阶段的环境剖面。

3. 确定任务时间

为了确定任务时间,应对产品的功能 - 时间要求做定量说明。对在任务的不同阶段中以不同工作方式工作的产品,以及只有在被要求时才执行功能的产品要详细说明功能 - 时间关系。

6.3.2　建立方框图

方框图用来描述产品各功能单元的工作情况、相互影响及相互依赖的关系,以便可以逐层分析故障模式产生的影响。这些方框图应标明产品的所有输入及输出。每一方框应有统一的标号,以反映系统功能的分级顺序。对于替换的工作方式,一般需要用一个以上的方框图表示。方框图包括功能方框图及可靠性方框图。

6.3.3　确定产品进行 FMEA 的最低约定层次

根据分析的需要,按产品的相对复杂程度或功能关系进行产品层次的划分。通常分为三个层次,即:

(1)初始约定层次;

(2)约定层次;

(3)最低约定层次。

进行 FMECA 时,合理的分析层次确定(特别是初始约定层次和最低约定层次)能够为分析提供明确的分析范围和目标或程度。此外,初始约定层次的划分直接影响到分析结果严酷度类别的确定。一般情况下,一个复杂产品的 FMEA 不一定要做到元器件、零件级的最低层次。最低约定层次应由合同规定。如无其他规定,可按下述原则规定最低层次:

(1)能导致灾难的(Ⅰ类)或致命的(Ⅱ类)故障的产品所在的产品层次;

(2)规定或预期需要维修的最低产品层次,虽然这些产品的故障可能只会导致临界的(Ⅲ类)或轻度(Ⅳ)类的影响;

(3)为保证每一个保障分析对象有完整输入而在保障分析对象清单中规定的最低层次。它可以是替换单元,如计算机的插件板。

6.3.4　选择并填写 FMEA 表格

进行 FMEA 的典型做法是用统一规定的 FMEA 表格逐步分析及填写 GJB1391 推荐的 FMEA 表格,见表 6 - 3,可根据需要增补或删减一些内容。每栏填写内容如下:

表 6-3　故障模式及影响分析表

初始约定层次　　任务　　审核　　第　页共　页

约定层次　　分析人员　　批准　　填表日期

代码	产品或功能标志	功能	故障模式	故障原因	任务阶段与工作方式	故障影响			故障检测方法	补偿措施	严酷度类别	备注
						局部影响	高一层次影响	最终影响				

第一栏:代码。

即被分析的产品或产品组成部分(硬件、产品功能或功能块)的代码,它应与方框图中的编码号统一。

第二栏:产品或功能标志。

记录被分析产品或系统功能的名称。原理图中的符号或设计图纸的图代号可作为产品或功能的标志。

第三栏:功能。

即产品或其组成部分(硬件、功能或功能块)要完成的功能具体内容。应注意特别要包括与其接口设备的相互关系。接口设备是被分析对象正常完成任务所必需的,但不属于被分析的产品,并都与被分析产品有共同界面或为其服务的系统,如供电、冷却、加热、通风系统或输入信号系统。这历来都是易于被忽略,从而易于疏漏出问题的部分。

第四栏:故障模式。

确定并说明各产品约定层次的所有可预测的故障模式,并通过分析相应方框图中给定的功能输出来确定潜在的故障模式。应根据系统定义中的功能描述及故障判据中规定的要求,假设出各产品功能的故障模式。为了确保全面地分析,至少应就下述典型的故障状态对每一故障模式和输出功能进行分析研究:

(1)提前工作;

(2)在规定的应工作时刻不工作;

(3)间歇工作;

(4)在规定的不应工作时刻工作;

(5)工作中输出消失或故障;

(6)输出或工作能力下降;

(7)在系统特性及工作要求或限制条件方面的其他故障状态。

目前,已有一些标准、手册等资料汇集了通用的元器件、零部件的故障模式,可供使用。

主要有：

(1)GJB 299A《电子设备可靠性预计手册》,包括有国产电子元器件的工作状态故障模式及其出现频率；

(2)MIL－HDBK－338《电子设备可靠性设计手册》,包括有国外电子元器件工作状态故障模式及其出现频率；

(3)美国 RADC《非电产品可靠性手册》(1992 年),包括有非电子产品的故障模式及故障率；

(4)IEC812－1985P《故障模式影响分析(FMEA)程序》,提供了各种故障模式。

新的元器件、零部件还没有积累数据时,可参照类似工艺、结构、功能的老产品的数据,同时要充分利用本单位在研制、生产、使用中所积累的故障模式数据。

第五栏:故障原因。

鉴别并说明与所假设的故障模式有关的可能故障原因,这既包括直接导致故障或引起使组成部分质量退化进一步发展成为故障的那些物理、化学或生物过程,设计缺陷,使用不可靠或其他原因,也包括来自低一层次(硬件或功能块)的故障影响,即低一层次组成部分(硬件或功能块)的故障输出可能是本层次组成部分(硬件或功能块)的故障原因。

在分析故障原因时,要注意共模(因)故障。所谓共模(因)故障是两个或多个组件由同一故障模式或同一故障原因引起的故障模式(不包括由独立失效而引起的从属失效),例如几个组件共用同一个电源供电,则电源无输出就出现共模(因)故障。

共模(因)故障大体上有如下几类：

(1)环境影响(正常的、不正常的和偶然性的)。

(2)设计缺陷。

(3)工艺、生产缺陷。

(4)组装、测试差错。

(5)人为差错(操作差错、维修差错,有时还有管理差错,如错发料)。

存在共模(因)故障往往会降低有关组成部分系统的可靠性。因此在 FMEA 中,要注意共模(因)故障,依靠简单冗余不一定能解决好这一问题。有时候要采取不同构成的冗余(冗余组成部分在实现同一功能时可能采取不同手段)、分隔、重组等技术。

第六栏:任务阶段与工作方式。

它要说明产品是在什么时间及什么条件下出现的故障。对于不复杂的产品,这栏可以合并在故障模式栏中予以说明,不一定另立一栏。

第七栏:故障影响。

指每个假设故障模式对产品使用、功能或状态所导致的后果。它包括任务目标、维修要求、人员及产品的安全。对这些后果进行评价并记入表格中：

(1)故障模式的局部影响。即对当前所分析的约定层次组成部分的影响,其目的在于对可选择的预防措施及改进建议提供依据。(在某些情况下,局部影响可能仅限于故障模式自身)

(2)对高一层次产品的影响。某产品的故障模式对该产品所在约定层次的高一层次产品的使用、功能和状态的影响。

(3)最终影响,即对最高约定层次产品的影响。必须指出,在某些情况下,产品的两个或两个以上的组成部分同时出故障时,可能出现严重后果。对这些由多个故障模式同时出现引起的严重的最终影响,应予以分析、评价、记录。例如一个由两路冗余构成的气动系统,如果一路的能源有故障无输出,而另一路的气管道漏气,则这冗余的气动系统即出故障。这种分析有时是极为关键的。

第八栏:故障检测方法。

说明操作人员或维修人员用来检测故障模式发生的方法。例如目视观察什么症状,自动监视设备、仪器显示什么信息?用什么样的检测设备去测试,哪些参数会超越容许限,如果没有故障模式的检测方法,亦必须记明。难以观测是一个大问题,可能要采取补救措施,例如改进测试性设计等。

故障检测方法要考虑。有时产品几个组成部分的不同故障模式可能出现相同的表现形式,此时应如何检测才能分辨出现了哪一种故障模式,这对故障诊断及隔离是很重要的。为此,有时要增加若干必要的检测点。

冗余系统的一个组成部分出故障不影响冗余系统工作,从而冗余系统全局并不显示出故障的征兆,但是,冗余系统的可靠性已大大下降。例如,一个两路冗余系统的一路出了故障,则冗余系统成为单点故障单元,其风险大大增加了。从可靠性出发,有时必须及时对冗余系统的组成部分分别进行故障检测和及时维修,以维持冗余系统的可靠性。

第九栏:补偿措施。

对故障模式的相对重要性予以排队,对于某些相对来说重要的故障模式要采取减轻或消除其不良影响的预防补救措施。这些补救措施可以是设计上的补偿也可以是操作人员的应急补救措施。设计补偿措施包括:

(1)在发生故障情况下能继续安全工作的冗余系统。

(2)安全或保险装置,如能有效工作或控制系统不致发生损坏的监控及报警装置。

(3)替换工作方式,如备用或辅助设备。

必须指出,某些补救措施是要由人来介入的。因此,如何补救出现的故障模式应事先妥善研究,并列入操作规范。例如如果有可能导致爆炸并产生毒气,则应将爆炸或已炸后的人员应急撤退通道(安全门、安全出口、安全撤退路径等)事先安排为人员熟悉,以便在规定的极短时间内有序地撤离现场。

故障监控及指示设备也可能出现故障模式,导致报警,必须分析:操作人员把虚警当成实警采取的补救措施会带来什么不良后果。

第十栏:严酷度类别。

根据故障影响确定每一故障模式及产品的严酷度类别。表6-11为可采用的严酷度分类表。

第十一栏:备注。

可以包括如下内容:

(1)改进建议(包括设计、工艺生产、管理等)。

(2)异常状态的说明。

(3)冗余组成部分出故障的影响。

6.4　危害性分析(CA)及其工作程序

6.4.1　危害性分析的目的

FMEA 比较简单,但它只能分析故障模式所产生的后果的严重程度,分析该故障模式发生概率的影响。事实上,故障模式对产品的影响取决于上述两个因素的综合。例如,一种故障模式对产品影响的严酷度虽然并不很高,但它发生的概率却很高。因此,对于这种故障模式对产品的影响不能忽略,此时,我们可以讲其危害性相对较高。

危害性分析则是综合考虑每一故障模式的严酷度类别及故障模式发生概率所产生的影响,并对其划等分类的分析方法,以便全面地评价各种可能出现的故障模式的影响。危害性分析是对 FMEA 的补充和扩展。如果没有进行 FMEA,则不能进行危害性分析。

6.4.2　危害性分析的方法

危害性分析(CA)常用风险优先数(RPN,Risk Priority Number)法和危害性矩阵法两种方法。

6.4.2.1　风险优先数(*RPN*)方法

风险优先数法是对系统的故障模式的风险优先数(*RPN*)的值进行优先排序,通过采取措施使相应的 *RPN* 值达到可接受的最低水平。系统故障模式的风险优先数等于故障模式发生度(O)、探测度(D)与严酷度(S)等级的乘积,即

$$RPN = O \times S \times D$$

式中,*RPN* 数越大,危害性就越大。故障模式发生度等级是评定某个故障模式发生的可能性大小,一般根据故障发生的可能性,分为 1 ~ 10 等级;影响的严酷度(S)等级是评估某个故障模式对系统最终影响的严重程度,与故障模式发生概率等级相同,根据故障发生的影响程度,也可划分为 1 ~ 10 等级,根据等级不同,对故障模式进行分析和判断。故障模式发生度(O)等级、严酷度(S)等级及探测度(D)等级评分准则如表 6－4、表 6－5、表 6－6 所示。

表 6－4　故障模式发生度(O)等级评分准则(GJB/Z1391—2006)

故障影响程度	故障发生频率	发生度(O)评分
很高	持续发生的故障	9,10
高	经常发生的故障	7,8
中等	偶尔发生的故障	4,5,6
低	很少发生的故障	2,3
很低	不太可能发生的故障	1

表 6-5　故障模式严酷度(*S*)评分准则(GJB/Z1391—2006)

严酷度	评分准则	等级
几乎无	设备故障不会导致设备停机,工作结束后较短时间就能修复且不会造成经济损失	1
轻度的	不足以导致人员伤害或轻度经济损伤或设备轻度的损坏,但它会导致非计划性维修或修理	2,3
中等的	造成人员伤害或中等程度的经济损失或导致任务延误或降级、设备中等程度损坏(消耗较多时间维修)	4,5,6
致命的	引起人员伤亡或重大经济损失或导致任务无法完成,设备严重损坏	7,8
灾难性的	引起人员伤亡(3人以上)或设备报废	9,10

表 6-6　故障模式检测度(*D*)评分准则(GJB/Z1391—2006)

被检测难度	评分准则	检查方式			推荐的检测方法	检测度评分
		A	B	C		
几乎不可能	无法检测				无法检测或无法检查	10
很微小	现行检测方法几乎不可能检测出				以间接检查进行检测	9
微小	现行检测方法只有微小的机会检测出				以目视检查进行检测	8
很小	现行检测方法只有很小的机会检测出				以双重目视检查进行检测	7
小	现行检测方法可以检测				以现行检测方法检测	6
中等	现行检测方法基本可以检测				停机后使用工具检测	5
中上	现行检测方法有较多机会可以检测				使用前检测	4
高	现行检测方法很可能检测				现场检测	3
很高	几乎肯定可以检出				现场检测	2
肯定	肯定可以检出				采取预防措施	1

A——采取预防措施;

B——使用工具测量;

C——人工检测。

通过上述方法确定故障模式的 *RPN* 值,然后利用表 6-7 确定故障模式的危害度等级。

表 6-7　故障模式危害度评级

故障模式的危害度等级	*RPN* 值	危害度评级
不影响系统功能	1~25	Ⅰ
系统功能下降,损失较小	25~50	Ⅱ
系统功能丧失,损失较大,无安全影响	50~75	Ⅲ

表6-7(续)

故障模式的危害度等级	*RPN* 值	危害度评级
系统功能丧失，损失较大，影响操作人员的安全	75~100	Ⅳ
系统功能丧失，损失重大，影响操作人员的安全	>100	Ⅴ

6.4.2.2　危害性矩阵法

危害性矩阵分析有定性分析和定量分析两种方法。在使用时选用哪种方法取决于获得数据的多少。

1.定性危害性分析方法

定性危害性分析是按故障模式发生的概率来评价FMEA中确定的故障模式的方法。此时，须将各种故障模式发生概率按一定的规定分成不同的等级。GJB1391《故障模式、影响及危害性分析程序》把故障模式的发生概率等级分为五级：

(1)A级(经常发生)——在产品工作期间内某一故障模式的发生概率大于或等于产品在该期间内总的故障概率的20%。

(2)B级(有时发生)——在产品工作期间内某一故障模式的发生概率大于或等于产品在该期间内总的故障概率的10%，但小于20%。

(3)C级(偶然发生)——在产品工作期间内某一故障模式的发生概率大于或等于产品在该期间内总的故障概率的1%，但小于10%。

(4)D级(很少发生)——在产品工作期间内某一故障模式的发生概率大于或等于产品在工作期间内总的故障概率的0.1%，但小于1%。

(5)E级(极少发生)——在产品工作期间内某一故障模式的发生概率小于产品在工作期间内总的故障概率的0.1%。

通常用危害性矩阵图来确定并比较每一故障模式的危害程度，进而确定改进措施的先后顺序。危害性矩阵如图4-1所示，它以严酷度类别为横坐标，相应的各故障模式的发生概率等级为纵坐标，把某一故障模式的发生概率等级及严酷度表于图内，从而判断其危害性。例如，图6-2中第1、3种故障模式的发生概率等级为A级，严酷度为Ⅱ类，而第2种故障模式的发生概率为B级，严酷度为Ⅲ类。由图可以比较这三种的故障模式的危害性。

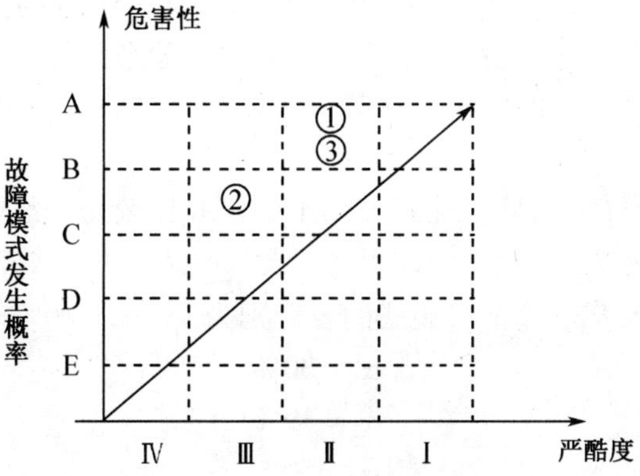

图6-2　定性危害性矩阵

当缺少产品的技术状态数据或故障率数据时，可采用定性危害性分析方法，随着设计的成熟，某一故障模式发生概率要出现变化。因此，随着产品研制的进展要随时更正 CA 分析的结果。

由于故障模式发生概率与其故障率有关，而定性危害性分析未考虑故障率，因此它是一种粗略的分析方法。

2. 定量危害性分析方法

当元器件、零组件已明确，故障率数据有效时，就可以采用定量危害性分析方法。

对某一产品，其第 i 个故障模式，若其在某一任务阶段，对应于指定的严酷度等级，其危害性可定义为

$$C_{mi} = \lambda_p \alpha_i \beta_i t_i$$

式中 C_{mi}——第 i 个故障模式的危害性；

λ_p——该产品的在该任务阶段的故障率；

α_i——第 i 个故障模式的频数比；

β_i——第 i 个故障模式的故障影响概率；

t——任务阶段的工作时间。

当该产品有 n 个故障模式，对应于指定的严酷度等级，所有故障模式的总的危害性为

$$C_r = \sum_{i=1}^{n} C_{mi} = \sum_{i=1}^{n} \lambda_p \alpha_i \beta_i t_i$$

这样对应一个严酷度等级有一个总的危害性。

由于系统的零部组件在任务期间有不同的工作模式，因此 $\lambda\alpha\beta t$ 要考虑不同工作模式带来的变异。

λ_P 值可通过可靠性设计得到。对于电子元器件可从 GJB299 或 MIL - STD - 217F 查得或计算得到。

α 值表示产品第 i 个故障模式的发生概率占全部故障概率的比例。例如，鼓风机的故障中：

故障模式为绕组失效占 35%；

故障模式为轴承失效占 50%；

…………

则绕组失效这一故障模式在鼓风机中 $\alpha = 35\%$，显然，产品所有故障模式的 α 值之和为 1。通常，α 值可以从失效率手册(如 GJB299，MIL - STD - 217 等)查到，也可以通过试验或现场使用统计数据得到。如果没有可利用的数据，则根据经验来判断。

β 值表示第 i 个故障模式的发生导致某一严酷度等级的后果出现的条件概率，反映故障产生影响的可能性。推荐的 β 值见表 6 - 8。

定量危害性分析同样可用危害性矩阵图来确定并比较每一故障模式的危害程度。此时，危害性矩阵的纵坐标为 C_r，现举例说明之。设某产品有三个故障模式 1、2、3。产品的工作故障率为 $\lambda_p \times 10^{-6}$/h，若三个故障模式的 α 分别为

$$\alpha_1 = 30\%$$

$$\alpha_2 = 19\%$$

$$\alpha_3 = 50\%$$

表 6－8　故障影响的 β 值

条件概率	说明
$\beta=1$	必然导致某一严酷度等级的后果出现
$0.1<\beta\leqslant1$	很可能导致某一严酷度等级的后果出现
$0<\beta\leqslant0.1$	有可能导致某一严酷度等级的后果出现
$\beta=0$	不会导致某一严酷度等级的后果出现

注:在使用时按经验来选取。

第 1,2 个故障模式的出现会导致严酷度为Ⅱ类的后果,相应的条件概率均是 $\beta=1$;第 3 个故障模式的出现会导致严酷度为Ⅲ类的后果,其条件概率 $\beta=1$。任务工作时间 $t=1$ h,则可以计算危害性:

$$C_{m1}=\lambda_p\alpha_1\beta_1t_1=0.1\times10^{-6}\times0.3\times1\times1=3\times10^{-8}$$

$$C_{m2}=\lambda_p\alpha_2\beta_2t_2=0.1\times10^{-6}\times0.19\times1\times1=1.9\times10^{-8}$$

$$C_{m3}=\lambda_p\alpha_3\beta_3t_3=0.1\times10^{-6}\times0.5\times1\times1=5\times10^{-8}$$

对严酷度为Ⅱ类而言,是第 1,2 个故障模式有影响。因此,其总的危害性为

$$C_r=C_{m1}+C_{m2}=3\times10^{-8}+1.9\times10^{-8}=4.9\times10^{-8}$$

对严酷度为Ⅲ类而言,只有第 3 个故障模式有影响。因此,其总的危害性为

$$C_r=C_{m3}=5\times10^{-8}$$

图 6－3 表示了该例的危害性分析矩阵。

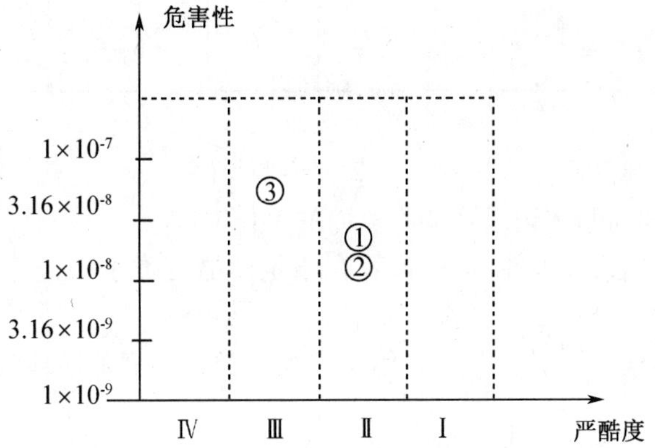

图 6－3　定量危害性矩阵

6.4.3　危害性分析的工作程序

危害性分析工作是在 FMEA 的基础上进行的填写危害性表格和绘制危害性矩阵两部分工作。

1. 填写危害性分析表格

危害性分析主要工作是填写危害性分析表格,GJB1391 提供了危害性分析的推荐性表格(见表 6－9)。此表是 FMEA 表格的扩充,因此,也可叫它为 FMECA 分析表。表中各栏填写内容如下:

第一至六栏　诸栏内容与 FMEA 表格中对应栏的内容相同，因此可以按 FMEA 表格填写的方法填写。

第七栏　故障概率或故障率数据源。在进行定性分析时，即以故障模式发生概率来评价故障模式时，应列出故障模式发生概率的等级；如果使用故障率数据来计算危害性，则应列出计算时所用故障率数据的来源（如 GJB299 或 MIL – HDBK – 217 等）。

第八栏　故障率 λ_p。按 6.4.2.2 节说明填写。

第九栏　故障模式频数比 α_i。按 6.4.2.2 节说明填写。

表 6 – 9　危害性分析表

初始约定层次　　任务　　审核　　第　页共　页

约定层次　　分析人员　　批准　　填表日期

代码	产品或功能标志	功能	故障模式	故障原因	任务阶段与工作方式	故障概率或故障率数据源	故障率（λ_p）	故障模式频数比（α_i）	故障影响概率（β_i）	工作时间（t）	故障模式危害度（C_{mi}）	产品危害度 $C_r = \sum C_{mi}$	备注

第十栏　故障影响概率 β_i。按 6.4.2.2 节说明填写。

第十一栏　工作时间 t。记录任务阶段内的工作时间。

第十二栏　故障模式危害性 C_{mi}。计算在给定严酷度类别和任务阶段内第 i 个故障模式的危害性。

第十三栏　产品危害性 C_r。计算在给定严酷度类别和任务阶段内，各故障模式危害性的总和。

第十四栏　备注。该栏记人与各栏有关补充说明、有关改进产品质量与可靠性的建议等。

2. 绘制危害性矩阵

将产品或故障模式编码按其严酷度类别及故障模式发生概率，或产品危害性标在矩阵的相应位置（见图 6 – 4），这样可在矩阵图上表明产品各故障模式危害性的分布情况。所记录的故障模式分布点沿对角线方向，距原点越远，其危害性越大，越需要尽快采取改进措施。绘制好的危害性矩阵图应作为 FMECA 报告的一部分。

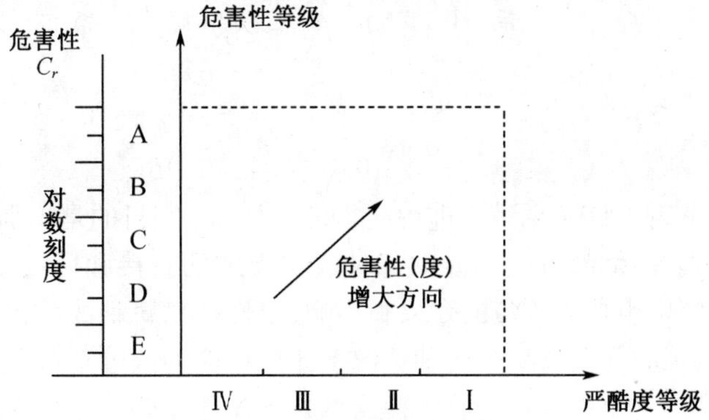

图 6-4　危害性矩阵示意图

6.5　FMECA 报告

FMECA 的最终结果是综合报告。报告应明确所分析的对象,约定层次,引用的故障数据源,分析方法,分析表格,分析得到的严酷度为Ⅰ、Ⅱ类故障模式,建议的补偿措施,关、重件及单点故障模式清单。在设计定型前的 FMECA 报告中,应指出:

(1)不能通过修改设计排除的严酷度为Ⅰ、Ⅱ级的故障模式及单点故障模式清单。如有可能应评出其危害性。

(2)最终设计不能检测出的严酷度为Ⅰ、Ⅱ级的故障模式清单。

(3)在设计过程中,FMECA 所做的结论及补偿建议,被采纳的情况,措施的效果。

报告的主体是:

(1)FMECA 表格;

(2)关、重件故障模式及单点故障模式清单。

此清单的每一故障模式应列出如下内容:

(1)产品(硬件、软件、生产工序、功能块)的标志;

(2)为减少该故障模式出现的设计、工艺、管理上的改进措施;

(3)检测出现这种故障模式(或其出现征兆)的方法及手段;

(4)检测方法及手段的有效性验证;

(5)在有冗余或可替换的方式予以补偿时,故障模式的出现如何检测;

(6)没有可能检出故障模式的原因;

(7)此种故障模式未被消除(或降到容许的故障出现水平之下)的原因;

(8)如有可能,给出其危害性。

FMECA 报告应经过审批,并作为产品设计报告的组成部分提供评审。

6.6 起重机 FMEA 一般应用示例

6.6.1 概述

以海洋石油 201 船 4000 t 主吊机进行起重机 FMEA。其目的是识别起重机中每个系统功能的主要故障模式,评估起重机功能的每种故障模式的直接和后续影响,验证可能的操作以尽可能减小系统发生功能故障的效果和影响,定性评估每种故障模式发生的频率及其影响,验证系统中的不同冗余以减少或避免由于任何可能的故障对起重机性能的可能影响及推荐建议的措施以减少/消除每个故障模式的影响。本书以主吊机的安全系统为例[9,11]给出 FMEA 具体做法,以帮助对 FMEA 方法的理解,其他系统的分析类同。

6.6.2 FMEA 的主要步骤

主要步骤如下:

(1)通过填写表格划分系统的单元并执行 FMEA;

(2)识别系统中的组件/功能,以及定义可能发生的不利事件(重点关注与分析系统的安全性相关的影响);

(3)识别故障模式的频率与事件分类;

(4)研究分析过程中产生的建议。

每个故障模式的发生频率的估计是由专家主观评价的。表 6-10 为本报告中使用的频率的类别。

表 6-10 FMEA 中使用的评估故障频率的分类(发生概率)

类别	名称	事件的故障前平均时间
A	非常低	发生一次 >100 年
B	低	10 年 < 发生一次 < 100 年
C	中等	1 年 < 发生一次 < 10 年
D	高	发生一次 <1 年

每个故障模式可以与所分析系统在安全性方面代表失效后果的严重性类别相关联。调试阶段之后进行统计分析和考虑。表 6-11 为严酷度类别。

表 6-11 FMEA 中使用的故障模式的严重程度分类(严酷度)

类别	分级	影响
Ⅰ	灾难性的	故障导致起重机整机损耗并伴有极大隐患引起致命损坏
Ⅱ	重大的	可能对人员造成严重伤害的起重机重大损害。如果不遵守操作规则那么由于主要系统故障而导致的故障将会导致起重机损坏

表 6 – 11(续)

类别	分级	影响
Ⅲ	危险的	对操作功能有影响但不会导致操作终止的故障。可能会发生故障但不会对系统造成严重损坏。起重机性能降低
Ⅳ	较小的	对系统或子级系统的影响可以忽略不计的故障导致轻微的不定期维修。起重机部分功能失效并具有较小的潜在危害。起重机功能将保持

6.6.3　表格的填写

表 6 – 12 显示了该项目使用的 FMEA 表。该表的填写如下：

第一列　识别分析系统的功能；

第二列　执行第一列所记录的功能时涉及的故障模式列表；

第三列　调查可能阻止执行第一列中所指定功能的故障原因；

第四列　估计每个故障模式中事件的频率；

第五列　确定所分析系统和其他系统发生故障时的故障影响(局部)；

第六列　确定分析系统和其他系统的故障影响或最终影响；

第七列　估计每种可识别的能够阻止功能执行的故障模式的严重程度；

第八列　验证和注册驾驶员检测故障模式或失去功能的能力；

第九列　确定某些特定故障的补偿/冗余规定；

第十列　建议和意见可以避免、减轻，识别或有助于检测每种故障模式的发生和影响，使操作员在必要时采取有效措施；

最后一列(第十一列)　有一个事件识别号，可以添加附加事件以防有些必须添加的事项用于以后对报告的修改。事件从级别 2 开始，然后为它们所属的分支和子分支分配一个编号。

表 6 – 12　FMEA 典型表格

<table>
<tr><td colspan="11">起重机模型 E – 3500/4000 – DB – B 故障模式，影响分析 – FMEA</td></tr>
<tr><td colspan="6">船型：海洋石油 201：</td><td colspan="5">一级系统：</td></tr>
<tr><td colspan="6">日期 & 修订：</td><td colspan="5">二级系统：</td></tr>
<tr><td colspan="6">单据：</td><td colspan="5">三级系统：</td></tr>
<tr><td>功能</td><td>故障模式</td><td>故障原因</td><td>频率</td><td>故障局部影响</td><td>故障最终影响</td><td>严重程度</td><td>检测</td><td>补偿准备与冗余</td><td>建议/意见</td><td>事件</td></tr>
<tr><td></td><td></td><td></td><td></td><td></td><td></td><td></td><td></td><td></td><td></td><td></td></tr>
</table>

该表还显示了3个系统级别，即：

一级系统——起重机；

二级系统——该级别基本上是一个子系统，它构了整个起重机的重要部分（如配电）；

三级系统——该级别是二级系统中不可分割的组成部分。

图6－5显示了所有系统级别的分解。

6.6.4 起重机安全系统的FMEA

根据上述FMEA的步骤及表格，给出起重机安全系统的FMEA，如表6－13所示。

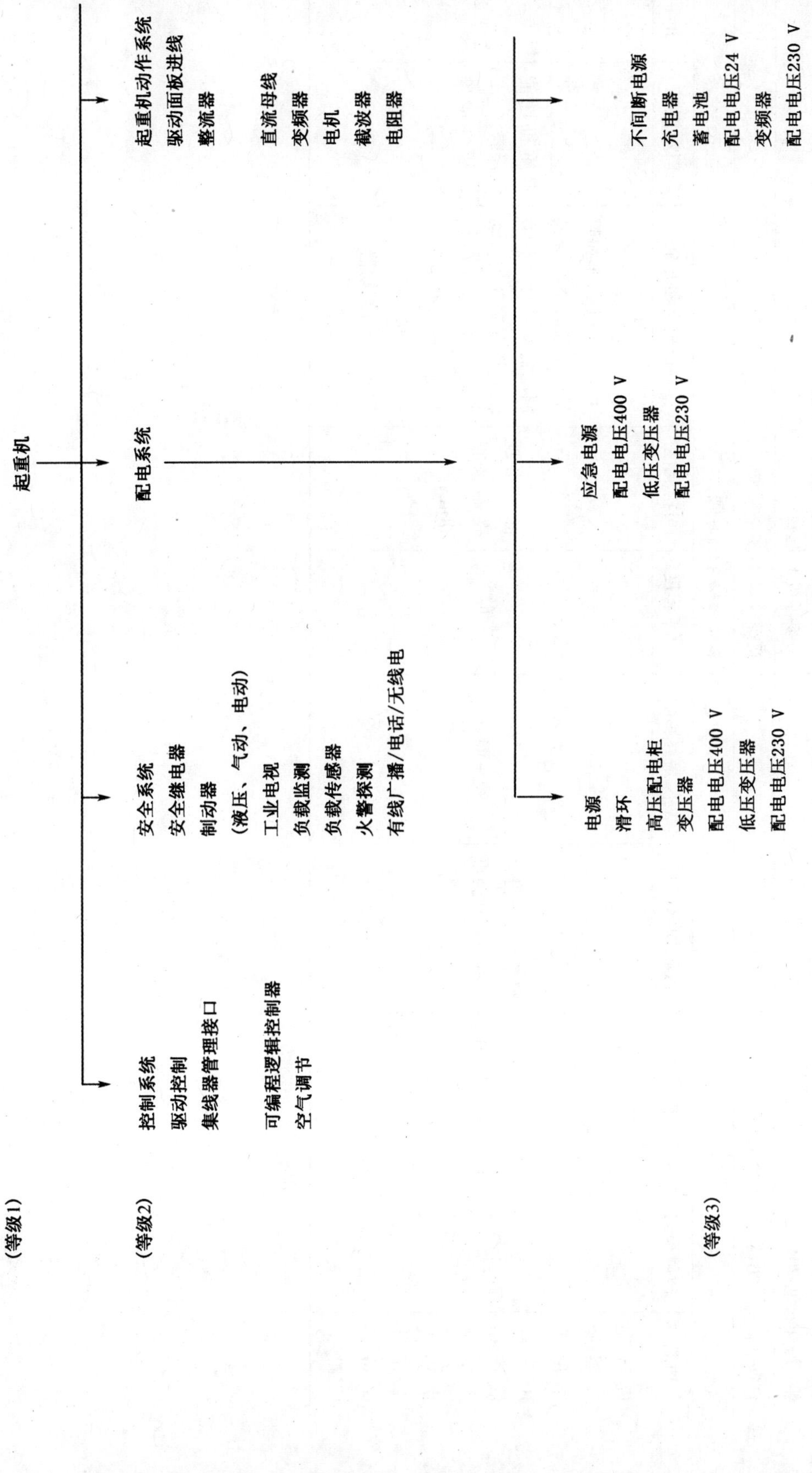

图6-5　系统级别的分解图

表 6－13　起重机安全系统的 FMEA

4000 T 起重机模型 E－3500/4000－DB－B 故障模式、影响分析——FMEA										
船：海洋石油 201						系统等级 1：起重机				
日期和修订：2015 年 4 月 3 日修订　V1						系统等级 2：安全系统				
文件：						系统等级 3：制动器				
功能	故障模式	故障原因	频率	故障局部影响	故障最终影响	严重程度	可检验性	补偿规定和冗余	建议/意见	事件
机械制动器操作用于在非常低速条件下停止绞车工作并保持其位置	制动器故障	机械故障	B	绞车会停止得更慢并且制动会更低效	绞车漏电	Ⅲ	将会出现故障警报和指示	主绞车、辅助绞车和起吊绞车都有 2 个带式制动器并且每个驱动轴上都有制动器。动臂起重机有 2 个机械制动系统。卷扬机绞车（不是起重机）只有一个电动机制动器	起重机性能的保养。需要完成维修	2.2.2

表6-13(续1)

4000 T 起重机模型 E-3500/4000-DB-B 故障模式、影响分析——FMEA										
船：海洋石油 201						系统等级 1:起重机				
日期和修订：2015 年 4 月 3 日修订　V1						系统等级 2:安全性				
文件：						系统等级 3：工业电视				
功能	故障模式	故障原因	频率	故障局部影响	故障最终影响	严重程度	可检验性	补偿规定和冗余	建议/意见	事件
所有正常的起重机操作和相关功能的操作以及驾驶室的监控	工业电视系统的故障	电力故障，如短路、开路等	D	操作人员不能从绞车房监控绞车。负载和吊钩的监控会更加困难	操作人员不能从绞车房监控绞车	Ⅳ	操作人员能通过起重机控制系统来检测绞车。但是不可能对绞线的缠绕进行检测	无，由于这个系统不会对起吊能力产生直接的影响	起重机会保持可操作性	2.2.3

表 6－13(续 2)

4000 T 起重机模型 E－3500/4000－DB－B 故障模式、影响分析——FMEA

船：海洋石油 201						系统等级 1：起重机				
日期和修订：2015 年 4 月 3 日修订　V1						系统等级 2：安全性				
文件：						系统等级 3：负载监测系统				
功能	故障模式	故障原因	频率	故障局部影响	故障最终影响	严重程度	可检验性	补偿规定和冗余	建议/意见	事件
独立的负载监测系统作为测量和安全工具来给操作人员提供关于负载的信息以及保护起重机避免过载	负载检测系统故障	电力故障，如短路、开路等	C	不能获得吊钩负载、绳索速度以及风速的测量结果	操作人员将不能观察到精确的负载值。负载监测系统的过载继电器将不会被激活	Ⅲ	系统报警并且操作人员会检测到故障	起重机控制系统会测量电机电流并将其转换为负载值，但会丧失精确性	起重机将停靠在安全模式。需要找出故障并维修好	2.2.4

表 6-13(续3)

4000 T 起重机模型 E-3500/4000-DB-B 故障模式、影响分析——FMEA										
船：海洋石油 201						系统等级 1：起重机				
日期和修订：2015 年 4 月 3 日修订　V1						系统等级 2：安全性				
文件：						系统等级 3：负载传感器				
功能	故障模式	故障原因	频率	故障局部影响	故障最终影响	严重程度	可检验性	补偿规定和冗余	建议/意见	事件
为了降低系统中与起重机操作相关的风险	负载传感器故障	电力故障，如短路、开路等	C	操作人员不能确定吊钩负载	如果传感器都故障，过载警报将不能发出	Ⅳ	系统报警并且操作人员会检测到故障	所有的负载销均有 2 个负载传感器。可以切换至单传感器	起重机会保持可操作性	2.2.5

4000 T 起重机模型 E-3500/4000-DB-B 故障模式、影响分析——FMEA										
船：海洋石油 201						系统等级 1：起重机				
日期和修订：2015 年 4 月 3 日修订　V1						系统等级 2：安全性				
文件：						系统等级 2：火警探测				
功能	故障模式	故障原因	频率	故障局部影响	故障最终影响	严重程度	可检验性	补偿规定和冗余	建议/意见	事件
火警探测系统会被安装	火警探测系统故障	电力故障	B	火警探测系统会变得不可操作	火警探测系统会变得不可操作	Ⅱ	船舶驾驶台有警报	火灾探测回路应当有监控设备并应当定期测试	火警探测系统应当定期测试	2.2.6

参考文献

[1] 张昊,王辉,何宁.海洋工程大型起重设备及其关键技术研究[J].海洋工程,2009,27(11):130-139.

[2] 中国船级社.船舶与海上设施起重设备规范[M].北京:人民交通出版社,2007:38.

[3] ABS. GUIDE FOR CERTIFICATION OF LIFTING APPLIANCES[M]. American Bureau of Shipping Incorporated by Act of Legislature of the State of New York,2016:23.

[4] DNV. Lifting Appliances[M]. Standard for Certification of Lifting Appliances,2011.

[5] Lloyd's Register Group. Code for Lifting Appliances in a Marine Environment. 2016:69.

[6] API SPECIFICATION 2C. Offshore Pedestal - mounted Cranes[M]. 2012(c):1.

[7] 王立军,王伟.全回转式起重船局部结构强度研究[J].造船技术,2008,3:15-18.

[8] 张明霞,王永福.全回转起重船主尺度模型研究[J].船舶工程,2009,31(1):8-15.

[9] 海洋石油工程股份有限公司. 4000 T CRANE FMEA REPORT(REG71044V1)[s. l]:[s. n],[2015].

[10] F. E. M. 欧洲起重机械设计规范[S].[出版地不详]:[出版者不详],1998.

[11] 上海振华港口机械(集团)股份有限公司.海洋石油 1 200 t 浮吊使用说明书[Z],2009:37.

[12] 海洋石油工程股份有限公司.海洋石油 201 船 4000T 主吊机培训教材[Z],[2012].

[13] Volume 1 Operation and Maintenance Manual AmClyde Model 80 Crane Serial Number BP5281.

[14]《起重机设计手册》编写组.起重机设计手册[M].北京:机械工业出版社, 1980.

[15] 中国海洋石油总公司.海洋石油起重船功能配置和技术要求[S].中国海洋石油总公司企业标准(Q/HS 9007—2010),2011.

[16] IMCA. Guidelines for Lifting Operations[M]. IMCA,2007.

[17] Crane Lifting and Slinging Safe Operating Procedures[M]. UKCS-SOP-043,2003.

[18] API. Operation and Maintenance of Offshore Cranes[M]. 6th ed. [s. l.]:[s. n],2007.

[19] 中国海洋石油总公司.船舶大型起重设备管理办法[M].北京:中国海洋石油总公司,2014.

[20] 杨东樸.海上吊机常见缺陷与检测检验[J].特种设备与作业,2015:100-103.